JEUX DE VELUS

CLAUDE BENSCH

JEUX DE VELUS

L'animal, le jeu et l'homme

Avec le soutien du

www.centrenationaldulivre.fr

© Odile Jacob, mars 2000
15, rue Soufflot, 75005 Paris

ISBN : 978-2-7381-0798-5

www.odilejacob.fr

*... aux chants silencieux d'un petit cigalon d'or
enivré d'asphodèles.*

Avant-propos

Regroupant des réflexions personnelles autour d'analyses de quelques centaines d'articles, cet essai tente de présenter et de résumer un problème d'éthologie concernant la nature et la signification d'un comportement rencontré dans de nombreuses espèces animales : le comportement ludique.

Bien entendu, comme toujours en éthologie, c'est de l'Homme dont, en fait, on voudrait parler. À chacun de juger si cela est possible.

En ce qui nous concerne, nous avons fait porter notre attention sur ce qui pouvait correspondre à notre hypothèse initiale, à savoir une continuité entre tous les êtres vivants. Ce qui permet de supposer l'existence d'une phylogénie comportementale et, en recherchant les aspects premiers d'un comportement, espérer en découvrir le devenir le plus achevé parmi ce qui est actuellement observable, éventuellement chez l'Homme.

Nous présentons nos excuses aux spécialistes qui ne se retrouverons pas dans ce texte dont la forme parfois un peu burlesque n'a permis ni la rigueur, ni la sécheresse d'usage. Si, au lieu de périr étouffé sous les références et les rappels aux preuves établies, vous ricanez en souriant, nous espérons que vous nous en saurez plutôt gré dans vos jugements.

Merci aux malheureuses victimes de leur amitié qui se sont vu imposer l'ingestion des ces pages dans leur immaturité. Toutes leurs critiques nous ont été sensibles et parfois utiles. Elles n'ont aucune responsabilité dans les idées présentées ici, mais leur amical soutien a été indispensable, tout particulièrement celui de Pascal Duris, Philippe Brenot, Michel Duvert, Hubert Montagner et Boris Cyrulnik.

Des conseils aimables et intelligents nous ont été offerts par Marie-Lorraine Colas, de l'équipe d'édition, et, sur le plan technique, les savoir-faire de Mme Martine Brothier n'ont pu être mis en défaut alors que le secours en urgence de Mlle Gabrielle Coret a été une planche de salut inespérée. Merci, enfin, à ma ronchonneuse et arthritique dévouée secrétaire Mlle Mondoy Wordsixt.

CHAPITRE PREMIER

Pour entrer dans le jeu

Le jeu est pour l'éthologiste un casse-tête permanent.

R. CHAUVIN, 1982.

Grouillant sur le panneau comme vers sur viande, parés de rouges et d'orangés avec contrepoints de bleus, dans une lumière ocre clair venant du sol et sombre des façades, un essaim de petits personnages s'affaire sur trois coudées de bois de chêne accrochées sur cimaise au Kunsthistorisches Museum de Vienne.

Ce sont des enfants et ils jouent, dit-on.

Tous, entre quelques taches de verdure, en groupe ou isolés, s'activent à des actions multiples dont aucune ne ressemble. Mais, avec une bonne loupe, on a pu reconnaître [294] sur ce célèbre « Kinderspiele » près de quatre-vingt-onze comportements familiers aux enfants flamands contemporains du peintre (1560).

Au centre, ce ne sont que manipulations de balles et de boules, défis d'équilibre de sujets et d'objets, cortèges de lentes processions de mauvaises parodies. Par-ci, par-là, des poursuites effrénées éclatent la cohue, pendant que, en haut à gauche, on danse, on grimpe, on se baigne dans la rivière.

Autour, par toutes les ouvertures des bâtisses environnantes, peuvent se surprendre visages et silhouettes de quelques précoces sages affairés à d'intellectuelles facéties.

Comment tant de diversité dans les occupations reconnues à tous ces petiots justifie-t-elle un tel regroupement en un si plaisant attroupement, si savamment ordonné par la magie des brosses de Pieter Bruegel ?

C'est un Ensemble. Un assortiment de *jeux*, dit-on.

C'est-à-dire, de quoi ?

Pour vous, et pour bien d'autres, au mot jeu jaillit, comme sur ce tableau de Bruegel l'Ancien, une représentation haute en couleur, bruyante et labile, d'une cour de récréation fourmillante de joie, à moins que, image plus obscure, cela ne vous évoque quelques cartes froissées, anxieusement scrutées, fébrilement retenues, rageusement abattues, ou, image plus claire, une vision d'espoir, haletant sous l'effort dans un soleil d'oxygène, une victoire entre les buts.

Tout cela, des *jeux* ?

Déjà l'esprit s'égare, reprenons mot à mot. Chez les Anciens, le nom substantif *jocus*, dont on a tiré « jeu », évoquait des actes plaisants, pour soi ou pour les autres, sans consistance ni finalités apparentes, mais pouvant s'organiser en *ludus*, cascade de séquences comportementales divertissantes, plus ou moins longues et complexes, généralement interactives, ciblées et réglées. Toutes conditions déclenchantes, ou inhibantes, de ces séquences, toutes particularités structurales, mais aussi toutes interrelations et impacts sur leur auteur et son groupe, ont progressivement constitué autant d'aspects de ce que, maintenant, on peut, en tant qu'objet d'étude, globalement entendre par *comportement ludique*. Parce que familières aux hommes, de telles expressions comportementales ludiques ont été, peut-être par un anthropomorphisme excessif mais bien naturel, facilement reconnues chez les autres vivants non humains dont la morphologie pouvait encore permettre quelques transferts d'identité. Reconnues mais pas connues, constatées sans être expliquées.

Reconnaître, nommer et collationner dans le monde des espèces des comportements voisins est une chose. Suffisante peut-être, pour les coller dans une case d'inventaire ou dans une œuvre artistique. Mais pour assurer de leur réalité, mieux est de comprendre ce qu'ils représentent, découvrir leur utilité et, plus encore, préciser l'étendue des homologies, surtout avec ce qui paraît semblable dans l'espèce humaine.

Or, depuis les anciennes spéculations de Platon, attribuant aux activités motrices humaines, qu'elles soient imposées ou ludiques, une influence sur la maturation des jeunes corps, jusqu'aux premières réflexions des temps modernes [7] par le philosophe Karl Gross (1898) qui, bien avant les sociobiologistes, décelait dans la psychologie des jeux animaliers les traces des racines secrètes (génétiques ?) du sens esthétique de l'Homme, le comportement ludique est resté un mystère, et le demeure même dans les plus récentes analyses.

Serait-il invraisemblable de croire que les abords de ce mystère aient été maladroitement obscurcis par des applications inconditionnelles aux observations zoologiques de critères proposés, en fait, pour juger des actes des hommes et de leurs petits enfants ?

Pour reconnaître le jeu et en classer les expressions comportementales, devrions-nous, avec M. Valleur et C. Bucher [362], « distinguer les activités ludiques libres ou désordonnées, dont le jeu du petit enfant serait l'exemple et les jeux réglés, impliquant des conventions sociales... », ou, comme J. Huizinga [145], voir dans le jeu « une activité libre, située en dehors des impératifs de la vie sociale, délimitée dans l'espace et dans le temps, comportant des règles... » ?

À moins que, sophistication suprême, nous rejoignons R. Caillois [75, 77, 3], faisant alors du jeu « une activité libre

et volontaire, source de joie et d'amusement, [...] soigneusement isolée du reste de l'existence, accomplie en général dans
des limites précises de temps et de lieu, incertaine, impro-
ductive, [...] comportant des règles précises arbitraires, irré-
cusables, [...] accompagnée d'une conscience spécifique de
réalité seconde... ».

Essayez donc d'user de cela pour choisir de qualifier de
ludiques certains actes d'un quelconque être vivant !
Comment jauger de la volonté, de la liberté, de la joie et de la
conscience spécifique de réalité seconde d'un porc, d'un
hérisson ou d'un koala ? Faites par des hommes pour
l'Homme, ces définitions tournent le dos à tout ce qui n'est
pas Homme, et tant pis pour les autres.

La conséquence est que demeurant, à ce jour, scientifi-
quement imprécise, cette particularité comportementale
– *jouer* – ne bénéficie d'aucune définition universelle, admise
par tous. À tel point que, en 1981, B. Fagen [6], se basant sur
l'analyse minutieuse de près de 2 000 références mondiales
de travaux scientifiques détaillés consacrés à ce sujet, a pu
présenter plus de 40 définitions différentes du jeu sans
jamais oser en privilégier aucune.

Et, soyons brutal, malgré la beauté et l'intelligence des
textes, de Groos à Caillois en passant par Huizinga et
Chateau, chez l'Homme comme ailleurs, on ne sait, à ce jour,
ce que jouer peut être, ni peut faire.

En ces pages, à travers notre discours au sujet du batifo-
lage des « bestes », c'est un questionnement sur l'Homme qui
est posé. Le jeu de l'Homme est-il singulier, ou ne représente-
t-il qu'une simple organisation, plus architecturée et plus
complexe, d'éléments d'un comportement ludique de base
commun à tous les êtres vivants ? Autrement dit, tenter de
retrouver de tels éléments primaires en apprenant à
connaître le comportement ludique des animaux permet-
trait-il d'accéder aux plans fondamentaux de la structure
comportementale ludique de l'enfant ? Si cela est faux,

l'étayer aboutirait à retrouver dans les faits et à conforter cette authenticité singulière de l'Homme, à l'évidence de laquelle nous portent désespérément nos désirs instinctifs les plus profonds. Si cela est vrai… ?

Chapitre II

De ce qui est su, cru, ou vu…
par un regard éthologique

Afin de mieux cerner l'objet de la réflexion maintenant débutante, il apparaît comme une précaution élémentaire d'esquisser à notre tour, avant tout autre propos, les contours d'une définition du jeu, celle à laquelle nous nous tiendrons dans nos interrogations et qu'arbitrairement, par goût personnel, nous avons établie à partir des éléments mis en relief dans diverses espèces animales par des éthologistes au cours de leurs observations de comportements supposés ludiques.

Un tel acte d'autorité aura, au moins, le mérite de nous dégager de l'énumération des définitions déjà proposées et des affres d'un choix grevé de l'exposé des explications alambiquées de ses raisons.

Par contre, en privilégiant le point de vue de l'éthologiste, nous devrons accepter des contraintes qui, inévitablement, orienteront et limiteront nos conclusions. Ces contraintes résultant de la définition et de l'histoire même de la science éthologique, il convient d'en rappeler préalablement les principaux aspects afin d'en comprendre ici leurs usages et leurs effets.

Us et coutumes de l'outil éthologique

Bien que le qualificatif soit ancien, l'éthologie n'est encore qu'une jeune centenaire au sein des sciences d'observation. Au cours du XVIIe siècle français, ce terme, construit à partir du grec *éthos*, désignait le rendu qu'un acteur pouvait donner d'un caractère ou de mœurs à l'aide de ses mimiques et de ses gestes. Détourné de ce premier sens, ce mot fut employé, vers le milieu du XIXe siècle, dans les *Comptes rendus* de l'Académie des sciences de Paris par Isidore Geoffroy Saint-Hilaire, professeur de zoologie, pour qualifier la description des mœurs des animaux dans leur habitat naturel, celui où ils se développent le mieux au sein d'une population qui s'agrandit.

Mais l'actuelle éthologie a pris naissance, en fait, au début de ce siècle lorsque les sciences du comportement, issues de la philosophie, confiaient à la psychologie la mission d'apporter quelques explications sur les comportements simples, observés en réponse à des stimulations, et sur les conduites, comportements orientés, eux, vers une finalité. C'est alors qu'au sein de cette psychologie naquit une querelle entre conceptions vitalistes et mécanistes. Pour les vitalistes, les actes des êtres vivants, instincts et pulsions, entre autres, sont dominés par des forces internes. Pour les mécanistes, et en référence à René Descartes, tout comportement peut s'expliquer par des interactions des lois fondamentales de la mécanique et de la physique. Cette approche mécaniste fut largement reprise et approfondie par l'école américaine béhavioriste de psychologie objective ou de psychologie du comportement. Pour les tenants de ces écoles les comportements furent considérés comme le résultat passif de l'action de facteurs agissant de l'extérieur sur l'organisme. Expliquer un comportement revient donc à connaître au mieux ces facteurs et, pour ce faire, seules devraient être retenues les données qui s'observent objectivement. Pour recueillir celles-ci avec le plus de fidélité, il fut admis que les observations devaient être réalisées en milieu clos, dans des conditions expérimentales rigoureuses, avec une maîtrise parfaite du plus grand nombre possible de paramètres.

Si cette approche rigoureuse en laboratoire a permis aux béhavioristes de s'illustrer dans l'étude des processus de conditionnements et d'apprentissages ; par contre, ce fut l'extension par les éthologistes des observations en milieu naturel qui montra que les êtres vivants étaient non seulement capables d'acquérir des capacités comportementales nouvelles, mais possédaient surtout des capacités comportementales innées, aussi spécifiques, donc génétiquement dépendantes, que des caractères morphologiques.

À partir de 1950 les publications des travaux de l'Autrichien Konrad Lorenz sur les oies et les canards, du Suisse Karl von Frisch sur les abeilles, et du Hollandais Nicolaas Tinbergen sur les goélands et les épinoches établirent peu à peu les principaux concepts et méthodes de l'éthologie d'aujourd'hui, et la dotèrent de lettres de noblesse en méritant de se voir attribuer, en 1973, le prix Nobel de biologie et de médecine.

Au cours de son histoire, brève mais tumultueuse, se sont dégagés des principes et des règles qui font l'originalité de cette approche naturaliste. On peut dire, en simplifiant beaucoup, que la particularité de la démarche scientifique de l'éthologue sera de s'efforcer d'observer les comportements des êtres vivants dans les conditions les plus précises et naturelles possible afin de pouvoir confronter une vision objective des faits aux hypothèses déjà connues sur leurs fonctions et leurs causes. De ces confrontations naîtront parfois quelques réponses, plus souvent des questions ou d'autres hypothèses impliquant de nouvelles observations, à réaliser dans d'autres conditions, en passant, au besoin, par les concepts et techniques d'autres sciences.

Le rêveur attentif qui chemine dans les sentiers de la

science éthologique se singularise par le fait qu'il observe les comportements des espèces directement dans leur milieu de vie le plus habituel. Il établit les recueils les plus exhaustifs et les analyses les plus fines des actes qu'il peut y voir sans intervention par trop directe, réalise tous classements et comparaisons possibles de ces actes, étudie les variations, tant phylogénétiques qu'ontogénétiques, des classes comportementales par lui ainsi définies, pour enfin créer, s'il le peut, une palette de théories explicatives des comportements observés, mettant, de ce fait, à la disposition des autres une cartographie documentée des chemins expérimentaux à explorer pour en démêler raisons et conséquences.

La méthode éthologique est, avant tout, celle d'une observation, d'une prise d'information sur des êtres vivants demeurant dans leurs conditions naturelles. Ce point constitue, à lui seul, un challenge, d'autant plus insensé que, théoriquement, l'observateur ne doit en rien intervenir sur l'objet de son étude, ce qui est, nous disent les philosophes, totalement impossible. L'observation éthologique se trouve donc ramenée au niveau du désir et demeure surtout une tendance tout au long de sa réalisation. Par petits coups de gouverne, on négocie avec les caractéristiques du contexte, les moyens techniques et les mœurs des observés, effectuant quelques allègres voltiges, à la fois de la pure spéculation philosophique en cabinet aux dangers de l'exposition prolongée *in situ* aux maléfices des météores, et de l'incongrue intrusion dans les désordres subtils de dame Nature aux machinations instrumentales béhavioristes sur les carreaux sanglants des paillasses de laboratoire. La méthode éthologique est, comme les voies du Seigneur, un idéal pur et lumineux, large et rectiligne, mais concrètement pisté par le chercheur au travers d'obscures et arides sentes tortueuses.

Ce n'est pas tout : aux difficultés de la prise d'information se surajoutent de douloureuses contraintes morales. Cette méthode originale, apparemment simple mais rigoureuse, se double dans sa démarche de l'acceptation obligatoire, ce qui gêne certains, de quelques axiomes fondamentaux dont le refus conduit inévitablement dans les fossés qui bordent le champ de cette jeune science. Au minimum, l'abord mécaniste, l'hypothèse du schéma stimulus-réponse et le principe de téléonomie ne peuvent être écartés dans une démarche éthologique, si ce n'est pour les mettre en défaut, ce qui impose alors, par la suite, un changement radical d'abord méthodologique.

L'acceptation temporaire de ces axiomes suppose que, dans une observation éthologique, raisonnements et actions expérimentales soient conduits comme si le comportement observé était, dans sa réalisation, uniquement dépendant des fonctions des structures qui définissent l'organisme étudié (abord mécaniste). On supposera, en même temps, qu'un stimulus externe et/ou interne est seul responsable de la mise en jeu de la séquence observée, une succession d'autres de sa régulation ou de sa disparition (schéma stimulus-réponse). Enfin, il sera admis que la réalisation d'un tel comportement est utile au sujet et à son espèce (téléonomie), sinon, suppose-t-on, cette structure comportementale se serait usée au fil des générations jusqu'à disparaître.

Appliquant cette méthode et armé de ses axiomes, l'éthologue se pose alors au moins cinq questions fondamentales, énoncées pour la première fois par Tinbergen, et qui, dans le cadre de notre interrogation sur le comportement ludique, pourraient ainsi se résumer :

1. Comment définir la nature et la structure du comportement observé ? (Qu'est-ce que jouer ? Qui joue, et comment ?)

2. Quelles sont les fonctions de ce comportement et sa valeur adaptative ? (Pourquoi jouer ? Gains ou pertes ?)

3. Qu'est-ce qui le provoque, le module ou le supprime ? (Quand et pourquoi une action ludique s'exprime, varie, s'arrête ?)

4. Quand apparaît-il dans la vie du sujet ? (Joue-t-on à

tous âges ? De la même façon ? Pour les mêmes raisons ? Avec les mêmes effets ?)

5. Quels sont ses rapports évolutifs avec des comportements similaires observés dans des espèces voisines ? (Certaines séquences ludiques se retrouvent-elles à l'identique ou similaire, dans d'autres espèces ? Analogies ou homologies ? Convergences ou filiations ?)

En définitive, la démarche éthologique, soumise à de si rigoureuses contraintes, est loin d'être simple et elle est parsemée d'écueils. Le moindre de ceux-ci n'étant pas le risque d'anthropomorphisme. Effectivement, l'éthologie se nourrissant de comparaisons entre espèces dont l'idée sous-jacente est la comparaison avec l'espèce humaine et sa réassurance au sujet de son identité, cela se traduit, tout particulièrement pour décrire les comportements de vertébrés, par l'usage d'un vocabulaire dont les mots sont tirés du langage humain ordinaire comme si, chez tous, le même sens s'attachait aux mêmes actes. Ainsi parlera-t-on, pour l'Homme comme pour les autres espèces, de comportement parental, de cour, de flirt, d'offrande, de soumission, de dominance, et de… jeu. Ce moyen pratique de description catégorielle permet à l'éthologue de faire l'économie de néologismes qui n'amélioreraient pas la clarté de ses propos, mais le risque est grand qu'en attribuant à tel comportement une dénomination anthropomorphe, on puisse laisser croire que l'on en connaît les raisons d'être, ses origines et ses rôles. Inférences fragiles ! Que sait-on au juste de l'éthologie des comportements humains ? Le plus souvent bien moins que sur les comportements des autres êtres vivants, les *animaux* dit-on. Finalement, dans ce type d'approche, le zoomorphisme est un risque aussi grand que l'anthropomorphisme.

Par la lucarne de l'éthologue, des jeux…

Qu'est-ce, au juste, qu'un comportement ludique pour un éthologue des bêtes à poils, des velus à mamelles appelés mammifères ?

Essayons de définir ensemble pour quels types de comportements un tel observateur s'autorise une telle qualification.

Des gens de terrain nous apprennent que, par exemple, chez le rat, on peut fréquemment voir un animal s'approcher d'un autre, qui est immobile ou en train de fourrager dans sa vesture, et tenter de le tirer par les poils, principalement dans la région du cou. Il s'ensuit une course-poursuite, des cabrioles, ce qu'on suppose être une lutte amicale. Les protagonistes continuent ainsi, à un rythme rapide, à se bousculer et à se mordiller, jusqu'à ce que l'un des deux soit, semble-t-il, renversé sur le dos. L'autre le maintient alors de ses pattes antérieures et commence à le toiletter.

Dans cette espèce, ce comportement, que l'on qualifie aisément de ludique, apparaît, nous dit-on, vers le 13ᵉ jour de vie extra-utérine, quand les fentes palpébrales sont bien ouvertes et que les jeunes animaux commencent à sortir du nid. Il croit ensuite en fréquence et en intensité jusqu'aux alentours du sevrage, entre le 20ᵉ et le 40ᵉ jour. Avec la puberté et le passage à l'état adulte, sa fréquence, sans s'annuler, diminue très fortement et les séquences deviennent plus complexes en s'enrichissant d'éléments caractéristiques de finalités vitales très différentes telles que l'alimentation, la reproduction ou l'agression.

Chez les jeunes gorilles, autre exemple, on observe parfois un animal s'approcher d'un autre en le regardant directement avec insistance, puis tendre le bras, l'enlacer, le mordiller et se coucher sur lui. Peu à peu se développe un corps à corps, une échauffourée sans conséquences qui prend fin lorsque, apparemment sans raisons, l'un des deux protagonistes s'éloigne brusquement, en général au galop.

Des descriptions analogues de course-poursuite-lutte amicale, intra- et interspécifique, ont été faites dans de nombreuses espèces de Velus [6, 10] ; chacun connaît les Chiens et les Chats. À ces interactions classiquement décrites comme ludiques et intéressant deux ou plusieurs compères, correspondent des observations de comportements similaires mais ne mettant en cause qu'un seul acteur, s'aidant parfois d'accessoires, inertes ou animés, mais agissant seul durant toute la séquence. On parle dans ce cas de *jeux solitaires*. En société, ces « solo play » exercent sur les pairs une puissante attraction et déclenchent des imitations de proche en proche, impliquant, successivement ou simultanément, divers partenaires dans une plus ou moins longue interaction ludique à plusieurs, ou « social play ».

Pas de grimaces ! Oui, reconnaissons-le, ces mots, « solo play » et « social play » ne peuvent, en France, se retrouver dans le petite livre rouge national, illustré et centenaire, à la fleur de pissenlit ventilée. Voilà donc que des profondeurs mugissent les censeurs...

Avant toute condamnation, serait-il permis au pécheur d'avancer une timide plaidoirie ? Sans vouloir trancher dans les conflits concernant l'usage des langages nationaux ou autres, nous allons, dans ce qui suit, prendre la honteuse liberté de faire usage, à titre tout à fait arbitraire et conventionnel, de mots et expressions supposés de langue anglaise qui nous serviront à désigner les comportements types dont il sera utile de multiplier les références. Quand une séquence comportementale a été longuement et méticuleusement définie, il semble commode, chaque fois qu'elle est évoquée, de la mentionner, pour faire court, par un symbole, plutôt que de recommencer toujours une même description, qui est souvent assez copieuse si ce n'est touffue. Ce symbole pourrait être un nombre, une lettre grecque ou un signe de la Kabbale, mais alors l'évocation successive de séquences comportementales différentes montées en poupées russes rendrait le texte très vite aussi ésotérique que pénible à suivre, et de petits logos induiraient sûrement des distractions néfastes à l'intense gravité de la réflexion. La plupart des comportements évoqués dans ces pages ont été décrits, pour la première fois, sur le plan éthologique, par des auteurs anglo-saxons qui les ont nommés avec beaucoup d'amour, comme un père nomme ses enfants. On pourrait faire fi de ces sentiments, passer outre et utiliser une traduction française de l'appellation qui leur a été donnée, impérialisme classique béni par l'usage, autant pardonné que recommandé. Mais, ce faisant, pour des raisons culturelles évidentes, nous évoquerions inévitablement plus que la simple description de ce que le sujet est en train de faire, et, peu à peu, inconsciemment, se coulerait cette lourde chape d'anthropomorphisme étroit que nous dénoncions tantôt. Nous avons donc choisi d'utiliser à cru le terme distinctif le plus fréquent dans la littérature éthologique spécialisée anglaise, en accablant notre péché du carcan des guillemets tout en priant le lecteur d'oublier qu'il connaît cette langue et en lui rappelant qu'un tel mot, dans notre contexte, n'est qu'un signe, presque un hiéroglyphe faisant seulement mémoire d'une description précédemment référencée ou développée en langue vernaculaire dans le texte. Cette gymnastique n'est pas très nouvelle et même triviale, tout au moins pour les amateurs de « hot-dog » qui ont depuis longtemps compris que les chenils n'étaient pas leur garde-manger. Si vous en doutez, demandez donc, dans la rue, à un enfant, s'il prend le « pin's » de votre boutonnière pour un conifère. Vous risquez une réponse gaillarde…

À grands traits, une esquisse

Apaisé par l'aveu, revenons, dans l'espérance d'un pardon, sur notre présentation initiale de ce qu'une analyse éthologique sommaire permet de qualifier de comportement ludique.

Nombreuses sont les observations éthologiques, globales et préliminaires, effectuées dans diverses espèces qui, en se recoupant, permettent d'esquisser des comportements dits de jeu une impression faite d'activités sensori-motrices aux enchaînements séquentiels inhabituels mais dépourvues, en apparence, de toute finalité, bien qu'organisées autour de séquences motrices similaires à celles qui opèrent dans d'autres contextes où elles remplissent des fonctions immédiates et spécifiques nettes (préhension, locomotion, agression, prédation, reproduction, etc.). Disons, pour être plus direct, qu'un éthologue évoquera le jeu chaque fois que le comportement d'un animal n'aura, à la simple observation, aucune cause ou finalité visible. Le sujet, par exemple, présentera un acte moteur ressemblant à une poursuite, une fuite, mais devant, il n'y aura pas de proie, ou, derrière, pas d'agresseur. Ce comportement aura commencé brusquement et cessera de même, parfois de façon très abrupte et tout aussi sans raison apparente. La séquence motrice pourra aisément se renouveler, plus ou moins identique à elle-même, avec des répétitions aux latences assez brèves. Ces actes moteurs ludiques seront exécutés avec une facilité et une décontraction allant jusqu'à l'inattention.

Autre caractéristique, moins classique mais d'importance. En général, au moment où il exprime ce type de comportement, le sujet semble n'avoir aucune raison d'en effectuer un autre : il n'est pas menacé, souvent il est rassasié, et apparemment pas sollicité par d'autres fonctions, ce qui est heureux puisque ces séquences motrices ludiques, ne permettraient pas de réaliser une activité fonctionnelle efficace, la chaîne des actes moteurs étant habituellement incomplète, fragmentée, les mouvements exagérés et, de ce fait, inadaptés.

Ainsi se dégage la silhouette d'une définition possible, qui sera celle que nous adopterons après l'avoir, cependant, complétée en y ajoutant deux particularités, constantes dans toutes les observations. D'une part, l'existence dans la même espèce de différences individuelles dans les expressions comportementales ludiques, certains animaux étant plus joueurs que d'autres avec, assez souvent, choix d'un partenaire privilégié, ce qui, notons-le au passage, pourrait contribuer à instaurer dans le groupe une hiérarchie de relations préférentielles et avoir éventuellement un certain rôle dans sa structuration. D'autre part, les observateurs s'accordent pour faire du comportement de jeu une activité essentiellement infanto-juvénile, bien que certains animaux puissent présenter, aux stades adultes, de fréquentes et authentiques phases comportementales ludiques, souvent, il est vrai, déclenchées par la présence de jeunes, et parfois précédées, ou suivies, de comportements très élaborés, aux finalités complexes, pas toujours plaisantes ni innocentes.

Quelques pas au jardin des chants ludiques

Il est depuis longtemps connu que les modalités précises d'expression des comportements ludiques varient d'une espèce à l'autre en organisation et en intensité, ce qui sous-entend que pour pouvoir apprécier ce phénomène, il faudrait en analyser comparativement tous les aspects. De telles descriptions successives pourraient faire naître l'impression d'arpenter au hasard une galerie de tableaux regroupés là sans but en faisant fi de tous rapports aux auteurs, aux époques ou aux styles. C'est un peu, avouons-le un petit défaut, charmant disent certains, de l'abord éthologique qui, facilement, poserait un regard impressionniste sur les histoires de vie en cumulant les anecdotes.

Pour notre défense, reconnaissons qu'il est difficile de faire ressentir en quelques mots la force du lien d'affectueuse compréhension que les heures et les jours ont tissé entre observateur et observé. Une brève historiette pourrait, comme un clin d'œil complice, souvent en dire beaucoup plus long qu'une interminable description académique. La tentation est grande, y céder plaisant. Essayons de l'éviter en limitant les peintures pour ne présenter rapidement que quelques traits choisis pour leur exemplarité, illustrant à la fois la diversité étonnante des expressions ludiques et leur appartenance à la même trame de fond. On comprendra, espérons-le, que le questionnement demeure plus au niveau de l'existence de celle-ci que de la variété de celles-là.

L'ordre dans lequel nous allons présenter les images choisies n'a pas d'autres significations que d'évoquer, à partir d'exemples très disparates, du plus simple au plus complexe, l'acteur ludique d'abord solitaire puis en interaction avec son environnement physique et enfin social. On rencontrera aussi certains sujets engagés dans la réalisation de scénarios complexes, souvent de longue durée, conduites « messéantes » puisque si étranges et incongrues par rapport au contexte.

Il ne faudrait pas, bien entendu, que cette présentation hiérarchique ordonnée laisse croire qu'il en est ainsi sur le terrain. Loin de là ! Les sujets observés ignorent, les petits polissons, toute classification, et les scènes se prêtant à l'analyse sont fréquemment composites, enchevêtrées, bâtardes ou inclassables. À l'observateur d'en retrouver le sens.

Là, des solistes...

Dans toutes les espèces, de nombreux actes de la vie courante peuvent prendre des caractéristiques méritant la qualification ludique et ces activités générales ludiques semblent, en première analyse, ne représenter que la traduction d'un certain degré d'excitation personnelle du sujet, toujours associé à un état de vigilance modérée, un éveil spécifique intense suscitant plus facilement évitement et fuite que divertissements individuels. Dans les solitudes, sous le soleil, les cabrioles de jeunes poulains et, dans les montagnes, les acrobaties des jeunes chèvres, mouflons et chamois constituent de bons exemples de ces « solo play ».

Les mouvements effectués dans ce contexte, les « loco-motor play », sont reconnaissables à leur caractère explosif, leur intensité inadéquate, leur durée brève mais répétée, et, par-dessus tout, leur inutilité. L'expression comportementale de ces schèmes moteurs varie beaucoup avec l'espèce considérée et l'âge du sujet. Les aspects les plus courants, et aussi les plus précoces tant ontogénétiquement que phylogénétiquement, en sont les bonds en hauteur et en longueur, ainsi que le « locomotor rotational play », course en rond, dans un cercle le plus souvent restreint, quasiment sur place. Le comportement ludique de l'antilope américaine, le Pronghorn *(Antilocapra americana)*, est préférentiellement [397, 204] de type « locomotor rotational », mais avec, dans ce cas, réalisation, au contraire, de très vastes arcs de cercle, de plus d'un kilomètre de diamètre.

Chez d'autres ongulés les phases de « solo play » précoces sont beaucoup plus variées, faites de sauts et de courtes courses, rectilignes et circulaires. Citons, à ce titre, le cas des jeunes éléphanteaux d'Afrique *(Loxodonta africana)* qui, dans leur plus jeune âge, se lancent parfois dans des charges et des courses solitaires inattendues, en ligne droite, le plus souvent à l'intérieur du cercle familial, délimité par les adultes de la harde. Écart pouvant, par son imprévisibilité, sa violence et sa durée, les mener à franchir la barrière protectrice des mères dont la vigilance sans défaut provoquera un brutal et immédiat rappel à l'ordre.

Facilement, aux mouvements s'adjoignent les rythmes. En bassin on a pu observer de jeunes Tursiops, des dauphins, décrivant avec célérité des nages en larges cercles, interrompues à intervalles réguliers par de brusques plongées donnant lieu au claquement de la surface de l'eau par leur queue étalée. Activité motrice indéniablement ludique, disent les anciens observateurs, mais dont, pour certains modernes, le caractère répétitif rappelle plutôt les automatismes délétères bien connus engendrés par la captivité.

En haute mer, de nombreux marins ont pu approcher suffisamment près et longtemps toutes sortes d'espèces de baleines pour être capables de décrire d'étranges et somptueux comportements qu'ils ont qualifiés [91] de jeux et qu'effectivement on peut assimiler à des « locomotor play ». De tout temps ces baleiniers ont été fortement impressionnés à la vue des « breaching » réalisés par leur gibier. Dans le cours de cette figure, la baleine, après une plongée en eau profonde de quelques minutes, se lance de toute sa force en remontant vers la lumière et crève la surface avec une violence qu'elle poursuit hors d'eau, en chandelle, sur sa lancée, pour se laisser retomber, enfin, dans de titanesques jaillissements d'écume. Chute aménagée, la vedette pouvant diriger son saut à façon et retomber soit sur le ventre, soit sur le dos, ce qui est le plus fréquent et, aussi, le plus spectaculaire. Ceux qui, au bon vieux temps, en chaloupe, cramponnés à leur harpon, ont vu de près la baleine émerger à toute vitesse sur le flanc tout en effectuant un demi-tour en vrillant ses nageoires pour retomber sur le dos dans une explosion d'écume, ne sont pas ceux qui ont pu le raconter.

Ces comportements [91, 402] sont très courants chez tous les Cétacés, et d'autant fréquents qu'ils sont et plus jeunes et plus gros ; baleines à bosse et cachalots étant les meilleures stars dans ces shows...

Beaucoup d'espèces cherchent même à réaliser des enchaînements de sauts. On a pu évaluer à environ dix sauts successifs la composition d'une série comportementale de ce type et, dans les groupes, on a calculé que chaque sujet saute, en moyenne, toutes les 30 ou 40 secondes, le record jusqu'ici observé étant de 130 sauts successifs en 75 minutes [393]. Bien que tous les sauts de cétacés ne soient pas du

« breaching » et qu'il ne soit pas prouvé que tous sont des jeux, néanmoins, dans ces espèces, les sauts représentent sûrement l'expression la plus élémentaire de leurs « locomotor play ».

Sur terre, en haut d'échelle, chez les plus habiles des Primates, les « solo play » peuvent devenir très complexes. Il n'est pas rare de voir l'acteur, démarrant par un bond lui permettant de s'accrocher dans la ramure, se balancer à bout de bras, et, après avoir lâché sa branche au bon moment, se saisir d'une autre au passage, tout en émaillant la séquence de nombreux rebonds à partir de brefs contacts, opportuns ou calculés, avec le sol ou les troncs voisins. Merveilleux ballet ludique qui, en bonne compagnie, met en scène des trajectoires intersectantes réalisant de longs délires de voltiges dans un orage de vocalises digne des plus sophistiquées « techno » de notre ère.

Ici, des instrumentistes…

Les *activités ludiques d'exploration environnementale et de manipulation d'objets*, les « object play », représentent une catégorie d'activités ludiques particulièrement abondantes chez les Mammifères qui passent beaucoup de temps en activité de prospection de l'environnement et de manipulations, ou d'expérimentation, des objets, alors que la nécessité immédiate de ces investigations est loin d'être apparente à l'observateur. Faute de pouvoir leur trouver un but, on les qualifie globalement de jeu, sans plus, mais, en l'absence d'analyses spécifiques complémentaires plus nombreuses, on s'interroge sur leur place par rapport aux éléments comportementaux des « solo play » dont elles pourraient n'être que de multiples et variés avatars, bien que certains des scénarios observés dépassent de loin, en complexité, les actes moteurs élémentaires que nous évoquions à l'instant.

De toute façon, explorations et manipulations ne

peuvent être dissociées, dans la mesure où, quelle que soit sa taille, tout objet peut être exploré lorsqu'il est manipulé et doit être manipulé pour être exploré. Par ailleurs, tout milieu, aérien ou liquide, n'est qu'un volume, donc un objet. Organiser un espace ou grimper une falaise est faire avec un objet (un gros !), et il ne semble pas nécessaire, pour ce qui nous occupe, de séparer les explorations des étendues environnantes de celles des formes ou des volumes solides.

Pour certains [18], les explorations du jeune débutent, dans la plupart des espèces, avant l'apparition des activités purement ludiques, mais il est peut-être là négligé de prendre en compte les interactions très précoces initiées par mère et fratrie dans le secret de la confrérie de la tétine, relations comportementales intimes très prégnantes qui ne s'intègrent peut-être pas, à ce moment, comme jeux, mais dont l'accomplissement va obligatoirement en organiser les règles.

Pour beaucoup la manipulation ludique d'objets la plus commune et la plus plaisante à observer, réelle harmonie de « solo play » et d'« object play », est celle qui porte sur les différentes parties du corps. Il est vrai que, dans ce cas, il est aussi aisé qu'agréable de se laisser emporter par le plaisir de telles descriptions. Moins, avouons-le, par leur étrangeté et les interrogations qu'elles font naître que par les douces illusions qu'elles bercent. Qui n'a pas ri de voir rats ou chats tournoyer sur eux-mêmes à la poursuite de leur queue ? Croyez-vous que c'est pour vous qu'ils aient fait les hystrions ? Dans certains cas, peut-être. Mais pourquoi ?

Les plus doués des primates se montrent dans ces sports des champions d'adresse et d'ingéniosité. « Les bonobos juvéniles font souvent des grimaces bizarres... », remarque Frans De Waal (1997) dans la relation de ses observations [381] sur le Chimpanzé nain *(Pan paniscus*, le Bonobo, si chéri de certains chroniqueurs modernes. Qu'il est mignon !... et drôle !... et sympathique ! ce Bonobo jouant, tout comme le petit de l'Homme, avec ses joues qu'il gonfle alternativement et creuse tout en ouvrant et fermant ses yeux, retroussant ses lèvres en tirant sa langue. Comme elles sont hilarantes ses volées de grimaces scandées par des jeux de mandibules ! Si proche des pantomimes de nos bambins ! Mais pour qui ses cascades ? De Waal précise : « Des grimaces bizarres dirigées vers personne en particulier… » On peut les observer, semble-t-il, même lorsque le Bonobo se trouve à l'écart assis en solitaire. Si, par hasard, on surprend de telles figures au cours d'une interaction dyadique intraspécifique, où l'un chatouille l'autre, il est remarquable que, souvent, celui qui grimace détourne la tête, dérobant sa face au regard de l'autre. La communication est dans la chatouille qui est perçue, mais pas dans la grimace qui n'est pas vue. Alors, pour qui ces mines ? Seraient-ce quelques exhalaisons mal maîtrisées d'un langage intérieur ? Un singe qui grimace, est-ce un Autre qui pense ?

Sourions… mais, quand même ? Surtout que, autres observations rapportées par Frans de Waal : « Le bonobo recouvre ses yeux… ils jouent avec leur perception du monde… » Et de deux ! les voilà encore en train de penser ! Quelle mauvaise habitude ! Restons en paix, il n'y a là que singes et singeries et, dans ces comportements, que des apparences… qui ne sont que jeux. Oui, mais dira-t-on ce qu'est un jeu ?

Toute manipulation est riche d'enseignements pour celui qui la réalise et pour le voyeur qui l'observe, mais reconnaissons que les « object play » les plus originaux, les plus longs et les plus complexes sont ceux qui, bien entendu, ont le plus frappé les observateurs. Sans nous attarder sur les drames bruyants qu'occasionne le chaton de la voisine, chaque fois qu'elle le surprend sous l'escalier à jouer à la baballe avec une souris morte, allons plutôt nous vivifier dans les courants marins.

Là, on peut observer, près des rivages, de jeunes otaries (*Actocephalus gazella*), de 3 à 4 mois, qui se poursuivent pour s'emparer de brins de varech solidement maintenus entre les dents de certaines, la gagnante devenant, à son tour, la poursuivie. Ce comportement de poursuite-rapine (« catch-me-if-you-can », si je t'attrape je…, etc.) est commun, hors le varech, à de très nombreuses espèces.

Dans la savane, H. Van Lawick [374] l'a bien étudié chez les hyènes tachetées *(Crocuta crocuta)* où une de leurs activités ludiques sociales consiste à se chamailler pour des bouts de bois, d'os ou de fragments de proies.

Dans les arbres, nos cousins, manipulateurs nés, chapardent tout ce qu'ils trouvent, et ceci quelle que soit leur espèce et leur rang sur les barreaux de l'échelle. Ils voient tout, touchent tout, examinent tout et… se désintéressent de tout avec une telle stéréotypie qu'on ne peut qu'évoquer une sorte de jeu, une forme d'« object play ». Bien sûr, il serait ridicule de croire, comme pourrait le faire un mauvais sociobiologiste, que ce comportement ait pu, lui aussi, en compagnie de ses auteurs, sauter les échelons.

Biruté Galdikas [113], parlant, en 1997, de la jeune orang-outang *(Pongo pygmaeus)* qu'elle observait, nous rapporte : « Sobiarso […] était tellement concentrée et occupée à lancer son bâton en l'air pour le rattraper ensuite, ou à le passer d'une main dans l'autre, ou encore à le faire rouler par terre, etc., qu'elle n'avait même pas remarqué que je l'observais intensément. »

Cet intérêt majeur des orangs pour les objets avait, bien sûr, quelques inconvénients car, dans le camp de B. Galdikas, les orangs-outangs s'emparaient de tout, chemises, chaussettes, culottes et autres pièces de vêtements. Avec cependant une prédilection pour les chapeaux, éventuellement comme accessoires pour singer, mais aussi, peut-être, dans une communion de sentiments presque sacrés pour cette fanfreluchante chose mystérieuse qui en impose tellement à l'Homme qu'il ne peut s'y asseoir dessus sans sentir naître en lui une impression de désastre profond.

On a décrit chez les Macaques des séquences toujours recommencées d'objets, branches, pierres, détritus, ramassés au sol, amenés dans les sylves, lâchés puis, après un suivi attentif de leur chute, repris et ramenés dans les branches pour être relâchés à nouveau, plusieurs fois. C'est le déplacement de l'objet dans l'espace qui semblait résumer tout l'intérêt qu'on lui accordait. Parcours spatial non polarisé, puisque tout aussi passionnant en sens inverse, ce qui se réalise avec des mobiles vivants.

Situation fréquemment signalée dans plusieurs espèces de primates où l'un s'étant approché par surprise d'un groupe d'oiseaux agit de façon à les effrayer, les obligeant à un envol groupé ou en éventail dans un retentissant froufroutement d'ailes. Les Cercopithèques observés par Bourlière [67] ont pu, à cet égard, révéler leurs talents de tourmenteurs pour les petits Calaos *(Tockus fasciatus)* qui aiment tant rester perchés en groupe dans les frondaisons touffues des géants des forêts de l'Afrique de l'Ouest. Las ! Voilà nos singes qui arrivent en bondissant et secouent méchamment la ramure jusqu'à l'envol des gros becs furieux. Pire, leur exploit accompli, ces poilus troublions, loin de s'esquiver, se tassent sur les branches et attendent patiemment le retour de ces oiseaux casaniers pour recommencer à les asticoter.

Remarquons, au passage, que parmi toutes ces variétés d'« object play » il n'a pas encore été observé de Mammifères manipulant, en dyades ou en triades, des masses globuleuses de façon à les faire rouler sur un plan dur, l'une vers l'autre, jusqu'à ce qu'elles s'entrechoquent, en bout de course, plus ou moins près d'une plus petite. Il est vrai que, sur ce point, toutes les espèces n'ont pu encore être documentées dans la même optique avec le même soin. En connaîtriez-vous quelques exemples ?

Ne nous attardons pas et retournons dans les vagues où nous trouvons, au large, beaucoup plus original avec les jeux de bulles des bélougas *(Delphinaptérus leucos)*. Grâce à une judicieuse maîtrise de leur évent, ces mammifères marins ont la possibilité de façonner et de libérer sous l'eau des bulles d'air, plus ou moins grosses, isolées, en anneau ou en chapelet [95], les grosses bulles solitaires pouvant faire office d'obstacles mobiles à éviter durant leur ascension, en passant dessus, dessous, en les frôlant, sans les briser. À moins que, après avoir accompagné et orienté leur course par de subtiles ondulations de queues, on n'assène de celle-ci un grand coup, transformant, par fragmentation, le gros ballon gazeux en de multiples billes qu'on va s'évertuer, en les gagnant de vitesse, de happer une à une avant qu'elles ne puissent s'éclater en surface. Au plaisir du jeu vient s'ajouter celui de la création.

Plaisir... Comment ne pas être tenté d'utiliser ce terme pour parler d'encore plus grosses baleines, au volumineux et complexe encéphale, et qui peuvent manipuler du museau, en surface comme en plongée, pendant des fractions d'heures, toutes sortes de débris flottant à la dérive, allant parfois jusqu'à la taille d'un tronc d'arbre [402].

Dans ces espèces marines de grande taille, les manipulations peuvent être encore plus subtiles et plus grandioses, l'objet disparaissant au bénéfice des constituants environnementaux immédiats, les vagues, les courants et les vents. Baleines et dauphins ont été bien des fois surpris à se laisser porter en puissance par la crête des lames, tant en bordure des rivages que sur la vague d'étrave des grands navires. Véritables exercices de surf, coûteux en énergie mais pourtant prolongés et, semble-t-il, recherchés. Pour accompagner l'Homme, dit-on. Au voisinage des navires, ce peut être vraisemblable. Mais seuls dans le ressac ?

Et que dire de la relation de Mandojana qui [91], sur la côte est de la Patagonie, dans les parages de la péninsule de Valdés, a observé le manège des baleines franches noires *(Balaena glacialis)* qui se placent dans les passes les plus resserrées, où le flux est particulièrement violent, puis remontent en nageant avec force jusqu'à l'endroit où le courant est le plus rapide, pour se laisser alors emporter passivement par les eaux tumultueuses sur plusieurs centaines de mètres. Rient-elles, alors ?

Que beaucoup des plus gros cétacés pratiquent

régulièrement le « spy-hopping » et le « lobtailing » ne prouve pas que ces deux postures soient des jeux. Il serait même étonnant que de telles acrobaties, difficiles et pénibles, n'aient pas quelque autre fonction, principale ou annexe. Dans ces deux attitudes comportementales le sujet maintient longuement hors de la surface, soit le tiers antérieur de son corps (« spy-hopping »), en vision panoramique assis sur sa queue, soit le tiers postérieur (« lobtailing »), présentant alors aux petits curieux la palette triangulaire de leur appendice caudal, en l'agitant plus ou moins souplement et vivement, ce peut pour dire : « coucou !… ». Une connaissance élémentaire de la physique de l'eau et du tonnage des monstres suffit pour convaincre du coût énergétique de l'action en cours. Excessif, même avec l'assistance du petit doigt d'Archimède. On peut être tenté d'y trouver cependant bien des bénéfices de diverses natures. Mais, aussi stricte que soit notre enquête, il faut réserver une petite place pour une utilisation partielle de cette posture active comme « object play » à grande échelle, surtout si l'on admet les étonnantes observations de Mandojana [402] :

« Les baleines franches noires de Patagonie déploient dans l'air leurs larges lobes de queue, très haut au-dessus de la surface, de façon à capter la brise ou les vents rugissants de la Patagonie, qui les emportent jusqu'à la côte, sur l'autre rive de la baie. Lorsqu'elles se sont presque échouées, elles reviennent en nageant à leur point de départ, et recommencent… une autre croisière… »

Itération et absence apparente de bénéfices nettement identifiés donnent toute leur connotation ludique à ces comportements qui, loin d'être innés, nécessitent un assez long apprentissage de la part des baleineaux.

Partout, des choristes...

Les *séquences de jeu social* forment un vaste ensemble étonnant de diversité, dont les constituants, observables dès que le regard peut fouiller les nids, se retrouvent, plus tard, en plein vent, à tous moments, sauf à la mort, point d'orgue solo du singulier monologue du vivant. De tous les comportements ludiques, le « social play » est le plus ubiquiste, le plus difficile à cerner au sein de la multitude des actes utiles qu'il mime si bien. Dans sa forme la plus simple et la plus courante, il se définit, quelle que soit l'espèce, comme une interaction au premier chef dyadique, mais aussi collective, souvent d'emblée, toujours par extension. Plus d'objet, ici, mais l'Autre. L'objet disparaît, se confond au décor ou devient un moyen pour donner la vedette à l'Autre, conspécifique ou exogène, d'une étrangeté cependant limitée, trop de différences conduisant à une dénaturation du statut et au franchissement des degrés entre vivant et non-vivant, ce qui ramènerait l'interaction du champ du « social play » à celui du « object play ». Durant les phases de ces jeux sociaux, les partenaires établissent, par rapides étapes, des rapports basés sur la distribution de stimulations réciproques par contacts corporels variés dans leur géographie et leur durée mais, comme dans les œuvres du divin marquis, selon une suite répétitive lassante par la stéréotypie de l'ordonnancement des situations, des postures et des intensités sensibles. Un bon éthologue, ce petit Sade !

Engoncés dans la boue, droits sur leurs pattes courtes barattant les hautes herbes flottantes, tassés corps à corps, les hippopotames *(Hippopotamus amphibius)*, avant le gagnage sur les rives, s'affichent dégustant de longues fricassées de museau ponctuées de larges bâillements prolongés dont ils ont le bruyant secret. Certains disent qu'il y a là *jeu collectif* tant par la modulation des stimulations auditives que par le renouvellement incessant des excitations proprioceptives intenses consécutives aux étirements des gros masséters et aux sensations exquises, goûtées à deux, par frotti-frotta des touffes de rudes poils sensoriels rigides qui donnent au museau de ces porcs des fleuves un si suave contact. Il est vrai que, toutes proportions gardées, leurs cousins, nos Suidés domestiques, sont, eux aussi, de grands adeptes des jeux de groins dans l'odorante pénombre de nos rustiques porcheries.

Rapportant les observations de F. Darling, sur le *jeu du dernier coup* pratiqué dans les troupeaux de Cerfs *(Cervus elaphus)*, R. Caillois insiste [3], à son tour, sur l'importance du toucher, aussi bref soit-il, au cours des activités ludiques des faons. Jeunes et adultes, parfois par familles complètes, se lancent dans une course effrénée, fuyant un des leurs qui les poursuit pour finir par heurter quelqu'un du museau ou du sabot. Et voilà le fugitif devenu chasseur, poursuivant, à son tour, tout le reste du harpail. De voltes en voltes, rythmées par les délicates touches, l'espace parcouru s'étend, de relève en relève, de quelques dizaines à quelques milliers de mètres carrés, parfois autour d'un arbre, d'un rocher ou même d'une colline.

La notion de contact se retrouve dans l'organisation des activités ludiques sociales de plusieurs espèces de carnivores, principalement de Félidés où l'interaction avec le partenaire élu met en jeu la recherche de touches de la bouche et des pattes. La bouche, pas les dents, les pattes, pas les griffes. Celui qui en prend l'initiative cherche à diriger l'action par la mise en œuvre de stratégies permettant d'atteindre une partie bien déterminée de l'autre. Stratégies et cibles corporelles varient avec les espèces mais, dans chacune, se caractérisent par leurs stéréotypies et leur répétition. Si l'Autre fuit, on le poursuit, s'il esquive et se défend, on insiste. Il en résulte tout un éventail de comportements faisant la joie de l'éthologue qui peut s'astreindre à les décrire, les classer et juger de leurs prévalences, tout en étant toujours déçu par l'extinction brusque de l'interaction, une fois la cible atteinte, à moins que, au pire, la séquence se renouvelle inlassablement à l'identique.

La scène peut se pimenter si « social play » et « object play » s'entremêlent et que s'adjoignent aux interactions dans le groupe quelques finasseries avec les constituants environnementaux, lumière, eau, pesanteur ou obstacles divers. La palette des observations possibles est aussi ample que variée. On peut tout voir.

Sous le soleil mordant d'Éthiopie, bravant le vide, les jeunes singes Geladas *(Theropithecus geladas)* courent, bondissent, s'invectivent et se chamaillent à flanc de parois rocheuses accidentées proches de la verticale.

Le long de certains rivages de l'archipel japonais, les macaques *(Macaca fuscata)* rusent avec la marée, barbotant dans les petits flots, s'éclaboussant dans les flaques, sautant sur la tête des uns pour les faire plonger, poursuivant au besoin les autres par de courtes brasses dans ce milieu marin pourtant si détesté de tous les autres singes.

En Amérique centrale, les Atèles *(Ateles geoffroyi)*, acrobates experts se jouant des obstacles, pendus dans les ramures par leur queue préhensile, brassent l'air des quatre membres, tentant de se colleter avec les voisins, formant alors un entrelacs de partenaires si serré qu'un observateur n'y voit qu'un essaim agité de mains braillardes dont l'importance numérique ne pourrait s'évaluer qu'en relevant le nombre de queues enroulées côte à côte, au même instant, sur la même branche.

Il faut s'y résigner, le « social play » est un salmigondis de fuites, poursuites, méli-mélo, esquives et fausses batailles, d'une lecture difficile lorsque le nombre des protagonistes augmente, ce qui est fréquent, cette situation ludique exerçant une forte attirance sur les spectateurs. Décryptage d'autant plus délicat que ces actions diffèrent peu des séquences motrices utilisées dans les actes nécessaires de la vie, et, pour rien simplifier, luttes-poursuites, fausses fuites, jeux sexuels immatures s'organisent avec l'âge en des simulacres de plus en plus précis des conditions habituelles des agressions, de la chasse ou des faits de copulation.

Et des poètes qui rêvent…

Les *séquences de comportements messéants* ne rassemblent pas tout ce qui ne peut se placer ailleurs, bien au contraire. Ces séquences se forment par des processus d'enchaînement d'éléments très particuliers, appartenant au répertoire des comportements usuels de l'adulte. Elles s'organisent en actes comportementaux longs et complexes survenant hors de leur contexte habituel, ici sans aucune raison ou utilité apparente et sans aboutir à la réalisation de leur but courant. Un bon exemple en sont les mimiques de chasse à l'affût et les bonds prédateurs des jeunes chatons, exécutés, à répétition, en l'absence de toute proie réelle.

Au cours de l'ontogenèse comportementale, ces séquences ludiques messéantes se structurent en véritables scénarios qui, peu à peu, se substituent aux actes moteurs explosifs des « locomotor play » des immatures. Chaque espèce possède en propre un répertoire plus ou moins riche de ces actes très spécifiques, bien que certains puissent se retrouver avec seulement de légères variantes dans des espèces différentes.

On peut inclure dans ce type de comportements des observations comme celles rapportées par R. Caillois, effectuées sur des groupes familiaux de Lions *(Panthera leo)* en situation naturelle. Aux heures chaudes du jour, alors que les lionnes et leur progéniture vont et viennent ensemble, sur de petites distances et un faible périmètre, ponctuant leurs courtes marches par d'assez longues pauses couchées, quelques-unes vont se tapir derrière d'illusoires obstacles d'où elles surgissent au passage des autres. Personne n'est dupe, puisque la cachette est claire et que certaines flâneuses vigilantes infléchissent, à leur tour, insensiblement leur déambulation pour, semble-t-il à l'improviste, bondir sur la planquée, alors que plus haut, plus loin, hautain et sculptural, dans un soleil de crinière, le maître du lieu approuve en feulant, ou en rugissant, ce qui est loin de relaxer les petits peuples du voisinage. Et ainsi, peu à peu, baisse l'éclat du jour jusqu'à l'heure du Lion, celle des choses sérieuses et de la terreur des proies.

Mais, indiscutablement, chez les Vertébrés, le comportement ludique messéant le plus universel est *King of the Castle*. Une situation, un endroit qui a quelque intérêt, un peu parce qu'il diffère du reste, beaucoup parce que l'Autre l'occupe ou tente de le faire, devient un objet d'envie. Tout est bon pour s'installer sur ce rocher, cette colline, ce tronc d'arbre, dans cette flaque, en haut, là-bas, plus loin, en bas, enfin quelque part où convergent des désirs. Malgré notre puissante inhibition pour évoquer notre espèce, nous sommes bien ici contraints de goûter aux plaisirs de la transgression et d'imaginer quelles superbes récoltes éthologiques un regard froid pourrait, sur ce thème, tirer d'analyses prolongées des cours de récré. Nos enfants ne sont-ils que des animaux comme les autres, ou ceux-ci veulent-ils imiter nos enfants ? Mais que reste-t-il d'un enfant sous un regard froid ? Anthropomorphisme et Zoomorphisme jouent caricaturalement à la balancelle pour satisfaire à ces questionnements.

Dans les interactions ludiques, *King of the Castle* amène les protagonistes à une succession répétée, brouillonne et bruyante, de succès et de défaites sans besoins apparents, sans gains manifestes, sans rapports clairs avec ce qui a précédé, sans intérêt pour ce qui va suivre. Comportement fort discordant mais, à l'évidence, si ludique ! Avant ce déchaînement de passions, il n'y avait rien de nécessaire ou de contraignant. Après la victoire ou la défaite, que reste-t-il ? Pour qui ? Un souvenir, peut-être ? Que fait un rat d'un souvenir ? Et de deux ? Une pensée ?

Grâce à *King of the Castle* transparaissent plus clairement les caractéristiques essentielles des comportements ludiques messéants, faites de complexité, d'ardeurs et d'urgences, et surtout d'inadaptation apparente de sens. Pour ce comportement-ci, les faits sont assez clairs, mais ce n'est pas toujours le cas. Bien d'autres, qui semblent avoir une importance vitale pour l'adulte n'ont, en fait, aucun sens à ce stade de la maturation. Un peu plus tard ils seront sensés et utiles, un peu trop tôt ils sont incohérents et ludiques. Plus grande est leur complexité et plus élaborée leur expression, plus la limite entre les deux états est difficile à fixer, à évaluer, et, sur le terrain, à reconnaître. Il en est ainsi, par exemple, du « play mothering », observé chez certains Primates, comportement pluridimensionnel dans ses justifications et ses conséquences mais dont, pour l'instant, nous ne retiendrons que la composante ludique, notre âme humaine n'acceptant d'y voir autre chose qu'un *jeu*. Un vol d'enfant ! Même dans la jungle, ce ne pourrait être ! Injustifiable ! Impardonnable ! Sauf à être un *jeu* ? Voire ?

Les faits ne sont pas simples et les minutes du procès, instruit depuis longtemps par de soupçonneux éthologues, sont aussi volumineuses que peu explicites. Décrit chez les singes verts, les Vervets *(Cercopithecus aethiops)*, en 1971, par Lancaster [164], le « play mothering » s'observe dans un certain nombre d'autres espèces de singes, bien que, tout compte fait, ce nombre soit relativement réduit [144]. L'action paraît être en elle-même assez claire, son contexte et ses conséquences beaucoup moins. Tout part d'une femelle du groupe devenue depuis peu mère d'un gentil bébé poilu supposé passif dans l'affaire, ce qui demeure à prouver. Au voisinage de ce doux spectacle qui, chez d'autres primates, a inspiré tant de générations de peintres, se trouve, innocente, vaquant à de menues et futiles tâches, une très immature femelle, généralement du même groupe. Le regard à l'infini, le visage détourné, glanant de-ci de-là en traînant des mains et des pieds, elle se rapproche insensiblement de la maternité heureuse et, rendue au plus près, par une inattendue extension maximale de tous ses membres, elle rafle la merveille, la crochant par n'importe où, un membre, le col, la queue, et s'enfuit remorquant, au besoin, son butin au sol, le plus souvent sans précautions. C'est un rapt court. Pas de rupture des regards, la mère voit et continue de voir la ravisseuse, comme le bébé voit sa mère. Le plus fréquemment l'accapareuse use du poupon avec autant de compétence et de délicatesse qu'un anthropoïde adulte pour manipuler une bouteille de jus de fruit close. Lassée, gênée ou blessée, la petite victime finit par hurler, et alors seulement la mère se déplace, avec plus ou moins d'élan, grogne et montre ses crocs, un peu, mais suffisamment pour que la compagne abandonne son larcin et s'écarte, sans cependant s'enfuir. Tout dans cette affaire paraît convenu. La mère a détecté la voleuse bien avant qu'elle-même y pense, elle se défend peu au moment du rapt et laisse à la friponne toute latitude de jouir de son butin tant que celui-ci le supporte. Le reste de la troupe demeure indifférent, c'est un jeu. Vraiment, il n'y a pas que les très grands singes nus qui ont des jeux imbéciles !

Dans les espèces où le « play mothering » existe, il a été possible d'y déceler certaines règles par rapport soit à la nature de l'enjeu, soit aux protagonistes. C'est ainsi, par exemple, que le déroulement de l'action est d'autant plus harmonieux que la ravisseuse est génétiquement plus proche de la mère et plus éloignée de sa future puberté. Plus le lien de parenté est étroit, plus la cession du petit se fait en douceur ; on a vu tous les grades, du prêt au kidnapping, selon le rang social et le degré de proximité de la tante flingueuse. À cela s'ajoute le fait que plus la mère a un rang élevé dans la hiérarchie du groupe, plus son bébé sera désiré et son abord prudent, en quémanderesse, mais, au contraire, en mandrin brutal pour une égale. Le difficile, pour l'observateur, sera justement de définir avec précision ce contexte, y compris la dimension historique, ce « play mothering » pouvant être très trompeur et confondu avec d'autres manipulations de bébés (« allomothering » ou « aunting ») qui, dans le groupe, jouent de délicats et importants rôles pour sa structuration et le maintien de subtils équilibres entre les femelles de différents rangs, mais aussi entre les différents mâles et par rapport à leurs différentes femelles. Néanmoins, et contrairement à ce que l'on peut voir pour d'autres comportements ludiques juvéniles, rien ne laisse croire que le « play mothering », tel que nous venons de l'évoquer, puisse être une minirépétition d'un futur comportement important de la vie sociale de l'adulte. S'il a un rôle à jouer, c'est à ce moment-là qu'il le réalise. On ne sait lequel.

Contrastes temporels et usuels

Comme les fréquences relatives d'occurrence des diverses catégories de comportements ludiques sont soumises à un authentique processus d'ontogenèse, elles se modifient avec l'âge des protagonistes selon des règles et un calendrier précis. Apparus très tôt, les schèmes moteurs propres pouvant être rapportés à ce comportement, dit de *jeu*, ne concernent d'abord que le sujet lui-même qui, en solitaire, va sauter, bondir, courir, souvent en rond ou en allers-retours successifs, c'est le « solo play » typique déjà évoqué. Peu à peu, avec l'autonomie du sujet, ces activités motrices prennent en compte l'environnement : espace, particularités géographiques (colline, étendue ou courant d'eau, rochers…) et structurales (murs, arbres, obstacles…), ainsi que les objets, inertes ou vivants, qui le meublent ou le peuplent, et il est fréquent que l'acteur incorpore dans son action des éléments de son propre corps : corne, poils, queue, pattes, pouce… Enfin, l'autre, le vivant le plus proche sera, à son tour, concerné ; les parents d'abord, puis la fratrie, les pairs et les adultes, intra- et extraspécifiques.

Cette gradation dans la maturation du comportement ludique paraît plus académique que réelle, ne pouvant être observée avec cette forme séquentielle complète que dans quelques rares espèces. Pourtant son existence n'est pas un fantasme, mais son observation directe est difficile, les techniques d'observation ayant, pour des raisons matérielles et historiques, peu abordé cet aspect. De plus, l'ontogenèse de ce comportement est, dans bien des espèces, extrêmement rapide avec télescopage des stades, certains ayant leur phase principale en prénatal, *in utero*, lieu qui, reconnaissons-le, n'est pas le milieu idéal pour des observations objectives qui se voudraient à la fois continues tout en restant subreptices.

Très vite le jeune acquiert une grande maîtrise des différents types comportementaux possibles, et, par la suite, les combinaisons se forgent au feu des apprentissages et s'affinent à celui des usages, avec une tendance générale à l'atténuation progressive des activités ludiques solitaires, les « solo-play », au profit des activités qui impliquent le sujet dans des interactions sociales, autant dyadiques qu'en groupes, le « social play ».

À l'effet contrastant du temps sur l'expression comportementale ludique vient s'adjoindre, en fonction du niveau motivationnel, tout un appareil d'attitudes et de pratiques qui en amplifient la lisibilité. C'est ainsi que, le plus souvent, la connotation ludique des interactions sociales est, chez les Mammifères, signalée, tant aux acteurs qu'aux observateurs, par des caractères comportementaux particuliers [351], des sortes de marqueurs de jeu, les « play markers ».

Le plus universel de ces marqueurs est le fait que les schèmes moteurs appartenant aux actes fonctionnels de la vie courante présentent, lorsqu'ils sont utilisés pour le jeu, des modalités d'expression propres, les séquences étant, à la fois, incomplètes et appuyées, plus références qu'actes, et, par là, caractéristiques de l'état ludique.

Il n'est pas inhabituel que, en plus, les protagonistes émettent des signaux très spécifiques, notifiant : « Ceci est un jeu. » Véritables signaux métacommunicatifs ludiques, tout à fait nécessaires pour que le sujet adressé, invité à jouer, sache bien qu'il ne s'agit que d'un jeu et non d'une agression.

Cette signalisation métacommunicative [358, 40, 42],

qui explicite et invite, se réalise par des actions, en général multiples, simultanées ou consécutives, les unes négatives, les autres positives.

La négativité la plus insolite est l'absence des signaux de renforcement, posture, mimiques, hérissement des poils, positions des oreilles, émissions sonores qui, habituellement, accompagnent ces mêmes comportements lorsque, loin d'être des jeux, ils sont réalisés dans le cadre d'interactions agonistiques authentiques.

La positivité se révèle par une présence, celle des « play markers » spécifiques. De même que les comportements de jeu n'ont pas toujours été reconnus avec facilité dans toutes les espèces, de même les séquences spécifiques indicateurs de jeu sont restées pendant longtemps ignorées, puisque souvent non identifiées. D'autant plus que les mieux connues ne sont pas présentes dans toutes les espèces, ou, dans la même espèce, ne sont pas automatiquement exprimées lors de toutes les interactions dyadiques ludiques, parfois oui, parfois non. En outre, leurs éléments constitutifs peuvent être si proches des comportements usuels de l'adulte qu'il est fréquemment difficile de faire le partage entre ce qui appartient à la dure réalité du monde et ce qui est propre au rêve ludique.

La découverte de ces signaux labellisants, distribués par les interactants au cours des comportements qualifiés de ludiques, a fait naître, comme cela est coutumier en éthologie, de nombreuses interrogations sur leur réalité et leur utilité. Tout aurait été plus simple si, avant d'amorcer leurs interactions, les sujets observés avaient pris l'habitude de dire : « Jouons !… » Pour la forme, nous confirmons que cela ne s'est, semble-t-il, jamais vu. Bien au contraire, non seulement les sujets observés ne parlent pas, mais lorsqu'on peut croire qu'ils signalent quelque chose, ils ne le font pas tous de la même manière, tant entre espèces que dans la même ; ils ne le font pas toujours, ou ils le font comme s'ils faisaient autre chose et parfois c'est ce qu'effectivement ils font.

À l'observateur d'apprécier ! En amical aparté, on peut reconnaître que cette exigence d'inspiration poétique dans l'art d'interpréter les observations éthologiques ne reçoit pas toujours dans les comités scientifiques d'évaluation toute la compréhension qu'elle mériterait, ce qui est regrettable, son utilité dans l'enfantement des hypothèses les plus fécondes semblant moins discutable qu'il n'apparaît.

On pourrait croire que le marqueur de jeu le plus naturel et le plus universel est de nature sonore. Pourtant le champ des affrontements théoriques demeure, pour l'instant, largement ouvert en ce qui concerne ces vocalisations émises par les jeunes primates au cours de leurs activités ludiques. Doit-on y voir, si ce n'est entendre, des marques de jeu ou des signes d'appel ? Dans certains cas la vocalise n'aurait-elle pas un double but, exalter sa joie et convier les autres à la partager ? Ainsi, raisonner serait admettre que la sentimentalité qui fait l'honneur et la gloire de nos religions conquérantes actuelles a précédé l'émergence de la pensée proprement dite. Pourquoi pas ? Mais au niveau du terrain on ne peut aller tout de suite si haut, il faut se contenter de quelques observations évidentes, déjà très difficiles, en soi, à recueillir. On remarque simplement, dans la même espèce, la différence des fréquences et des tons selon que le sujet est dans des activités communes ou se trouve en cours d'interactions ludiques. On pourrait en conclure qu'il y a là, bien identifié, un appel au jeu. Mais lorsque le sujet est isolé, en « solo play », et qu'il émet les mêmes vocalises, n'est-ce pas, plutôt, la marque d'un état ? Et, dans le fond, est-il impossible que ce signal spécifique vocal de *sollicitation ludique* ne soit pas aussi une marque très utile à l'espèce pour d'autres raisons ? Le débat est ouvert.

L'organisation des « play markers » se fait à partir des constituants des actions comportementales finalisées usuelles telles qu'on les connaît chez les adultes. La relation sociale la plus banale et de la plus forte similitude par rapport au jeu étant l'*interaction agonistique*, on va, sans s'en étonner, retrouver dans la structure des « play markers » associés aux « social play » une majorité prépondérante d'éléments comportementaux empruntés aux algorithmes de l'attaque et de la défense. Quel paradoxe ! Pour dire avec son corps : « ce jeu n'est pas une attaque… », il faut annoncer : « j'attaque… ». Comme les protagonistes ne s'y trompent que rarement, il doit y avoir un truc. Voyons…

Bons signaux, meilleur sens

Est-il terrible ce jeune gorille *(Gorilla gorilla)* qui se précipite sur son partenaire en martelant sol et poitrine tout en roulant des mécaniques ! Il pourrait l'être, si plus grand, plus gros, plus fort, plus bruyant… À défaut de trembler, on joue.

Les prosimiens sont des presque singes arboricoles et nocturnes, seul le Maki mococo *(Lemur catta)* des régions forestières et broussailleuses de Madagascar se rencontre plus souvent au sol que dans les arbres, de jour que de nuit. Tout gris, mignonnement tacheté de noir, il jouit d'une longue queue touffue, annelée de blanc et de noir, qui fait son orgueil et la moitié de sa taille. L'usage de cet appendice est varié et, en particulier, lors des affrontements entre adultes, son propriétaire, après en avoir frotté la partie distale aux glandes sébacées à musc de ses poignets, la fait alors onduler toute fumante sous le nez de ses adversaires. Elle va, pour eux, jouer le rôle de cette fameuse pommade de Dijon, excipient de base de toute ire bien conduite. Las ! L'immature est loin de pouvoir exhiber les quarante centimètres réglementaires, et, aux poignets, le baume demeure en réserve dans des glandes encore closes. Ce comportement de menace ne peut être interprété que sur un mode mineur ; à défaut de pouvoir en découdre, on rit et on joue.

Comme le laissent deviner ces quelques cas, l'inadaptation incongrue est la ficelle. Tout signal déformé, incomplet, délivré à contre-pied, utilisant des organes inexistants ou actuellement défaillants, est un signal de passage du réel à l'irréel, de l'utile au futile, de l'interaction conséquente au jeu. Sur ce mode le monde animal peut faire signal de tout à petit prix, alors que chez d'autres, pour monter d'efficaces « play markers » et arriver à faire rire, que d'efforts, des masques de Venise aux Gilles des Flandres en passant par les citrouilles d'Halloween, sans parler, bien sûr, de l'obligatoire et complexe gestuelle d'accompagnement à apprendre et à mémoriser.

Mais, pour dire vrai, dans de nombreuses autres espèces de Mammifères, cette panoplie de marqueurs ludiques, bien que potentiellement déjà bien fournie, est, en plus, enrichie par quelques comportements spéciaux plus élaborés et très spécifiques, qui sont autre chose que des comportements usuels tronqués ou à l'instant inappropriés.

Chez les Carnivores [40, 272], le « play bow » est à la fois un label et une invite. On a tous en mémoire cette attitude familière de notre toutou préféré, très appréciée lors des promenades, moins à l'heure de la pipe ou de la sieste. Si on se croit le maître, on peut parler de révérence, adoré, de génuflexion, craint, de courbette, savant, d'inflexion brève des antérieurs associée à quelques vocalisations aux accents incitatifs. Qu'il soit chat, lion ou chien, le sujet, accroché à l'observateur par le regard, abaisse le tronc en fléchissant les pattes antérieures, remuant, de droite à gauche, la tête et parfois la queue, en émettant quelques vocalises, plus ou moins variées et bruyantes, toujours brèves mais répétées, puis amorce une courte fuite en catastrophe, immédiatement stoppée pour reprendre sur place, ou en revenant en avant, la même invite : un « play bow ». Comment après tant d'efforts refuser de suivre et d'entrer dans la danse ?

Difficilement, surtout si, à ce type de signal, vient se surajouter le plus répandu et, semble-t-il [272], le plus efficace des signaux d'incitation ludique, la « play face ». Ouverture de la bouche et abaissement des oreilles en sont les constituants de base, la surface visible de la denture demeurant la variable. Décelé et décrit pour la première fois par Darwin, en 1872, lors d'études comparatives et systématiques des principaux mouvements d'expression chez l'Homme et certains autres Mammifères [5], ce signal a été retrouvé dans plusieurs espèces [273].

Chez les Primates supérieurs tels que les singes et anthropoïdes de l'Ancien Monde, on qualifie cette expression de « relaxed open, mouth face », visage détendu, bouche ouverte, ce qui est un peu simple si on veut bien considérer en même temps tous les éléments fournis par l'étude minutieuse [372, 373] de Van Hoff (1962, 1967) associant, dans les descriptions, à la fois des dispositions précises des éléments du visage à des situations contextuelles caractérisées.

Tout semble compter, les sourcils, les yeux, les oreilles, les joues, les lèvres et les dents ; chaque note posturale concourant à l'écriture de la monodie. Le regard perd un peu de sa mobilité et se fixe, sur le vis-à-vis avec une certaine décontraction des muscles orbitaires, les muscles peauciers du scalp n'entrant en action, pour dégager les orbites, que pour une invite ludique à un partenaire lointain. Les oreilles restent indifférentes, surtout pas dressées, pas davantage couchées. Si la bouche est ouverte, c'est parce que les commissures sont légèrement tirées vers le haut tendant les lèvres, au premier chef la supérieure, sans qu'elle soit rétractée, ce qui maintient la denture supérieure dans une obscurité favorable au sourire. Avec beaucoup d'ambiguïté puisque l'abaissement de la mandibule livre la denture inférieure aux regards, sans que, cependant, la position adoptée puisse sérieusement laisser croire en la réalisation possible d'une morsure efficace. Le corps ne reste pas immobile mais avance ou recule, parfois les deux, par d'agiles alternatives rapides et imprévisibles. Tout cela sur un fond sonore de jeux de gorge rythmiques et même roucoulants. Ce visage sollicite de l'Autre la réciproque, et l'obtient, tout au moins dans les interactions à plusieurs. Mais pourquoi ce type de signal facial s'arbore aussi lors d'activités ludiques exploratoires solitaires ?

À lire ces descriptions on comprend, espérons-le, que les « play markers » fonctionnent comme des ensembles d'éléments modulables en harmonie avec les variations du contexte, ce qui permet au sujet de faire plus que de donner un signal, mais de créer une ambiance, d'exécuter une mélodie comportementale ludique, de siffler un petit air de *jeu*, de donner le signal de la danse en imposant le rythme et la mesure. Leur magie instruit et attire. L'entourage reconnaît, grâce à eux, le jeu et s'y adapte, l'accepte, le respecte ou le rejoint.

Tout cela avec d'autant plus d'aisance que d'autres séquences comportementales viennent s'ajouter à cette affiche pour en assurer le déchiffrage et en renforcer l'impact. Plus frustes et plus brefs, ces comportements adjuvants distribués seuls ne provoqueraient, au mieux, que des modifications de l'attention et non des changements dans les schémas comportementaux des protagonistes. Les uns, les « play soliciting » sont, par eux-mêmes, de *simples appels au jeu*, les autres, tels que le « self-handicapping » et le « reversal role » sont des modifications dans le déroulement des schèmes moteurs en cours, leur conférant des qualités spécifiques, en particulier un certain *pouvoir de suggestion de jeu*.

Associés à des « play markers », les « play soliciting » permettent l'approche et le maintien au contact des partenaires, les « self-handicapping », affaiblissement affiché dans la puissance des actes moteurs, ajustent les disparités d'âge, de force ou de statut, assurant ainsi la poursuite sans risques de l'interaction.

Le « darting », le plus universel des signaux de sollicitation, s'exprime par une adresse directe, parfois bruyante, à l'apparent indifférent, immédiatement suivie par une fuite effrénée brutalement bloquée avec retour vers le sollicité, et ainsi de suite autant que nécessaire tant que l'affaire n'a pas mal tourné. Cette petite séquence comportementale est très modulable, d'une facilité d'exécution qui en fait un outil précieux autant pour solliciter le jeu que pour maintenir un lien entre interactants ou faciliter l'approche entre futurs partenaires qui scelleront leur accord en transformant ce « darting » en frénétiques poursuites, les « play chase ».

Le « self-handicapping », plus élaboré, nuance dans la palette comportementale, se traduit par un affaiblissement ostensible dans la puissance des actes moteurs et, par là, de leurs conséquences. On connaît depuis longtemps les combats frontal à frontal, ramure contre ramure, que se livrent les espèces majeures de Cervidés. Bien des descriptions ont été données des grandes différences dans leur ordonnancement et leurs conséquences selon qu'il convient, pour deux mâles cornus en rut, de gagner une femelle ou, pour de jeunes daguets courts sur la longueur, de faire quelques passes d'armes sans raisons. Vite le sang coule pour les premiers, rarement pour les seconds.

Cette faculté de dominer sa force, d'éviter coups au but et ruses mortelles, a été rapportée par tous les observateurs. De Waal, par exemple, a fait remarquer [381] que les mâles adultes de *Macaca mulatta*, malgré leur équipement en redoutables canines, prennent bien soin, dans leurs interactions ludiques avec les jeunes, de n'effectuer que des simulacres de combats, mordillant sans mordre, alors que les jeunes, eux, avec beaucoup d'énergie mais apparemment sans arrière-pensées ni remords, essaient, des dents et des quatre mains, d'infliger aux grands le maximum de dommages. Dans d'autres observations, Burghardt rapporte [74] les relations orageuses qu'Ellis Bacon a entretenues avec deux jeunes femelles d'ours bruns recueillies dans les Smoky Mountains et dont le caractère enjoué pouvait se mesurer à l'aune des marques, griffures, bleus et coupures, étagées tout au long des bras et des jambes des humains acceptés comme partenaires de jeu. Jusqu'au jour où, l'âge aidant, vers les huit mois, dit-il, la relation ludique s'est trouvée, de la part des oursons, totalement contrôlée à travers un savoir-faire acquis et non appris par dressage, se traduisant par des contacts non vulnérants pour l'homme alors qu'ils conservaient toute leur vigueur vis-à-vis des conspécifiques, leurs partenaires ours.

Comment, en bon éthologue friand d'anecdotes, ne pas hésiter à rapporter ici ce que raconte Moss d'un jeune éléphant mâle [214] qui savait ployer ses membres pour diminuer sa taille afin de communiquer avec un autre éléphanteau plus jeune dont il affectionnait les interactions ludiques rendues ainsi possibles en éliminant la disparité de tailles.

Souvent, sur la fin des interactions les plus longues, les comportements ludiques s'enrichissent par augmentation de la fréquence des inversions de rôle, les « reversal role ». Durant ces séquences la position des protagonistes passe alternativement, plusieurs fois, de celle de dominant à celle de dominé, sans apparemment d'importance immédiate ni de conséquence ultérieure. Si nécessaire, c'est aussi dans ces phases terminales que se délivrent les signaux d'interruption, ou « play breakdowns », mettant impérieusement fin à la relation en cours.

Pour ne rien vous cacher, mais vous l'aviez deviné, c'est de l'existence et de la bonne lecture de la chorégraphie donnée par la cuadrilla des « play markers » que dépendent la réalité et la poursuite harmonieuse de toute interaction ludique satisfaisante.

CHAPITRE III

La pragmatique question : « et pourquoi ? »

On peut, bien sûr, nier toute rationalité spécifique au jeu et lui appliquer l'hypothèse de la décharge de tension suggérée par Freud puis par Lorenz, qui suppose qu'une pulsion, ou « instinct-drive », puisse provoquer une charge énergétique appelant la décharge. C'est un peu sur ce modèle que se conçoit, pour certains, la récréation de l'écolier, sorte d'hyperactivité ludique succédant aux contraintes psycho-motrices de la classe.

Mais rappelons qu'en éthologie il est postulé que lorsqu'un comportement se rencontre dans une espèce sa persistance à travers les générations témoigne de son utilité, sans laquelle, suppose-t-on, les mécanismes de l'évolution n'auraient pu le maintenir. L'acceptation de ce postulat et la reconnaissance chez plusieurs d'une même tendance à réaliser des séquences comportementales ludiques homologues imposent alors de se questionner : pourquoi le jeu ? Pourquoi les mécanismes évolutifs ont-ils privilégié, dans un grand nombre d'espèces, surtout mammaliennes, l'organisation et la conservation de telles activités ? À quoi cela sert-il ? Quels sont les avantages que ce comportement ludique confère au joueur, à son groupe ou à son espèce ?

On est loin de manquer de réponses à ces questions,

chaque réflexion sur le sujet étant traditionnellement clôturée par quelques propositions à cet égard et il serait d'ailleurs inconvenant que, le moment venu, on agisse ici différemment. Mais avec beaucoup de difficultés, sauf à reprendre et ratiociner les conjectures établies, le champ des hypothèses vierges étant devenu rikiki avec le temps et l'encombrement lié à l'abondance des suggestions déjà présentées. Celles-ci méritent d'être citées, beaucoup d'entre elles étant appelées à trouver peu à peu confirmation expérimentale, et certaines déjà semblent, selon le point de vue adopté et le moment ontogénétique considéré, renfermer effectivement quelque part de vérité causale.

Que ce soit dans la recension de Fagen [6,] en 1981, ou dans celle de Baldwin [18], en 1986, on en dénombre une trentaine. Les plus anciennes mettent l'accent sur les avantages physiques accordés par les pratiques ludiques : entraînements physiques, sensoriels et psychiques. D'autres insistent plutôt sur les apprentissages : acquisitions des savoir-faire, des habiletés motrices, des particularités environnementales, connaissances des actions et des réactions des lieux et des choses, possibilités d'innovations, accoutumance aux êtres et aux objets, aux situations étranges ou intimidantes, réduction des inhabiletés et des maladresses. Enfin, plus de la moitié du lot concerne les rapports du sujet avec son environnement biologique et les fonctions variées que les comportements ludiques peuvent avoir pour établir et maintenir la relation avec l'Autre, principalement conspécifique : les pairs, les supérieurs, les nouveau-nés, les jeunes, les reproducteurs, les agresseurs et les prédateurs.

En regroupant entre elles les propositions voisines par le genre on se rend compte que les plus classiques des fonctions avantageuses attribuées aux comportements ludiques des êtres vivants peuvent se répartir dans trois ensembles selon qu'elles évoquent un rôle dans la maturation des fonctions motrices et psychomotrices, un effet de stimulation du comportement d'exploration, ou, enfin, des influences facilitatrices sur les apprentissages et la socialisation. Les réponses proposées par ces trois principaux ensembles d'explications sont-elles toutes valables ? Individuellement ou simultanément ? Sont-elles suffisantes ?

Le compendium des possibles : classiquement...

Hypothèse classique et la plus ancienne : Le *jeu* serait-il prétexte à exercices, eux-mêmes facteurs du développement des structures, et, plus particulièrement, de la maturation des fonctions motrices et cognitives ? Une forme d'engrais psychique, en quelque sorte !

On peut voir dans le jeu animal un *exercice nécessaire à la maturation des muscles et des circuits neuronaux sous-tendant la motricité*. L'exercice par le jeu non seulement développerait les structures musculaires et nerveuses, mais les maintiendrait et les affirmerait, selon le principe de la conservation sélective.

Comme une action plastique demande pour s'exercer au mieux une matière abondante et malléable, il semblerait logique que, dans le cadre de cette hypothèse, jouer soit l'activité la plus facile, la plus variée et la plus intense dans la phase active de croissance rapide de l'organisme ; ce qui a été effectivement noté dans toutes les espèces jusqu'ici observées. Le sociobiologiste ne saurait s'opposer à cette façon de voir, ayant admis depuis longtemps que seuls les sujets les plus forts, donc les mieux entraînés physiquement, ont la plus grande probabilité d'assurer l'avenir de leurs gènes.

Précisons que, dans cette hypothèse, l'utilité biologique du jeu ne porterait pas totalement, en fait, au niveau du perfectionnement des appareils moteurs responsables des mouvements essentiels à la survie, mais concernerait plutôt celui des entraînements aux capacités d'intégration de l'indi-vidu et du pouvoir de les exprimer en actes moteurs. Cette capacité d'intégration met en œuvre des processus neuronaux multiples et complexes dans la mesure où elle nécessite à la fois une assimilation de l'information reçue pour en faire une partie de son savoir comment s'organiser pour se développer, et une accommodation, c'est-à-dire une adaptation nécessaire de l'organisme pour qu'il puisse user de l'information ainsi intégrée.

À travers ses *jeux d'exploration*, le sujet ferait sien nouveauté, complexité, modifications et restructurations de toutes sortes. On a pu démontrer expérimentalement qu'un environnement assez diversifié, modérément enrichi par des objets de formes, de tailles et de couleurs diverses, sera favorable à la mise au point et à la répétition gratuite de mouvements qui s'enchaîneront chez l'adulte en une activité significative et adaptée. À l'inverse, un milieu trop riche ou trop pauvre en stimulations peut altérer le comportement, le premier par évitement et crainte, le second par désintérêt.

Il est tout à fait exact que le jeu fournit un flux constant d'informations vitales sur tout élément de l'environnement avec lequel le sujet entre en contact, et les nombreux auteurs qui ont étudié, chez le Singe, l'apprentissage discriminatif d'objets complexes ont très souvent utilisé la manipulation exploratoire et le *jeu manuel* comme renforcement expérimental. On en est même arrivé à dire que le jeu constituait l'interface active par laquelle l'environnement exerçait son influence épigénétique sur le développement des jeunes. Porche béant aux influences environnementales bienfaisantes, mais aussi (attention !) brèche pour les effets délétères des contraintes externes.

Beaucoup se demandent, autre hypothèse assez populaire, si le jeu ne serait pas plutôt *un champ d'expérience et un outil de connaissance*.

Des relations évidentes qui lient les comportements ludiques aux activités exploratoires se dégage une très forte probabilité pour qu'au cours du jeu le sujet ait à connaître plus d'espace et plus d'objets. Par l'usage des jeux et sous

leurs contraintes, les particularités variées de l'environnement et de ses composants deviennent plus familières au
pratiquant, et, pour chacune, des comportements plus
adaptés et de meilleures compétences s'affirment, laissant
supposer la réalisation progressive de grandes révisions des
organisations neuronales qui les orchestrent. Ce qui se
traduit, à l'observation, par des rapports étroits entre le *style
de jeu* et le style de vie. Ainsi pourrait s'acquérir tout un éventail d'habiletés motrices conditionnant les chances de survie
du sujet.

Par la rencontre avec une foule d'objets dont il va
connaître les réactions lorsqu'on les pousse, les secoue, les
attaque ou les mord, le jeune joueur apprendra les savoir-
faire utiles pour les reconnaître, les éviter ou en user, parfois
même comme outils. Les vertus hédoniques des pratiques
ludiques ne peuvent que faciliter cet apprentissage personnel
des propriétés des choses du monde et contribuent à minorer
les frayeurs de l'inconnu, ce qui poussera à un élargissement
continu du champ des investigations. Cette connaissance
précise d'un environnement en extension progressive impli-
quera, de fait, à partir d'un certain seuil, l'acquisition de
l'indépendance. Jouer serait pour l'animal une façon de
tester plusieurs combinaisons de schèmes moteurs et de
sélectionner les plus favorables. Jouer servirait de préparation aux activités fondamentales de la vie adulte ; par le jeu,
l'immature naïf apprendrait à différencier les actes et objets
appropriés des *non appropriés* pour la chasse, l'affût, l'accouplement, etc. Véritable téléonomie expériencielle à travers
laquelle celui qui joue établirait ses relations avec son
environnement.

Il est effectivement connu des situations où de jeunes
Primates mâles, adultes mais sexuellement inexpérimentés,
parce qu'élevés isolés, placés en situation favorable, se trouvent, dans un premier temps, incapables d'exécuter une
approche sexuelle adéquate, même avec des femelles récep-
tives, ou chevauchent des femelles d'une autre espèce plutôt

que des femelles en œstrus de leur propre espèce. Il est probable que, au moins dans ces espèces, le jeu sexuel juvénile puisse éclaircir les idées à cet égard. Cela ne veut pas dire, bien sûr, que chaque détail doive être appris, mais certaines expériences semblent être nécessaires à l'apparition chez l'adulte d'une structure comportementale adaptée et satisfaisante pour tous. Konrad Lorenz parlait [173], en 1956, d'un véritable *instinct de jeu* permettant aux jeunes animaux d'apprendre, selon leur programme génétique, les comportements appropriés à leur espèce. Est-ce, alors, la fonction princeps du jeu, et pourquoi pas unique, que de délimiter le champ clos des apprentissages, de soi, de l'espace, de la matière et de l'Autre ?

Surtout de l'Autre, disent ceux pour qui le jeu serait, au premier chef, un *facteur de socialisation*. Hypothèse majeure prenant en compte le fait indiscutable que le jeu tient un rôle majeur dans les processus de socialisation par l'apprentissage de l'Autre.

À travers les contacts ludiques, l'immature apprend le répertoire relationnel de l'espèce, les lois de la pratique des interactions, et acquiert un statut social. Le comportement ludique permet la connaissance réciproque des individus, favorisant la coopération en cas de nécessité et éventuellement l'établissement d'un ordre de préséance sociale.

Les hiérarchies sociales, des jeunes mâles en particulier, apparaissent, effectivement, en même temps que le jeu agressif, les menaces et les morsures. Chez les Babouins [34], D. L. Cheney (1978) a bien montré l'importance du jeu social dans l'obtention du rang de dominance observable ensuite à l'âge adulte. Reste à prouver expérimentalement que chez les autres Primates et le tout Premier de ceux-ci, les séquences ludiques constituent le facteur déterminant de la Dominance. Celle-ci peut, tout aussi bien, procéder de l'existence initiale d'un caractère génétique ou autre, induisant en parallèle aptitude aux jeux et à la dominance.

Quoi qu'il en soit, grâce à une familiarisation du corps

des congénères par l'exploration ludique répétée, la présence de partenaires sociaux en des moments déterminés du développement semble être une condition indispensable pour que se réalisent à l'âge adulte les structurations motrices adaptées de bien des comportements fondamentaux.

C'est au cours du *jeu social* que peut s'acquérir l'expérience sociale en vue de l'accouplement. Plus que les programmes moteurs d'une activité coïtale élémentaire, mais tout ce qui la précède et lui succède.

Des restrictions de partenaires dans le jeune âge modifient le comportement à l'âge adulte en fonction du moment, de la durée, de l'importance de ces restrictions. La mère représente, tout spécialement chez les mammifères, une base de sécurité à partir de laquelle le jeune, au rythme du développement de ses capacités motrices et psychiques, peut prendre contact avec son environnement, physique et social, au fur et à mesure qu'avec l'âge il devient de plus en plus vaste et diversifié. L'exploration et le jeu à proximité d'un objet d'attachement puissant tel que la mère permettent d'assurer sans heurts l'intégration des caractéristiques nouvelles du milieu, favorisant éveil, familiarisation et recherche de stimulus nouveaux. Ultérieurement les compagnons, les pairs, apportent les informations indispensables à une poursuite de cette socialisation commencée avec le lien mère-jeune.

On peut dire que la mère puis les congénères induisent, par leurs relations avec le jeune, une partie de son futur comportement lui permettant de se situer socialement dans le groupe. Le jeu, en affirmant les manières d'être avec les partenaires et en suscitant la découverte du monde par manipulation et exploration directe, est l'un des facteurs préparatoires à cette insertion. En fait, il pourrait exercer, dans le même temps, une fonction sociale et un rôle d'organisateur du comportement. Plus l'expérience que peut acquérir, au préalable, un sujet de toutes sortes de matériaux, de situations et d'événements, est riche et variée, plus il est assuré qu'une partie en sera pertinente pour des tâches ultérieures et contribuera à établir ses pouvoirs.

Une autre particularité des interactions ludiques sociales est la pratique des *signaux métacommunicatifs marqueurs ludiques*. Il est vraisemblable que leur usage facilite le développement des aptitudes à la communication interindividuelle intraspécifique, d'où une distinction d'importance à faire entre *jeu social*, « social play », et *jeu non social*, individuel, « solo play », ou avec des objets, « object play ». Le joueur solitaire ne s'adresse pas de signaux et l'objet ludique inanimé n'est pas, non plus, source de signaux métacommunicatifs. Par cette absence, le risque est grand que ce type de jeu devienne très vite banal et, à court terme, lassant. Les partenaires sociaux, au contraire, peuvent, eux, ne jamais devenir assez familiers pour que leurs comportements soient toujours totalement prévisibles, et après plusieurs séances ludiques interactives l'intérêt subsiste. Il semble d'ailleurs que, dans certaines situations, les formes solitaire et sociale de jeu soient en relation inverse, comme si, par vicariance, l'un pouvait remplacer l'Autre : la stimulation sociale diminuant, la part de jeu avec les objets augmenterait. Par expérience, on sait depuis longtemps que, dans un environnement restreint du point de vue perceptif, les durées de jeu se prolongent. Gardons en mémoire, pour y revenir, qu'il existe une hiérarchie assez stricte entre les structures de jeux, les formes les plus informatives primant les autres, le vide informatif confortant le ludique.

Avec le « social play », on se trouve à la croisée de deux projets qu'une analyse sommaire pourrait qualifier d'antinomiques : acquérir, au même moment, en jouant, à la fois son individualisation et sa socialisation. Nous voici quelque peu embrumés. Un discret flirt avec la sociobiologie va nous aider à allumer certaines balises.

Pour la Vie, pour une Espèce, quel est l'intérêt majeur ? La poursuite temporelle des structures génomiques, répond le petit sociobiologiste. Bien des techniques semblent possibles pour en organiser les récurrences. Mais les vieux paléontologues nous rappellent que les groupes les plus anciens dans l'Histoire de la Vie, à la longévité la plus longue, sont, pour le plus grand nombre, structurés sur le mode social, si ce n'est eusocial, caractérisé par des associations d'éléments très individualisés mais armés de robustes comportements adaptés au maintien d'une stricte cohésion du groupe.

On pourrait, dans le prolongement de cette remarque, interpréter les effets des comportements ludiques sociaux comme ayant pour finalité de garantir la meilleure ontogenèse individuelle associée à l'acquisition de comportements d'interdépendance serrée avec ses semblables. On a effectivement déjà évoqué les relations de certains items ludiques avec les techniques de combat ou les comportements reproducteurs, deux classes majeures de comportements sociaux. On peut, en plus, supposer que le jeu favorise aussi la mise en place des structurations sociales, tout particulièrement celles des dominances qui constituent pour bien des espèces l'élément de base de la gestion des conflits dans le groupe. À ne pas oublier que l'activité ludique implique des mélanges de sexes et d'âges. Par sa pratique, le groupe apprend ce qu'est un immature, comment le reconnaître, l'accepter et assurer sa survie, donc celle de l'espèce. Voilà justifié la si grande place qu'occupe le « play fighting » juvénile et l'existence de diverses variétés de « play mothering ». Allons plus loin en rappelant que, parfois, se transmettent, durant les activités ludiques, des éléments du patrimoine comportemental de l'espèce, réunissant aux comportements ancestraux ceux nouvellement acquis ou récemment modifiés. Le tout se perpétuant ainsi d'une génération à l'autre.

Acculturation ludique et macaques japonais

Nous avons évoqué, au sujet des Cétacés, des comportements ludiques obligatoirement appris de congénères par imitation, mais, dans cet ordre d'idées, l'exemple le plus classique de ces transmissions culturelles a été rapporté par les observateurs de terrain qui ont suivi, en continu pendant plusieurs années, des groupes de macaques *(Macaca fuscata)* dans une petite île de la côte ouest du Japon. Bien que très connue [108], cette étude naturaliste sérieusement documentée mérite que nous prenions le temps d'en faire un petit rappel pour illustrer cette facette de notre propos.

En 1948, au début de la grande période classique de l'éthologie, juste au sortir des déchirements sociaux du conflit mondial que l'on sait, trois scientifiques japonais, le professeur K. Imanishi et ses deux élèves, S. Kawamura et J. Itani, décident d'appliquer à leur étude sociologique des hordes de chevaux en semi-liberté les principes de l'observation éthologique avec identification individuelle et suivi temporel de chaque sujet. Durant ces études, réalisées au Japon dans la préfecture de Miyazaki, au voisinage de la ville de Toimisaki, ces chercheurs rencontrent des troupes de macaques, relativement abondantes dans la région mais très éparses et apeurées car alors durement chassées par les hommes. C'est au cours de ces observations qu'ils sont amenés à visiter la petite île de Koshima, à une douzaine de kilomètres au large des côtes. Recherchant les macaques, alors invisibles si ce n'est par leurs traces, ils rencontrent un paysan qui leur décrit l'état de pénurie alimentaire de ces singes et comment, autant par convictions personnelles que pour protéger ses récoltes, il a pris l'habitude de les aider en déposant sur leurs cheminements coutumiers des morceaux de patates douces qu'ils semblent aisément ramasser et manger. Cette rencontre, la disposition des lieux, la recherche en cours sur les chevaux forment une conjonction d'où naît l'idée d'appliquer aux primates les techniques éthologiques acquises pour l'étude sur les équidés et d'effectuer ces observations sur la population relativement homogène de cette petite île de Koshima en s'attirant les bonnes grâces des macaques par des dépôts sur leurs pistes de morceaux de patates douces, aliments qu'ils avaient maintenant l'habitude de consommer. Ainsi prit naissance (Kawamura, 1959) le groupe de recherche primatologique japonais spécialisé sur l'étude éthologique du *Macaca fuscata*.

Les travaux projetés débutèrent en 1951, mais ce n'est qu'en 1952 que des observateurs purent étudier librement, en continu, les comportements naturels de ces singes lorsqu'ils venaient sur la plage se nourrir des morceaux de patates douces disposés sur le sable. De ces observations, les primatologues japonais ont pu retirer, pour la première fois, des informations majeures sur la structuration sociale du groupe (rangs, dominances, etc.), les comportements parentaux, les communications sociales, mais aussi sur ce qu'ils appelaient le « comportement culturel », que sous la pression du milieu scientifique international pudibond on nommera « protoculture ».

Par ces études continues, patientes et minutieuses, il a été possible de savoir avec précision qu'au cours du mois de septembre 1953 une femelle, âgée de 18 mois, surnommée « Imo » par les observateurs, prit au sol des fragments de patates douces, souillés du sable de la plage sur laquelle on les avait disposés, et vint les débarrasser de ce sable en les lavant dans l'eau d'un ruisselet voisin. Ce traitement lui ayant, semble-t-il, apporté quelques satisfactions, elle le répéta dans les jours qui suivirent. En janvier 1954, ils étaient trois macaques à agir de même, sept en 1956, et durant cette même année 18 % des adultes du groupe et 80 % des jeunes adoptèrent cette coutume. Après 1959, tous les petits du groupe avaient appris de leur mère à laver leurs patates en même temps qu'ils avaient eu connaissance de ce qui était de la nourriture et ce qui n'en n'était pas. En août 1962, 36 des 46 singes de la troupe, âgés de plus de deux ans, lavaient leurs patates [157].

En fait les choses furent plus complexes [150]. Au cours de ce processus d'acquisition d'un comportement nouveau, jouèrent à la fois des problèmes de générations et de dominance mais aussi de goût. Certains sujets, au lieu de laver leurs patates dans le ruisselet d'eau douce, le firent dans la mer voisine et la population se répartit en deux courants, ceux qui n'aimaient pas le sel et ceux qui aimaient le sel au point d'appliquer le même traitement salé à d'autres aliments que la patate douce.

L'intérêt de cette longue et classique étude réside pour nous dans les détails de l'observation qui permettent de préciser l'importance des rangs de dominance et des comportements sociaux dans la progression de ce type d'apprentissage. On a pu savoir ainsi que ce sont les sujets les plus proches d'Imo qui ont assuré le succès de cette innovation, la proximité étant génétique (mère et enfants), mais surtout, et de loin la plus efficace, ludique. C'est au sein des groupes de jeux, entre partenaires ludiques (apparentés ou non) que cet apprentissage a eu le plus de succès. Avant la deuxième génération, ce sont les partenaires de jeu qui ont été les plus nombreux à mettre en œuvre cette technique. Après la deuxième génération, c'est de leur mère que les jeunes ont appris ce comportement dont ils ont assuré la permanence par leurs échanges au sein des groupes de jeu. Cet exemple constitue un des meilleurs arguments expérimentaux de la fonction du comportement ludique en tant que transmission des savoir-faire et des innovations, avec, en plus, un effet amplificateur, la structure d'un groupe ludique outrepassant largement les barrières génétiques.

L'énigme du jeu

Il suffit de tant soit peu détailler chacune de ces grandes fonctions classiques que l'on prête au comportement ludique pour trouver logique et évident de reconnaître à toutes une part de réalité. On peut même aller jusqu'à imaginer leur intervention successive comme obligatoire et utile aux processus d'ontogenèse. Toute évidence étant fallacieuse, parfois dangereuse, il serait grand temps, avant de tirer la moindre conclusion, de faire appel aux Puissances Adverses. Que nous opposent-elles ?

Elles nous demandent : Que dire des espèces non mammaliennes, des autres classes zoologiques, où le jeu paraît ne pas exister ? Qu'en est-il, chez les Mammifères, de l'ontogenèse des espèces qui semblent dépourvues de comportement ludique, l'expriment rarement ou l'écourtent facilement ? On pourrait répondre que, dans toutes ces espèces d'apparence a-ludique, ou pauci-ludique, les fonctions classiquement attribuées au jeu sont réalisées par d'autres mécanismes, ou bien que le jeu n'a peut-être pas les fonctions que l'on croit, ou que celles-ci se distribuent entre le domaine des conséquences et celui des causes autrement que supposé. L'interprétation de faits expérimentaux récents tend à orienter la réflexion plutôt dans cette dernière direction.

Bien que la prise de l'expérimentateur soit limitée par l'impossibilité d'abolir de façon sélective le comportement ludique, il existe néanmoins quelques travaux sur des animaux chez lesquels ce comportement a été, en partie, empêché, à certaines périodes du développement, par des techniques d'isolement ou l'utilisation de substances psychoactives.

Les résultats de ces expériences ne sont pas très favorables à la première fonction classique attribuée au jeu, celle qui concerne la maturation des fonctions motrices. Les animaux expérimentaux déprivés ludiques ont été comparés à des pairs élevés sans précautions particulières, et, sur le plan du développement général, il n'a jamais pu être montré que la force physique ou l'état de santé aient été diminués chez ces sujets expérimentalement réduits dans leurs expressions comportementales ludiques. Cela n'a rien de surprenant dans la mesure où les séquences comportementales ludiques naturelles sont bien trop courtes et pas assez vigoureuses pour pouvoir être considérées comme d'authentiques séances d'entraînement physique [180, 311].

Le même type d'observation a pu être fait pour ce qui est de la deuxième fonction classique, celle qui concerne les apprentissages des fonctions usuelles [106, 244, 184]. La théorie voulait que les jeux de type poursuite, lutte, agression simulée, soient des exercices, des répétitions, effectués par les jeunes pour se préparer à la défense et à la prédation. On a pu démontrer qu'en l'absence de tels jeux dans la tendre enfance ces comportements effectuaient, quand même, des maturations normales. Jusqu'à présent il n'a pu être établi aucune corrélation indiscutable entre l'intensité du jeu de l'immature et l'efficacité de la chasse ou de l'agression chez le même sujet devenu adulte. Le seul point expérimentalement établi est qu'à certains stades du développement certains apprentissages sont plus rapides et plus efficaces dans les groupes de sujets présentant un comportement ludique abondant. Si cette corrélation était en rapport avec une relation causale, celle-ci serait limitée dans le temps puisque, chez ces mêmes animaux, on ne trouve plus de différences entre les groupes, une fois la maturation achevée. Il y a là plus concomitance que causalité, les facteurs favorisant les expressions comportementales ludiques étant ceux qui favorisent aussi l'éveil, le comportement exploratoire et les processus d'acquisition.

Reste la troisième fonction classique : Le jeu facteur

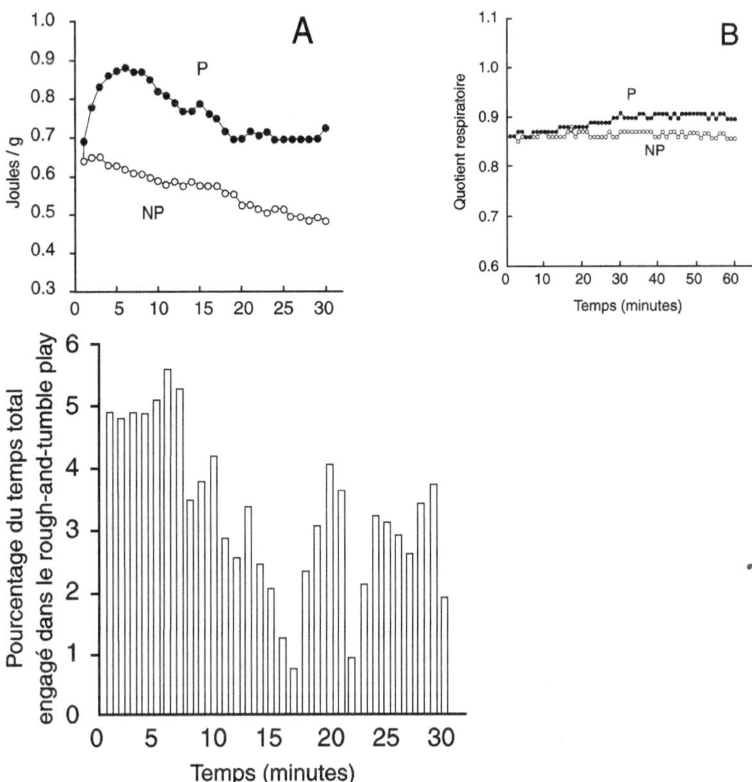

Dépense énergétique et comportement ludique

A – Moyennes par minute des dépenses énergétiques de 9 paires de rats de 23 jours placés pendant 30 minutes dans une chambre calorimétrique.
— Les cercles vides (NP) concernant les tests réalisés sans avoir relevé la cloison amovible séparant les partenaires ;
— les cercles pleins (P) concernant les tests réalisés après avoir relevé la cloison amovible séparant les partenaires. Les histogrammes inférieurs donnent, pour cette situation, la répartition par minute des moyennes du pourcentage du temps total (dans ce cas environ 506 secondes pour 30 minutes, soit 28 %) passé par chaque paire en activités ludiques.
B – Moyennes des mesures du quotient respiratoire effectuées, sur la même population, dans l'heure qui a suivi les tests ludiques.
On peut noter que si l'activité ludique entraîne une dépense énergétique, elle est faible et du type de celle qui suit des exercices légers en résistance et non en endurance, ce qui lui retire toute valeur d'entraînement physique.
(D'après SIVIY, S.M. ; ATRENS, D.M. [1992], 25, 2, 137.)

de socialisation [107]. Pourquoi pas ? Principalement ou secondairement ?

Il est actuellement bien connu que la relation à l'Autre à travers le jeu n'est ni immédiate ni permanente dans sa forme, mais subit toute une évolution diachronique qui lui est propre.

Chez les Primates juvéniles, par exemple, les schémas de « social play » utilisés sont tout d'abord ceux qu'on rencontre dans le comportement agonistique (chasse, fuite, lutte, bourrade, coup de dents refrénés, etc.).

À l'adolescence des éléments sexuels interviennent (monte, secousses pelviennes...) et les phases de jeu authentique deviennent plus rares. À ce stade, chez les Chimpanzés, le comportement de lustrage [333], le « grooming », se structure, prend une place de plus en plus importante et occupe peu à peu, surtout chez les femelles, le temps réservé au jeu qui, entre adultes, devient rare. Est-ce une disparition, une extinction du comportement ludique ou une transformation, une modulation ? Le comportement ludique est-il devenu inutile parce que sa fonction n'a plus sa raison d'être ou parce que d'autres comportements l'exercent à sa place ? Quand on voit un sujet adulte jouer, fait-il la même chose, avec les mêmes conséquences, que lorsqu'il exprimait, immature, le même comportement ?

Le jeu a quelque chose à voir avec la socialisation mais il reste à démontrer que la socialisation est la raison du jeu. Les mécanismes évolutifs ont simultanément porté sur bien d'autres systèmes d'interactions permettant de tisser la trame sociale. Le comportement ludique n'intervient que pour une part, et sa disparition évolutive aurait été très facilement compensée par l'existant, comme c'est le cas pour sa disparition expérimentale chez les déprivés ludiques. Pour répondre de sa pérennité évolutive il faut admettre que fondamentalement l'activité ludique doit assurer une autre fonction plus primordiale, peut-être plus banale mais vitale. Quelle fonction ?

D'un tout autre point de vue, et au lieu de n'envisager, comme il a été fait jusqu'ici, que les éventuels avantages apportés par la réalisation d'une activité ludique, il conviendrait peut-être d'évoquer aussi les possibles désavantages. En effet, ce comportement semble consommer de l'énergie, du temps, et place parfois le sujet en situation qu'il serait légitime d'estimer dangereuse, à cause de son inattention face à la vigilance des prédateurs, à cause de sa motricité fruste et brutale inadaptée aux embûches du terrain, à cause, enfin, lors des interactions sociales, de la fragile ambiguïté de l'interface Jeu/Agression.

Ces désavantages n'existent qu'en théorie [45, 403] et s'observent rarement dans la réalité. On a pu montrer expérimentalement [311, 179] que, même à la période de la vie où le jeu est le plus fréquent, son coût est faible (selon les espèces entre 3 à 15 % de la dépense énergétique totale [204]), le temps ludique jamais supérieur à 10 % du temps total d'activité, les accidents rares, la prédation seulement occasionnelle, et les signaux d'inhibition une bonne protection, car d'une efficacité exceptionnelle dans ce type d'interactions sociales.

Il n'en demeure pas moins qu'au cours du jeu l'animal se trouve en situation beaucoup plus fragile que lorsque, en éveil, il est immobile et attentif [78]. C'est pour cette raison que, vraisemblablement, seules certaines qualités sécurisantes de l'environnement favorisent l'expression ludique. Lorsque ces qualités n'existent pas, ne sont pas connues par l'observateur, ou ne peuvent être réalisées par l'expérimentateur, le comportement ludique paraît être réellement ou temporairement absent. Cette possibilité de ne pas exprimer de comportement ludique, qui est nette dans toutes les espèces, met l'animal à l'abri des désavantages que nous venons d'évoquer, lui laissant, lorsqu'il le désire, le seul bénéfice des avantages. Mais, encore une fois, de quels avantages ? Qu'en pensent les rats ?

Chapitre IV

Le rat ludique

Si nous comprenons les mécanismes neurophysiologiques du jeu chez le Rat, nous aurons alors les bases nécessaires à la compréhension des origines du jeu social de nos enfants...

J. Panksepp, 1984.

Voila reconnu le continuum phylogénétique des comportements chez les Mammifères et soulignée l'importance que peuvent revêtir observation et analyse dans n'importe laquelle de ces espèces puisque le prolongement de ces études conduit naturellement à l'Homme, dont l'essence demeure encore au cœur de nos craintives incertitudes.

C'est par la rigueur de sa méthode d'étude des comportements et la minutie de ses observations que l'éthologie a assuré sa crédibilité, et, à ce niveau, elle demeure toujours indispensable, quelle que soit l'espèce, pour décrire et définir au mieux les comportements naturels, innés ou acquis, qu'ils soient immuables ou évolutifs.

Malheureusement, en ce qui concerne le jeu, on dispose plus d'anecdotes naturalistes que d'observations éthologiques bien documentées, vérifiées et répétées. Les causes principales de cette défaillance sont de deux ordres. D'une part, le comportement ludique se présente comme un comportement de luxe apparemment secondaire dont l'importance vitale pour le sujet, ou l'espèce, est loin d'être évidente et, de ce fait, jugé peu intéressant ; d'autre part, les difficultés rencontrées pour définir précisément ce comportement sont à la base d'une gêne pour savoir quoi regarder, que retenir des observations, afin de confronter efficacement les résultats et permettre analyse et exploitation mathématique.

Il existe très peu d'espèces où nous puissions disposer d'études détaillées et précises du comportement ludique, de sa structure et de ses différences par rapport aux autres comportements du sujet, comme par rapport à ses propres stades ontogénétiques ou à ses états physiologiques. Encore plus rares sont les tentatives pour soumettre, une fois définis, ces éléments comportementaux aux contraintes de l'expérimentation. Seules quelques équipes travaillent de façon continue sur ce type de comportement et les espèces explorées à fond avec cette optique sont peu nombreuses, la plus sérieusement analysée sur le plan expérimental étant, pour l'instant, le Rat.

On trouvera dans l'annexe bibliographique la liste des publications les plus récentes concernant l'abord expérimental chez ces petits muridés privilégiés. La laborieuse compilation de ces travaux nous a fourni les éléments nécessaires pour acquérir une certaine idée de ce qui est à peu près connu dans cette espèce et paraît être représentatif de ce qui semble exister dans les autres, voisines ou plus étrangères, dont on pourra, au passage, si nécessaire, faire quelques références pour conforter les impressions ou aviver les contrastes.

Par une obscure vision

Tout travail d'éthologie débute par des observations directes, mais que voir chez le Rat, vedette des nocturnes ! Les conditions naturelles pour cette espèce sont celles de la nuit, d'où la nécessité d'organisations particulières, soit par des systèmes de prises de vues en éclairages spéciaux et commandes automatiques, soit par l'usage d'une méthodologie très mutilante quant aux impératifs « éthologiques » du recueil des données, qui voudraient nulles interventions de l'observateur sur l'observé.

Las ! nous voici, dès ce stade préliminaire, à faire déjà, pour une espèce qui, pourtant, est à cet égard, avons-nous dit, la mieux connue, quelques réserves sur la pertinence des informations acquises, au risque de limiter ainsi la portée des interprétations ultérieures et des extrapolations possibles. À tant faire, curons la plaie au fond. Plus que les conditions du recueil des informations, la qualité même du sujet observé peut porter à critiques. Il est rare, en effet, que le rat objet des observations soit un rat sauvage *(Rattus rattus)* mais plutôt un rat blanc *(Rattus norvegicus)*, volontaire désigné, depuis toujours, pour toutes les corvées de laboratoire. Certains disent que les deux variétés ont de fortes différences et que ce qui est observé chez l'une ne peut d'emblée être totalement rapporté à l'autre, que l'une n'est qu'un piteux avatar de l'autre, n'échappant au qualificatif de *dégénéré* que par respect pour ses services inestimables et quasi dévoués rendus à la Science. On peut, pour l'inégalable plaisir de la dialectique, argumenter à l'infini sur ces points mais sans espoir de faire avancer notre problématique puisque, à ce jour, les documents exploitables disponibles ont été établis avec la seule aide généreuse du Rat blanc.

Pire encore, vient s'ajouter à ces réserves préliminaires générales le fait que les conditions d'observation sont, la plupart du temps, très différentes d'un groupe d'observateurs à l'autre et, parfois, dans le même groupe, d'une observation à l'autre. Il pourrait donc paraître délicat, et même hasardeux, de comparer entre eux des résultats obtenus par des chercheurs différents. C'est pourtant l'obligation dans laquelle on se trouve, quitte à, peut-être, s'en souvenir à l'heure des bilans, synthèses et théories...

Il ne saurait, enfin, être caché que, dans tous les cas, on se heurte à la difficulté habituelle en éthologie : la sélection de l'information. Tout ne peut être observé et analysé en même temps. Il est obligatoire, pour être efficace, de diviser, morceler le comportement en courtes séquences bien définies, facilement identifiables et les mieux délimitées possible. Dans une action comportementale complexe il est habituel que seules les séquences les plus faciles à reconnaître et les plus caractéristiques soient réellement prises en compte pour devenir, après analyse par l'éthologue, à elles seules, et peut-être à tort, les équivalents de la totalité du comportement observé. Ce type de réductionnisme est très classiquement utilisé. Par exemple, dans les travaux portant sur le comportement sexuel, pour traiter du *comportement sexuel femelle* de quadrupèdes et pouvoir dire qu'il est stimulé ou inhibé, on va se baser uniquement sur la fréquence d'une seule des attitudes présentées par la plupart des femelles de Mammifères au cours de leur parade sexuelle, l'attitude de *lordose*. On dira que le comportement sexuel femelle est augmenté ou diminué chaque fois que la fréquence de la lordose sera élevée ou abaissée. Pour le mâle, on parlera de *comportement sexuel mâle* en se contentant de noter les fréquences soit de montes, soit d'intromissions, ou d'éjaculations. De même en est-il au royaume ludique.

Parmi les techniques d'étude ayant la faveur des voyeurs de rats ludiques, deux bien codifiées paraissent avoir la préférence des équipes de recherche compétentes, le face-à-face ménagé et l'observation focale.

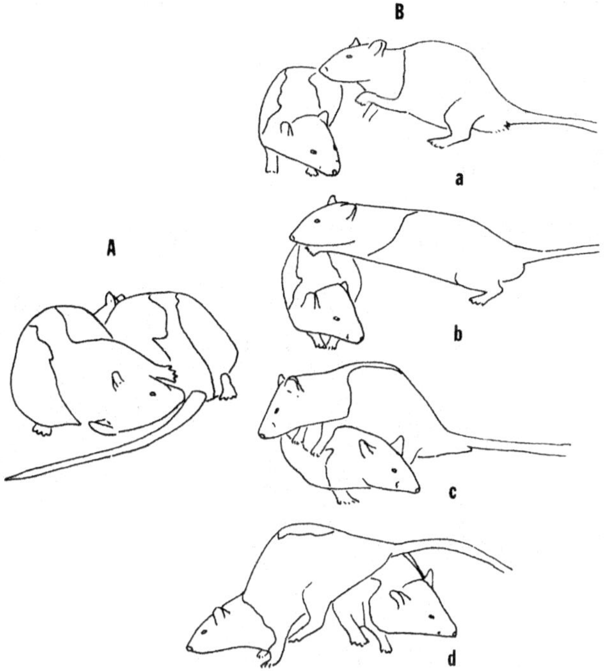

Figures souvent associées au « social play »

Les interactions ludiques du rat sont très riches et, à côté des figures particulières au comportement ludique par leurs structures et leurs fréquences, on peut observer beaucoup de figures communes à toutes les autres interactions sociales.

A – Le flairage ano-génital. Chaque partenaire passe son museau, alternativement ou en même temps, sous les flancs de l'autre jusqu'au niveau de ses orifices ano-génitaux.

Ce comportement, très fréquent chez les rongeurs (pas que chez eux...) dans toutes les interactions sociales, semble apporter des informations olfactives indispensables aux identifications réciproques.

B – Le « crawl-over » ou « cross-over ». Un sujet aborde perpendiculairement le flanc de son partenaire à sa mi-hauteur et passe par-dessus lui en frôlant son dos. Ce comportement est une composante très banale du « play fighting » où elle constitue une sollicitation ludique efficace au même titre que se glisser sous son ventre ou le faire bénéficier de quelques mordaces et tiraillements de poils (« aggressive grooming »).

Dessins schématiques réalisés à partir d'enregistrements cinématographiques à la vitesse de 48 images par seconde.

(D'après PELLIS, S.M. ; PELLIS, V.C. ; WHISHAW, I.Q. [1992], *Brain, Behavior and Evolution, 39, 5, 270-24.*)

— *Le face-à-face ménagé*, ou « paired-encounter procedure », adoptée [244] par l'équipe de Panksepp, consiste à
placer ensemble, dans une enceinte relativement neutre,
phoniquement isolée et éclairée par une ampoule rouge de
10 watts, une paire de rats, âgés de 29 à 43 jours, qu'on a pris
la précaution de garder au préalable socialement isolés
depuis leur sevrage ou, au moins, depuis une semaine. On
observe le comportement de ces animaux, ainsi assemblés,
pendant 5 à 10 minutes, en s'attachant à repérer dans leurs
interactions certaines postures ou réactions considérées, par
convention, comme spécifiques du comportement ludique.
On note ces séquences, leurs occurrences successives, leurs
durées, ce qui les précède ou les suit, ainsi que les particularités les plus caractéristiques du contexte. On amalgame le
tout, on déduit au feu doux des mathématiques et le vrai
devient courbes que l'on dresse sur graphes.

— *L'observation ponctuelle*, ou « focal observation »,
technique décrite en 1974 par Altman [13], puis en 1975 par
Poole et Fish [287], est très utilisée par l'équipe de Thor et
Holloway [356]. Dans ce cas on pratique de très brèves observations, d'une durée de 20 secondes, d'animaux vivant en
groupes familiaux en continu. Ces observations sont répétées
dans la journée, jusqu'à 70 fois et plus, sur une durée d'une
quinzaine de jours. À chaque observation, l'existence, cotée
un (1), ou l'absence, cotée zéro (0), de tel ou tel comportement bien défini est soigneusement notée et il est établi,
chaque jour, par sujet et par type de comportement, des
scores qui servent de base aux comparaisons, aux discussions, et, comme précédemment, à l'inévitable cuisine statistique, avec analyses en composantes principales pour ceux
qui supportent les aromates forts qui font rêver.

L'incontestable avantage de la « focal observation » par
rapport à la précédente est que les animaux vivent dans les
conditions les plus habituelles possibles en respectant leur
organisation sociale qui, avec quelques précautions, est peu
modifiée par l'observation. Il en résulte la possibilité

supplémentaire de mettre en évidence des particularités familiales dans les interactions ludiques qui auraient échappé avec la « paired-encounter procedure ». L'observation focale est pourtant moins utilisée que cette dernière car plus contraignante pour le personnel chercheur et demande une organisation matérielle plus complexe. Sans compter qu'au cours d'observations brèves et fractionnées, il existe une difficulté certaine pour repérer avec précision, par rapport aux autres éléments du comportement général, quand commence et où s'achève une séquence ludique.

Quoi qu'il en soit, on comprendra facilement comment ces deux techniques principales d'observation, qui mettent obligatoirement en vis-à-vis au moins deux sujets, ont surtout favorisé l'étude des interactions ludiques sociales, les « social play », au détriment des jeux des individus isolés, les « solo play ». En conséquence, et bien que l'on ait retrouvé chez le jeune Rat, comme dans d'autres espèces de Mammifères, des comportements de jeux précoces solitaires, ce sont surtout les comportements ludiques sociaux qui ont été le plus soigneusement codifiés et, par cela, les plus utilisés dans l'approche expérimentale, y introduisant néanmoins un questionnement parasite angoissant : ludité ou socialité ? Quel est le réactant à l'action expérimentale ? Le partenaire de jeu ou l'acteur social ? L'objet vivant nécessaire au jeu, ou l'agent liant aux rets sociaux qui se nouent par l'interaction ludique ?

Figures et entrechats de ballets murins

La vie sociale du Rat est très riche, les interactions nombreuses [140], mais toutes ne sont pas des jeux. Il y a une certaine difficulté à départager dans cette abondance de comportements ce qui est ludique de ce qui ne l'est pas, d'autant plus qu'en de nombreux cas, le passage du ludique au non ludique se fait, semble-t-il, de façon continue, rapide, et répétée [137].

On voit souvent, par exemple, un rat suivre l'autre avec insistance, affichant une volonté évidente de lui flairer la région ano-génitale bien que l'autre s'y dérobe résolument, et on parle de « following ». La poursuite peut se prolonger, s'intensifier, brusquement prendre des caractères ludiques, puis les perdre et ainsi de suite. Si l'animal poursuivi s'arrête le poursuivant effectuera un flairage minutieux et prolongé de la région convoitée, flairage qui, dans cette espèce, n'est pas un jeu, et on qualifiera ce comportement de « social investigation ».

Les sujets observés peuvent, au contraire, mettre en œuvre toute une succession d'interactions ludiques en cascade, ou se lancer dans une suite d'activités de toilettage mutuel, qui rappellera les séquences de « grooming », comportement jouant un très grand rôle dans les relations sociales des adultes.

Il est illusoire, avec nos moyens actuels d'investigation, de croire possible de départager totalement, chez le Rat, toutes les composantes ludiques de ses comportements complexes. Cela nous explique et justifie pourquoi la plupart des chercheurs travaillent seulement sur un tout petit nombre de séquences comportementales reconnues comme indiscutablement ludiques, bien décrites, courtes et facilement repérables. Les conclusions tirées de l'observation de ces quelques échantillons sont étendues, de façon abusive mais inévitable et licite, à l'ensemble du comportement observé, supposé maintenant ludique. Une telle pratique peut constituer, nous l'avons déjà signalé, un énorme biais, mais c'est à ce prix qu'il est possible d'espérer pouvoir peu à peu progresser dans l'étude de ces phénomènes. Faut-il supposer que cette méthode est une réelle limite à la compréhension des mécanismes et des finalités ludiques, qui, reconnaissons-le, demeure encore assez fruste, même dans l'espèce la plus étudiée, le Rat ?

D'après les auteurs spécialistes de l'étude assidue des ébats subtils de cet agile compagnon des villes et des champs, les principales séquences ludiques du Rat, les plus fréquemment rencontrées, et les plus utilisées pour identifier et analyser le comportement de jeu dans cette espèce, sont (accrochons-nous !) : le « chasing », le « rough-and-tumble play », le « play fighting », et le « wrestling », le tout associé à du « boxing », du « tail-pulling », et, surtout, beaucoup de « pinning ». Que peut-il bien se cacher derrière ces barbares et xéniques étiquettes ?

Dans le comportement de « chasing », un sujet se met brutalement à poursuivre l'autre sur une distance à peu près rectiligne, ou, au contraire, très sinueuse, et plus ou moins longtemps, pour s'arrêter aussi brusquement qu'il a débuté. Ce « chasing », dont la brutalité et la vitesse font la différence avec le « following », est une séquence fréquente mais très difficile à étudier car retrouvée dans de nombreux comportements finalisés complexes non ludiques tels que l'agression, la défense du territoire, la parade nuptiale, la dominance, les comportements de substitution, etc. En dehors du contexte, représenté par les circonstances d'apparition et les signaux associés, on ne peut, à coup sûr, affirmer son caractère ludique.

Le plus commun des comportements ludiques sociaux, mais qui, pour cela, est justement difficile à bien différencier des autres interactions sociales, est le « rough-and-tumble play », sorte d'échauffourée de rats à deux, trois ou plus, composée d'une suite de brèves poursuites et d'interactions vigoureuses, le plus souvent en rond et sur de petites distances, entrecoupées de rapides bousculades durant lesquelles un partenaire fait tomber l'autre, lui passe dessus, lui mordille la peau du cou ou du ventre, sans jamais le blesser mais en donnant plutôt l'impression de le chatouiller. À chaque instant les rôles s'inversent, le poursuivant se retrouve poursuivi et le dominant dominé, on parle de « reversal roles ». Cette cascade de séquences est très

Résumé graphique de l'analyse éthologique d'un « play fighting »

Cette interaction ludique de deux rats âgés de 31 jours débute, en [a], lorsque le sujet situé à gauche s'approche par-derrière de son partenaire et se jette sur la partie droite de son échine [b].

À cette « play solicitation » qui le place en situation de défense, le partenaire répond en se dressant sur ses pattes arrière [c] tout en amorçant une rotation sur son axe longitudinal lui permettant de faire face à l'attaquant.

Mais il est ainsi contraint de se déporter sur sa gauche, ce qui le met en déséquilibre, accru par la poussée de l'attaquant [d]. Il tombe sur le flanc gauche [e] et l'attaquant en profite pour se placer perpendiculairement à lui [f] et essayer d'atteindre sa nuque [g].

Pour protéger cette nuque le défenseur accentue et accélère sa rotation jusqu'à être sur le dos [h]. De cette position, il avance le museau en avant vers la partie latérale de la nuque de l'attaquant [i] qui s'en défend de la tête et des pattes arrière, essayant de repousser au sol la tête du défenseur [j] et [k].

Ayant contré avec succès son partenaire, l'attaquant en position haute peut enfin atteindre la nuque convoitée et s'y frotter gentiment le nez, c'est le clavetage [l] ou « pin » ; mais le défenseur, très vite, le déloge avec ses pattes postérieures [m], se retourne à plat ventre [n], et, à son tour, tente d'atteindre la nuque de son partenaire [o], ce qui recommence le cycle, mais en inversant les rôles (« reversal role »).

Dessins schématiques réalisés à partir d'un enregistrement cinématographique de 1,5 seconde, à la vitesse de 48 images par seconde.

(D'après PELLIS, S.M. ; PELLIS, V.C.,
Aggressive Behavior [1987], 13, 227-242.)

rapide, très variée, s'interrompt et reprend sans règles bien établies, s'amalgamant intimement à d'autres comportements sociaux ou individuels mieux finalisés. Les observateurs avertis en détectent néanmoins plus facilement l'utilisation ludique qu'ils ne peuvent le faire pour le « chasing ».

Assez voisin, le « play fighting » est une bataille pour rire, une lutte ludique, mais qui semble pouvoir être mieux systématisée que le « rough-and-tumble play », bien que, également, très hétérogène. Cette action se compose d'une succession d'items moteurs qui, regroupés, forment un ensemble assez caractérisé, dans lequel les séquences de contact entre les deux partenaires sont plus longues et beaucoup plus nombreuses que dans le « rough-and-tumble play ».

Pour le non-initié ces interactions dyadiques ressemblent à des combats, à une agression, mais les experts feront remarquer l'émission concertée de signaux visuels et sonores propres à l'état ludique et l'absence de piloérection qui, chez le Rat, est une des étapes anticipatoires de l'agression. Sont aussi absents les vocalisations de menace ou de détresse, et les claquements de dents, qui accompagnent généralement les combats.

À y regarder de plus près on se rend compte que le « play fighting » est, en fait, une mosaïque mouvante de nombreuses et brèves séquences ludiques secondaires suffisamment structurées pour pouvoir être focalement identifiables, repérables et comptabilisées, les principales étant le « mouthing », le « wrestling », le « boxing » et le « tail-pulling ».

Le « mouthing » se pratique à pleine gueule, mais sans appuyer, on montre ses dents et on pince de la mandibule, sans serrer. On bave, on masse, on lèche, une oreille, un cou, un membre, tout comme dans le suçon d'amour, bien connu de tous. D'ailleurs, n'en serait-ce pas là une forme primitive ?

Le « wrestling » est un enchaînement de déséquilibres et

Le clavetage, ou « pin »

Interprétation graphique humoristique, par Kay Green, du clavetage ludique du Rat.
Un des deux partenaires est dos au sol et l'autre s'appuie, plus ou moins briè-vement, sur la face ventrale de son thorax. Cette séquence comportementale émaille les « play fighting » du rat dont elle constitue un excellent marqueur assez universellement utilisé par les éthologistes pour définir le caractère ludique d'une interaction.
(In Panksepp, J. ; Siviy, S. ; Normansell, L.,
Neuroscience and Biobehavioral Review (1984], 8, 465-492.)

de cabrioles des protagonistes plus ou moins entremêlés, alors que, dans le « boxing », les sujets se font face, en situation assise ou érigée se frappant respectivement l'un l'autre avec leurs membres antérieurs, comme on voit faire les kangourous dans les dessins animés.

Le « tail-pulling » consiste à mordiller ou saisir l'extré-mité de la queue du partenaire. Séquence assez brève d'inter-prétation délicate, car on ne sait si le sujet qui agit tente d'attraper son compère par une partie de son corps sur l'instant accessible, ou bien si cette extrémité caudale ne représente pas, à ce moment, tout simplement un objet. Pièce animée, puisque gigotante par la force des choses, sur laquelle l'attention se focalise, en dehors de l'interaction en cours avec le partenaire, son propriétaire. Il y aurait là une sorte de dérive, de digression, transformant, pour un fugace instant, l'interaction dyadique ludique, soit en un jeu instrumental, ou « object play », l'objet inanimé animé étant le bout de la queue, soit en une interaction triadique comprenant deux partenaires et une troisième chose indépendante de ceux-ci, l'extrémité caudale objet d'intérêt pouvant aussi bien être celle du sujet manipulateur que celle du sujet partenaire. Il n'est pas évident que le rat qui interagit ainsi avec sa propre queue soit, dans ce contexte, parfaitement conscient qu'il le fait avec une partie de son corps. Cette interprétation laisse sous-entendre que la conscience de sa queue est, aussi dans le genre *Rattus*, le fruit d'un assez long apprentissage. Est-ce pour cela que le « tail-pulling » est un élément fréquent des séquences ludiques du « solo play » des très jeunes sujets encore naïfs ?

Une place à part doit être réservée à une brève composante du « play fighting », séquence comportementale ludique particulièrement bien définie [235] chez le Rat, le « pinning ». Ressemblant, vue de l'extérieur, à une fugitive immobilisation (eh oui ! ce n'est pas ce que vous aviez cru…), ce « pinning » est une rapide interaction dyadique se terminant par une posture de très brève durée dans laquelle un des protagonistes se trouve complètement étalé, le dos au sol, l'autre se tenant quelques instants immobile les membres antérieurs appuyés sur le thorax, ou l'abdomen, de son congénère, en position interprétée par l'observateur comme dominante.

Ce comportement ne survient pas de façon isolée, mais vient pimenter les phases du « rough-and-tumble play » et du « play fighting ». Il se répète fréquemment avec, en général, une inversion des rôles, le partage se faisant au hasard, tout au moins chez les sujets les plus jeunes. Ce « pinning » est tellement caractéristique que c'est lui,

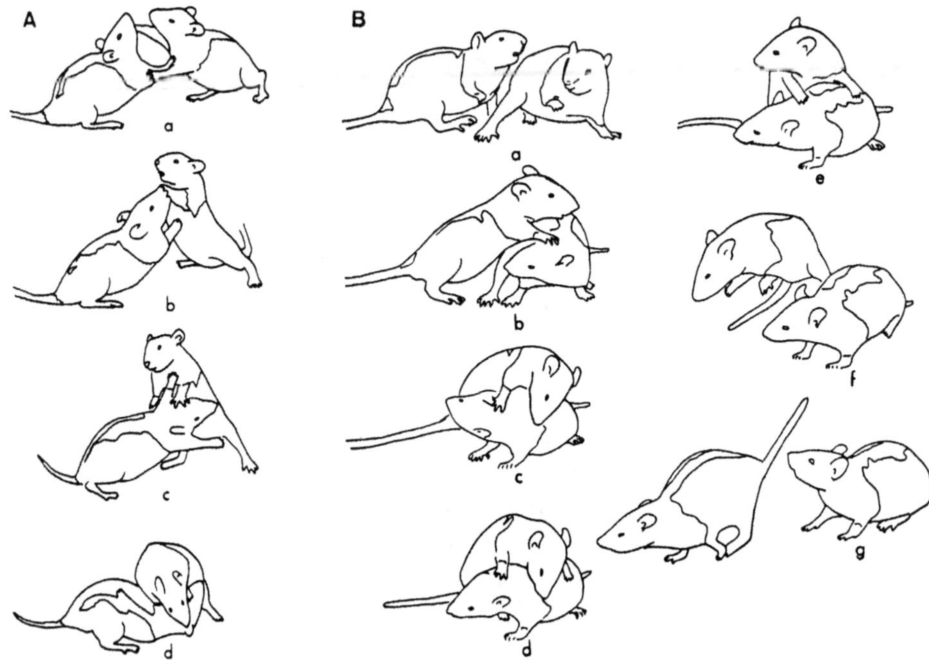

Exemples de « play solicitation » et de « play break-down »

Plusieurs types de comportements peuvent déclencher l'interaction ludique mais certaines réponses ont, par contre, un effet inhibiteur.
A – « Play soliciting » à partir d'une position érigée qui, dans un contexte agonistique aurait pu évoluer en « boxing ». Ici, au contraire, le sujet sollicité amorce une rotation sur son axe longitudinal [c] qui va transformer ce « play soliciting » en un « pinning » des plus ludique.
B – Il en va tout autrement dans ce cas où, tout au long d'un « play solici-ting » classique, avec [b,c,d] flairage soutenu de la nuque et des épaules du partenaire élu, celui-ci répond non seulement par une immobilité et une indifférence marquée [e,f] mais, en plus, met un terme à l'interaction en effec-tuant un bond [g] associé à un jeu de queue très parlant, peut-être même avec un soupçon d'odorantes exonérations variées. C'est « NON !... »
Dessins schématiques réalisés à partir d'enregistrements cinématogra-phiques à la vitresse de 48 images par seconde.

(D'après PELLIS, S.M. ; PELLIS, V.C.,
Aggressive Behavior [1987], 13, 227-242.
PELLIS, S.M., *Aggressive Behavior* [1988], 14, 85-104.)

surtout, dont les occurrences servent, chez le rat juvénile, à
définir le caractère ludique d'une interaction sociale, et par
sa fréquence à documenter les analyses expérimentales de
comportements de jeu.

Comme cette séquence ludique est si facilement
retrouvée dans les comportements complexes ici étudiés, il
sera inévitable, dans ce texte, d'en faire des citations
fréquentes, sous toutes formes et à tous les temps. Bien que
rien de précis dans le français classique ne devrait, à l'énoncé
de ces mots anglo-saxons, induire un glissement de sens dans
nos esprits, il nous semble utile, par précaution, de
contraindre notre attention en proposant, pour cette fois, de
remplacer ces termes anglais par une traduction, la plus
proche possible de la signification éthologique de la situation évoquée. Le mot « épinglé » ne convient pas, il n'existe ni
piqûre ni blessure ; « bloqué » non plus, blocage et déblo-
cage alternent dans des temps très courts. Nous proposerons
plutôt un terme de mécanique évoquant une situation en
mouvement, pouvant immédiatement s'arrêter et repartir,
avec répétition plus ou moins périodique du même état,
comme une roue qui tourne, dont la rotation peut se trouver
par à-coups limitée ou libérée grâce à l'usage d'une clavette.
On parlera donc ici de clavetage en place de « pin ». Même
pour un rat il vaut mieux, en français populaire, être claveté
que « pinned ».

Qu'est-ce qui les interpelle...

Les conditions d'observation et la rapidité des interactions sont vraisemblablement responsables de la pauvreté de
nos informations sur les signaux spécifiques métacommunicatifs, les « play signalling » et les « play markers », qui
doivent inévitablement accompagner les phases comportementales ludiques des Rats.

On a bien décrit dans cette espèce une « play face »,

mimique spécifique de l'état ludique, à peine esquissée, la bouche légèrement ouverte et les oreilles un peu couchées, mais le signal le plus signifiant semble pourtant être une vocalisation de circonstance, accompagnant l'interaction ludique sur toute sa durée tout en échappant cependant au petit curieux non instrumenté car modulée dans le domaine ultrasonique. Ce label *jeu*, donné en ultrasonore, également connu dans d'autres espèces, pourrait ici expliquer la brutalité de la bascule du ludique à l'agonistique, passage conditionné, au cours de l'interaction ludique, par l'arrêt ou la reprise de la vocalisation ultrasonore spécifique. Des études plus détaillées et comparatives de ces émissions ultrasoniques au cours des interactions sociales murines semblent néanmoins nécessaires avant de conclure à la prépondérance, chez le Rat, des signaux sonores en tant que label ludique unique, ou principal.

Si les signaux de jeu marquent une action ludique pour la faire accepter comme telle par les partenaires, d'autres signaux, spécifiques eux aussi, permettent d'éveiller l'attention des condisciples du voisinage et viennent les inciter à entrer dans la ronde, à se mêler aux interactions sociales en cours. Ces signaux de sollicitation, ou « play soliciting », sont assez variés, très gradués dans leur intensité et leurs effets, la plupart du temps utilisés en rafales entremêlées de courtes pauses et répétées jusqu'à l'obtention d'une complice riposte.

Le plus commun de ces « play soliciting » est le « darting », brève et rapide course, sur une faible distance, effectuée au voisinage, ou en s'éloignant du partenaire, avec arrêt brutal et reprise en sens inverse. Ce comportement est répété plusieurs fois de suite avant une pause un peu plus longue, l'auteur paraissant en attente d'une réponse qui, assez souvent, est une « course-poursuite », ou « chasing », amorçant, à son tour, toute une succession d'autres activités ludiques variées. Les premières notes de ce « darting » se retrouvent chez l'adulte, en utilisation secondaire, dans les séquences initiales de la parade précédant l'accouplement.

On peut supposer que, dans le contexte sexuel, à ce moment-là, il fait mémoire des stades juvéniles, réminiscences apaisantes facilitant l'approche des partenaires.

La séquence la plus complète et la plus efficace des comportements de sollicitation ludique du Rat est le « crossover », passage rapide d'un des sujets au-dessus ou en dessous de son partenaire, plus souvent dessus que dessous, et plus fréquemment dans la région du cou et du tronc. La vitesse du mouvement est variable, très rapide ou, au contraire, assez lente, volontairement semble-t-il.

Le « pouncing » est un autre signal de sollicitation ludique réalisé par une forte bourrade appliquée à l'aide des deux membres antérieurs. Pour effectuer cette poussée le sujet se dresse sur ses membres postérieurs, reste un instant dans cette position et se laisse tomber, membres antérieurs en avant, sur son partenaire. Il n'est pas rare que durant cette relation le *solliciteur* mordille et tire la queue ou la patte du *sollicité*, sans, pour cela, provoquer de blessure nette, ce qui est un bon marqueur de jeu. À l'évidence, la moindre défaillance dans l'exécution de tels signaux peut être la cause d'une très mauvaise interprétation de la situation et faire basculer l'interaction ludique dans un tout autre registre.

Plus délicat à interpréter est le *toilettage agressif*, ou « aggressive grooming », qui n'est autre que l'inclusion dans des séquences ludiques de courtes séances d'une variante de « grooming ». Rappelons, à cette occasion, que le « grooming » est un élément comportemental fondamental de la vie sociale de l'adulte, et pas seulement chez les rats. Classiquement il se présente sous la forme d'un toilettage minutieux et très ritualisé jouant, peut-être, effectivement, quelque rôle dans l'entretien des pelages, mais enfin surtout dans les structurations sociales. Employé par le jeune dans le cadre d'une sollicitation ludique il prend, par rapport au « grooming » de référence de l'adulte, une forme maladroite

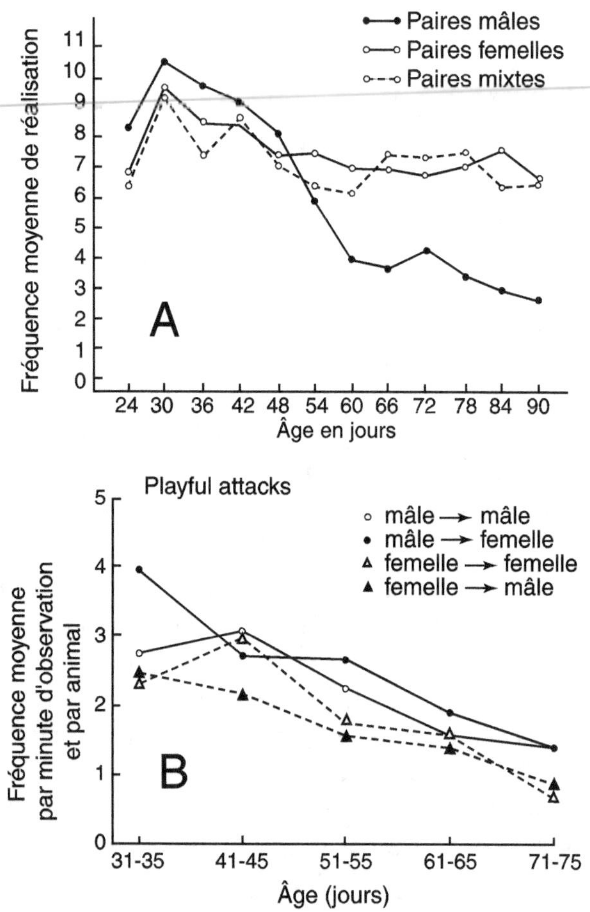

Maturation et fréquence de comportements ludiques types

A – Évolution, selon l'âge, de la fréquence moyenne de réalisation de clave-
tages (« pin ») au cours d'une séance de 15 minutes de « play fighting » par
24 rats répartis en 3 groupes de quatre paires de partenaires.

(D'après TAKAHASHI, L.K. ; LORE, R.K.,
Aggressive Behavior [1983], 9, 217-227.)

B – Évolution, selon l'âge, de la fréquence moyenne, par minute d'observa-
tion, de la réalisation de sollicitations ludiques (« payful attacks ») par
32 rats en 4 groupes de quatre paires de partenaires.

(D'après PELLIS, S.M. ; PELLIS, V.C.,
Development Psychobiology [1990], 23, 215-231.)

et brève avec des tiraillements assez brutaux de la queue ou des poils de la région de la tête et du cou. Il peut même y avoir morsure et celui qui subit ce toilettage agressif, cet « aggressive grooming », se débat en couinant. Il faut vraiment que les « play markers » sonnent juste, et que le climat général soit à la franche détente, pour que la réponse se fasse dans la tonalité badine voulue par le solliciteur.

Face à des « play soliciting » répétés, il est des circonstances où, souvent par incompréhension, parfois par indisposition, se développe une réponse ludique particulière, fortement ritualisée, très fruste et très brève, impérieuse, le « play break-off » ou, le grade au-dessus, le « play breakdown », puissants signaux inhibiteurs mettant fin à l'interaction. Dans les deux cas, c'est la très brutale discordance entre cette réaction inattendue du partenaire et l'action en cours qui donne le signal. Le sujet devait poursuivre et il tourne le dos, s'agripper et il s'écarte. S'adapter aux actes de l'autre pour en faciliter la réalisation, au contraire, il s'y oppose. Et les partenaires de s'éloigner sans insister. On est dans le *jeu* ! Ni amertume ni souvenir, on recommencera plus tard.

… en leurs décours temporels ?

D'une manière très générale, dans un comportement complexe ludique, la place de chacun des éléments éthologiques caractéristiques du jeu est très variable, ainsi que, d'ailleurs, la richesse de chaque séquence spécifique, de chaque item ludique. Par contre, il existe des relations diachroniques nettes entre la fréquence de certains types de séquences ludiques, leur structuration plus ou moins complexe et les étapes de la vie du sujet.

Chez les Rats, comme chez tous les Mammifères, de nombreuses fonctions sont soumises aux variations circadiennes. Pourtant, dans les études analytiques du « play fighting », il n'a pas été noté [244], jusqu'ici,

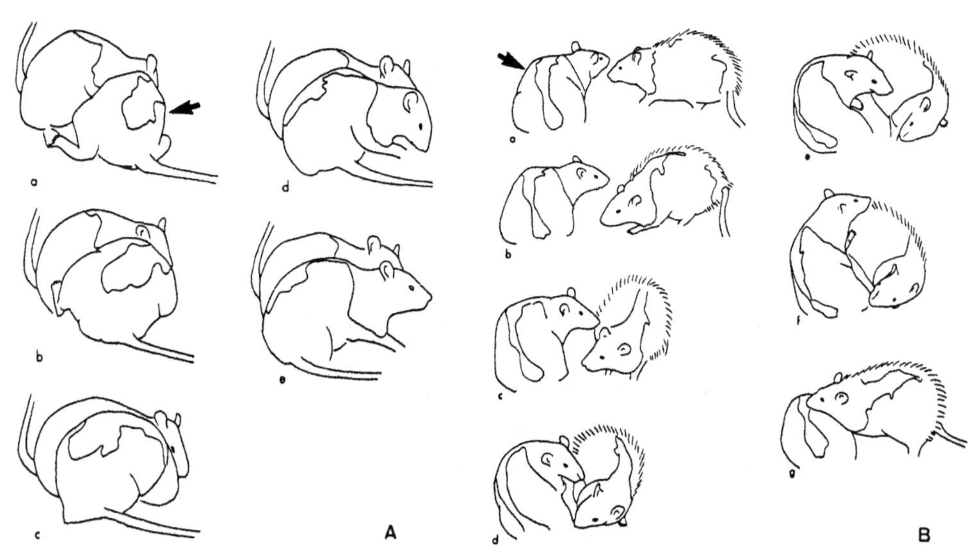

Le « lateral display » dans les interactions ludique et agonistique

Le « lateral display » est un comportement usuel et abondant dans tous les types de comportements sociaux du rat. Il consiste en une approche latérale par des poussées successives du pelvis, les deux sujets se plaçant ainsi progressivement flanc à flanc.

Dans un contexte ludique ce comportement est utilisé à la fois comme « play soliciting » et comme un élément de défense.

A – Au cours d'un « play fighting » de sujets matures (56 jours), le défenseur, fléché en [a], libère sa nuque de l'emprise de l'attaquant grâce à un vigoureux « lateral display ».

B – L'occupant habituel de la cage utilise un « lateral display » pour détourner le museau d'un intrus, fléché en [a], en cours de « play soliciting ». Noter la différence nette de la disposition des poils du pelage, couchés chez le sujet en action ludique, hérissés chez le sujet en action agonistique.

Dessins schématiques réalisés à partir d'enregistrements cinématographiques à la vitesse de 48 images par seconde.

(D'après PELLIS, S.M. ; PELLIS, V.C.,
Aggressive Behavior [1987], 13, 227-242.)

d'évidentes différences de composition selon les moments du nycthémère.

On a confirmé expérimentalement cette absence de variations chronobiologiques des « play fighting » du rat en utilisant la procédure du *face-à-face ménagé*, répétée à différentes heures, tant diurnes que nocturnes, de la période d'activité des jeunes rats. Mais avant d'attribuer une signification à cette anomalie par rapport à ce que l'on observe pour les autres fonctions physiologiques, il conviendrait de tester de façon similaire plusieurs autres « play markers », différents du « play fighting », et avec des protocoles plus variés. On reste, pour l'instant, sur une interrogation et on peut toujours croire que les fréquences occurrences d'un comportement ludique ont, chez le Rat, la même probabilité à toute heure du nycthémère, mais est-ce raisonnable ?

Il existe, par contre, de très importantes modifications des activités ludiques tout au long du développement des petits ratons [140]. Il semblerait que chaque unité comportementale ludique, chaque item ludique, ait sa propre dynamique ontogénétique. Pour l'instant, les observations les plus suivies ont surtout porté sur le comportement ludique social estimé, là aussi, sur la seule fréquence du « play fighting », lui-même caractérisé essentiellement par les occurrences des clavetages.

C'est aux environs du 15ᵉ jour de la vie postnatale, à une époque qui correspond à l'ouverture des yeux et des oreilles, lorsqu'un début d'indépendance locomotrice permet au jeune de s'écarter du nid, que, spontanément, entre des sujets situés au contact l'un de l'autre et souvent de même sexe, apparaissent les premières interactions sociales sur le mode du « play fighting ».

Au début les jeunes rats ont tendance à interrompre assez rapidement la relation et à inverser les rôles. Avec l'âge, la durée et la fréquence des séquences ne fait que croître, jusqu'à une fréquence maximale qui est atteinte entre le 30ᵉ et le 45ᵉ jour de vie postnatale, soit une dizaine

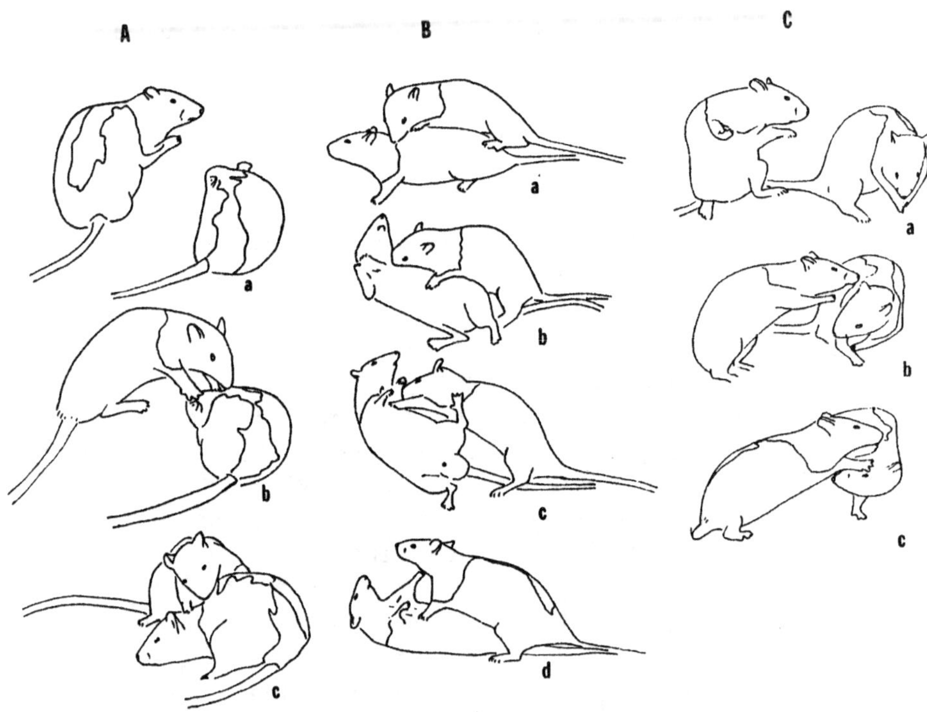

Réponses les plus courantes à un « play soliciting »

Plusieurs types de réponses peuvent être déclenchées par un comportement d'incitation ludique :
A / Le partenaire se dérobe au contact.
B / Le partenaire réalise une rotation complète le long de son axe antéto-postérieur et se retrouve claveté quelques brefs instants (« pinning »).
C / Le partenaire ne réalise qu'une rotation partielle, bloquant tout accès à sa nuque, développant même une contre-attaque ou, parfois, une authentique interaction agonistique.
Les réponses de type B sont les plus fréquentes chez les rats prépubertaires.
Après la puberté, la maturation du comportement ludique est caractérisée par un enrichissement en réponses de type A et C.
Dessins schématiques réalisés à partir d'un enregistrement cinématographique de 1,5 seconde, à la vitesse de 48 images par seconde.

(D'après PELLIS, S.M. ; PELLIS, V.C.,
Aggressive Behavior [1987], 13, 227-242.)

de jours environ avant la puberté. À cette époque apparaît une stabilisation des relations de dominance et, pour les mâles, les séquences de « play fighting » se trouvent progressivement mélangées à des aspects comportementaux plus nettement reliés à des finalités sexuelles (montes) ou agressives (morsures) qui deviennent prépondérantes, avec un choix affirmé pour la formation de dyades hétérosexuelles sans inversion des dominances.

L'évolution du « play fighting » sur les cinquante premiers jours de la vie postnatale, avec l'apparition des dominances et la diminution de fréquence des « reversal role » et du « play fighting », apparemment au bénéfice des comportements sociaux agonistiques et reproducteurs, a fait supposer pendant longtemps que les « play fighting » représentaient le mécanisme par lequel s'établissait ces hiérarchies de si grande importance dans la vie sociale du Rat. Cette présomption semblait correspondre à ce qu'on observait au niveau de la mise en place des dominances sans pourtant expliquer la baisse progressive de la fréquence des clavetages. Des études plus minutieuses des composants du « play fighting » ont fait alors ressortir d'autres tendances permettant l'ébauche de nouvelles hypothèses [251].

Pour un jeune rat de qualité, qu'il soit mâle ou femelle, le but suprême du « play fighting » semble être de pouvoir frotter son museau à la nuque de son partenaire, lequel, à cette « playful attack », répond par une « playful defence » en roulant sur le dos, ce qui lui permet de repousser l'attaquant à coups de pattes tout en lui interdisant l'accès à la nuque. Le sujet immature, encore tout en souplesse d'esprit et de corps, effectue facilement des rotations totales [262], plaçant l'attaquant en situation de dominance pour de très brefs instants car, en complétant sa rotation, il se retrouve chaque fois sur ses pattes en situation d'attaquant. Ainsi se trouve réalisée une succession de clavetages et de « reversal role » caractérisant l'authentique « play fighting ».

Aux alentours de la puberté, la rotation devient

incomplète et le défenseur garde son train postérieur au sol, se plaçant ainsi en situation, soit de se redresser et de boxer avec ses membres antérieurs, soit de déplacer sa tête le long du flanc de l'attaquant, ce qui est vécu comme une incongruité outrepassant les bornes du champ ludique.

Au fur et à mesure qu'il avance en âge, croissant en chair plus qu'en prestesse, le sujet raccourcit de plus en plus sa rotation jusqu'à devenir une simple esquisse. Une fois adulte il se satisfait de ployer seulement son avant-train sans modifier l'arrière-train. Dans cette position une contre-attaque devient facile et efficace, par « boxing » et « wrestling », mieux encore, en se plaçant le long du flanc de l'attaquant, maintenant cette position de « lateral display », dos arqué et pattes tendues, tout en poussant de son flanc celui de son partenaire.

L'évolution diachronique des « play defence » vers les « lateral display » pourrait être un élément déterminant dans la diminution, avec l'âge, de la fréquence des « play fighting » car, chez l'adulte, le « lateral display » est largement utilisé dans tous les contextes conflictuels et une mauvaise interprétation de sa présence peut faire déraper très facilement l'activité ludique en cours vers une activité agonistique.

Il serait très logique que les agents de cette évolution soient les bouleversements hormonaux pubertaires faisant baisser la motivation aux « play attack » par des remaniements au niveau des circuits centraux et, en concomitance, par des modifications, en périphérie, de la morphologie et de la souplesse des muscles et articulations, limitant les cabrioles au bénéfice des bourrades. Ces dames, elles, privilégiant avec l'âge l'esquive et la fuite en réponse aux « play attack », se réfugiant pour le dialogue dans les mignardises du « grooming ». Enfin, entre le 60e et le 90e jour de la vie postnatale, on assiste dans les deux sexe à une réduction importante du « play fighting », plus marquée et plus brutale chez les mâles que chez les femelles.

Arrêtons-nous quelques instants sur cette différence qui

n'est pas une particularité occasionnelle mais se rattache à tout un ensemble dimorphique sexuel du comportement ludique du Rat. Dès les premières manifestations comportementales ludiques, il apparaît dans cette espèce des différences selon le sexe, portant au premier chef sur les fréquences d'occurrence plus que sur les modes d'expression. Les mâles présentent dans leur comportement deux fois plus de phases ludiques de type « play soliciting » et « pouncing » que les femelles. C'est du moins ce qui ressort des discussions entre ceux qui estiment cette différence importante et fondamentale et ceux qui, comme Panksepp, la tiennent pour négligeable car de peu d'ampleur et souvent labile.

En vérité il est difficile, sur le terrain, de percevoir clairement ce dimorphisme. Cela demande une technique adaptée à ce but précis. Des résultats fiables n'ont pu être obtenus qu'en observant les fréquences de séquences comportementales rigoureusement définies, courtes et indiscutables, au caractère ludique bien établi, telles que le « play fighting » ou, avec plus de précision encore, les clavetages. Il est tout à fait admis maintenant qu'au moins ces deux types de séquences comportementales sont plus fréquents chez le jeune Rat mâle que chez la femelle. À part cette différence dans les fréquences, les modalités d'expression du « play fighting » sont identiques dans les deux sexes et ne se différencient pas, non plus, quant à leur réactivité aux variations des facteurs environnementaux.

Des observations similaires ont pu être faites dans plusieurs autres espèces de Mammifères et il semble bien que le dimorphisme sexuel du comportement ludique soit une règle générale [256]. On a essayé de trouver à ce phénomène des explications strictement comportementales en faisant remarquer que les jeunes mâles étaient plus actifs que les femelles et disposaient donc de plus d'occasions de dispenser des sollicitations ludiques. Il semblerait, d'autre part, que les femelles soient plus sensibles que les mâles aux stimuli directs, parfois douloureux, pimentant le « play fighting », d'où leur tendance à écourter l'interaction. Ces considérations ne font que déplacer le problème en imposant d'expliquer maintenant pourquoi les mâles sont plus actifs et les femelles plus sensibles.

Jouer sa place

Il se pourrait aussi que l'existence ou non de dimorphisme sexuel dans l'expression comportementale ludique soit liée, en fait, à l'ontogenèse du comportement de dominance, et, par là, à l'acquisition du statut social. Pour influencer la mise en place des dominances il faudrait que les interactions ludiques de type « play fighting » s'établissent plus fréquemment avec des pairs de même sexe qu'avec des pairs de sexe opposé. C'est ce que l'observation confirme dans plusieurs espèces. Il faudrait admettre aussi que les processus comportementaux de socialisation diffèrent avec le sexe. Pour le mâle le « social play », dont le « play fighting » est le plus beau fleuron, aurait une importance toute particulière. Quelques éléments d'observation semblent aller dans ce sens. Par exemple, après un isolement supprimant les interactions ludiques, le comportement social est beaucoup plus perturbé chez les mâles que chez les femelles [237,354]. Dans le même esprit, on peut remarquer que dans les situations de clavetage, au fur et à mesure des interactions ludiques entre les deux mêmes partenaires mâles, la position supérieure est de plus en plus souvent occupée par le même sujet. Pourtant il n'est pas encore assuré que, chez le Rat mâle, le rang social de l'adulte puisse s'acquérir par l'intermédiaire du « play fighting » du prépubère. Par contre, il semble bien qu'à l'occasion de cette expression comportementale certaines tendances soient perceptibles et y trouvent vraisemblablement un nécessaire renforcement. La taille du sujet, son poids, sa force, sa vitesse, son agilité et de nombreuses caractéristiques psychologiques s'ajoutent pour conférer à l'adulte son état social. Certaines de ces qualités s'expriment dès le plus jeune âge et il paraît évident qu'elles puissent se déceler dans les diverses formes d'interactions sociales, y compris ludiques, que présente le jeune. Néanmoins, pour l'instant, il ne semble pas avoir été prouvé expérimentalement que les phases de jeu constituent les moments privilégiés pendant lesquels s'établit la dominance, elle ne peut, à tout faire, qu'y dévoiler sa tendance acquise autrement.

Et ces dames ?

Que ce soit au niveau de la socialisation dans ses aspects généraux ou que l'on admette pour le jeu un rôle privilégié dans l'établissement du statut social, on peut se demander, en corollaire des réflexions précédentes, ce qu'il en est des femelles, elles qui expriment moins de comportement ludique que les mâles mais présentent, quand même, à l'état adulte, une structuration sociale tout aussi élaborée.

Pourrait-on trouver une réponse en prenant aussi en compte le « grooming » ? Ces activités ritualisées de toilettage respectif [333] sont très abondantes chez l'adulte, mais plus chez les femelles que chez les mâles. Au cours de ces toilettages réciproques le sujet actif peut effectuer, au choix, successivement ou simultanément, toute une série d'actions dont la composante commune est d'intéresser la surface externe du corps du sujet passif. Il modifie l'arrangement des phanères et appendices, nettoie les poussières, souillures et parasites, enduit des substances variées, protectrices ou odorantes, sécrétées ou empruntées, mais, surtout, il touche, masse, titille, pique, tiraille et gratouille, tout et partout. Cette activité, en général méthodique et prolongée, peut être autocentrée, en solitaire, « autogrooming », mais, plus souvent, collective, « allogrooming », à deux ou à plusieurs.

Il est très discuté de savoir si ce « grooming », particulièrement répandu et riche chez les Primates, mais présent à tous les niveaux de l'échelle vivante, possède, par ses effets hygiéniques ou ses sollicitations sensorielles, une importance capitale pour la survie de l'espèce, ce qu'il est convenu d'appeler une *valeur adaptative*. Ce peut être, en fait, un comportement naturellement ambivalent, un Janus éthologique, agissant simultanément à deux niveaux avec une efficacité conjoncturelle, mais qui, dans tous les cas, à défaut d'extase tout au moins décrasse.

Quoi qu'il en soit, par « allogrooming » s'établissent, pour les deux sexes, et se maintiennent un grand nombre d'interactions sociales. Comme ce comportement de « grooming » est beaucoup plus riche, beaucoup plus subtil que le « play fighting », on peut très bien supposer qu'il soit, sur le plan de la sensorialité, plus gratifiant, efficace ou plaisant, pour les femelles que pour les mâles, si on veut bien admettre le dimorphisme sexuel neurobiologique imposé lors de l'ontogenèse des centres supérieurs sous la contrainte hormonale néonatale. Pris sous cet angle, le dimorphisme sexuel dans le comportement ludique du jeune immature pourrait n'être qu'une traduction comportementale d'une simple différence sexuelle de structuration du système nerveux central et de ses seuils de sensibilité, un vulgaire effet secondaire de la classique activité organisatrice de la testostérone sur les centres supérieurs. Ce serait grâce à cette différence que, par « grooming » pour les femelles et « play fighting » pour les mâles, chacun des sexes pourrait être mis, durant la période critique de son ontogenèse, au contact étroit des stimuli sociaux les plus acceptables, soit pour participer à certaines épigenèses comportementales, tel qu'il est habituel de le supposer, soit pour réaliser une fonction à ce moment commune au « grooming » et au jeu, fonction essentielle mais qui reste à définir.

Déprivation ludique et motivations aux jeux

Les expressions comportementales ludiques du Rat, dont nous percevons maintenant toute la plasticité, peuvent, en plus, être modulées par les variations du milieu, externe, environnemental, et interne, humoral.

Pour ce qui est des paramètres d'ambiance, l'effet des variations de la température n'a pas été spécialement étudié, par contre, tous les expérimentateurs s'accordent pour reconnaître à la lumière un effet inhibiteur important, dans cette espèce, et les protocoles d'observation sont, chez le Rat, toujours exécutés en lumière rouge de basse intensité. Les caractéristiques spatiales et sociales peuvent, semble-t-il, influer également sur l'expression comportementale ludique. C'est ainsi que les variations de l'environnement social modifient le seuil de déclenchement de ce comportement, et l'isolement, la déprivation sociale, durant quelques dizaines d'heures, favorise, en rebond, le comportement ludique lorsque le sujet est replacé avec ses congénères. À tel point que l'isolement social pendant deux à sept jours, avant les observations, est devenu une préparation classique servant aux études et expérimentations sur le jeu des rats.

À l'époque où la fréquence du jeu est la plus élevée et la plus stable, vers l'âge de 30 à 40 jours, la déprivation sociale a un effet particulièrement net [237]. Normalement, à cet âge, le comportement de « pinning » peut, en présence de partenaires, s'observer, en moyenne, une fois toutes les 40 secondes. Une demi-heure d'isolement social préalable arrive à doubler cette fréquence. Après des temps d'isolement plus prolongés les animaux peuvent, à leur retour en société, présenter pendant les 5 premières minutes des clavetages toutes les 4 à 8 secondes. Le phénomène se stabilise doucement durant la demi-heure qui suit et la fréquence

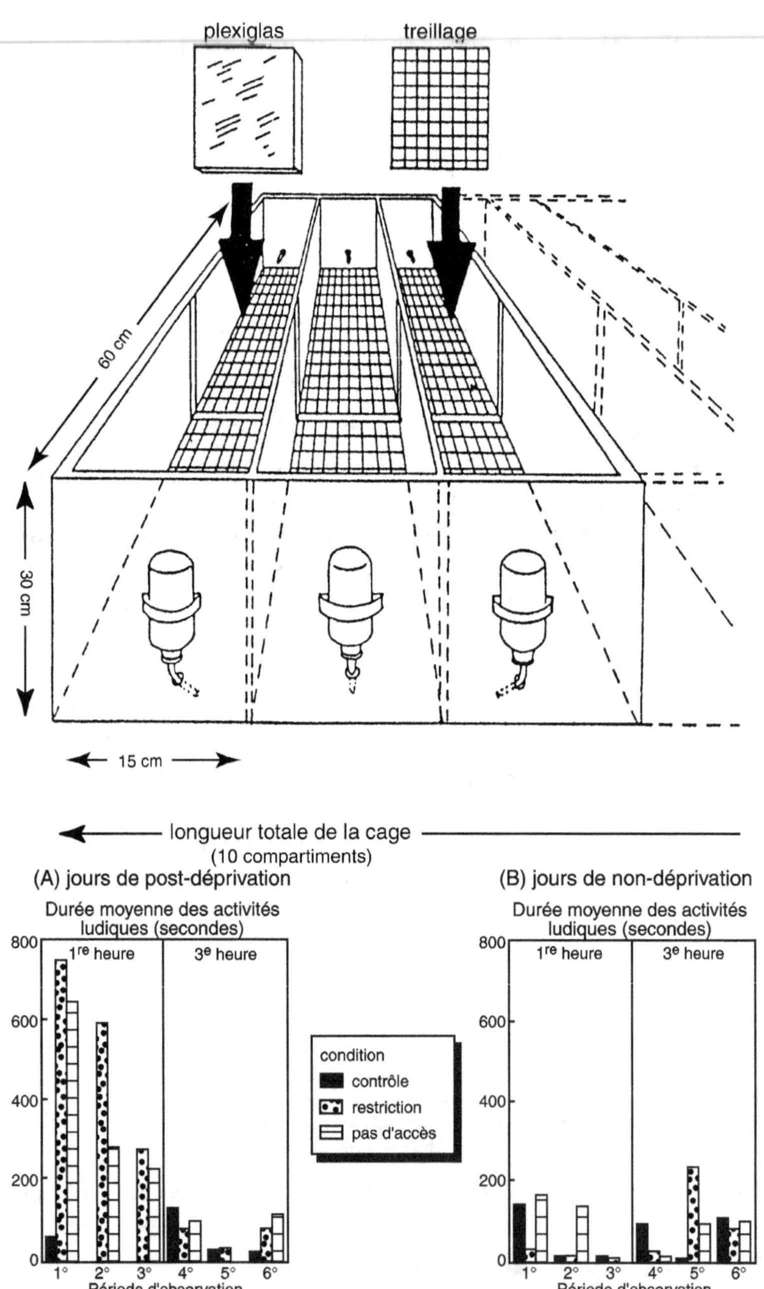

compartiments amovibles (15 x 30 cm)
plexiglas
treillage
60 cm
30 cm
15 cm
longueur totale de la cage
(10 compartiments)
(A) jours de post-déprivation
Durée moyenne des activités
ludiques (secondes)
800
1re heure
3e heure
600
400
200
0
1° 2° 3° 4° 5° 6°
Période d'observation
condition
contrôle
restriction
pas d'accès
(B) jours de non-déprivation
Durée moyenne des activités
ludiques (secondes)
800
1re heure
3e heure
600
400
200
0
1° 2° 3° 4° 5° 6°
Période d'observation

Déprivation ludique expérimentale

Les expérimentations sont conduites dans une cage comprenant une dizaine de compartiments, chacun pouvant être divisé en deux parties, grâce à une cloison amovible en treillage ou en plexiglas transparent.

On place, au hasard, dans chaque compartiment, une paire de rats âgés de 30 jours. Les sujets sont observés tous les jours, durant trois fois 20 minutes, pendant la première heure et la troisième heure qui suit l'extinction de l'éclairage normal, soit six périodes de 20 minutes d'observation par jour.

L'expérimentation dure 7 jours. Les résultats des observations du 1er jour servent de référence.

Durant les jours 1, 3, 5 et 7 (non-deprivation) les partenaires de la même paire sont libres d'interagir entre eux jusqu'à 14 heures. À ce moment, sont mis en place des séparations dans les deux tiers des cages, les unes en grillage, les autres en plexiglas transparent. Un tiers des paires reste donc libre dans ses interactions (groupe contrôle), un tiers n'est limité que dans ses contacts larges (restriction), un tiers ne peut réaliser aucun contact (pas d'accès). Les informations auditives, olfactives et visuelles ne sont pas modifiées.

Les jours 2, 4 et 6 (post-deprivation) les séparations sont enlevées à 10 heures du matin, après extinction de l'éclairage normal ; elles sont donc restées en place 20 heures et ne seront replacées qu'à 14 heures le jour suivant.

Les figures A et B présentent les moyennes des durées en secondes des activités ludiques observées sur des périodes consécutives de 20 minutes, durant la première et la troisième heure des jours succédant à des limitations (A) ou non (B).

Comme il n'a pas été trouvé de différence significative entre les groupes « restriction » et « pas d'accès » il semble que la privation de contacts corporels entraîne chez les rats de cet âge un phénomène de rebond de l'activité ludique qui va s'éteindre en une trentaine de minutes.

(D'après HOLE, G., *Behavioural Processes* [1991], 25, 1, 41-53.)

de ces marqueurs ludiques diminue alors que leur durée augmente.

On a voulu ne voir là qu'une conséquence très globale de l'absence d'une stimulation sociale en général. Il n'en est rien. Il s'agit d'un effet spécifique en rapport avec une absence de possibilités de jeux, et non d'un défaut de communication avec des congénères. Des jeunes pouvant se voir l'un l'autre et même venir presque au contact, et par là communiquer, mais demeurant séparés par un grillage fin, qui empêche les ébats en commun, présentent des effets de *déprivation ludique* [237] indiscutables.

Un résultat similaire est obtenu en maintenant ensemble un animal jeune avec un animal âgé dont les réponses ludiques sont réduites. On peut faire aussi ce type d'observation avec de jeunes rats placés dans une cage où l'aménagement et les structures au sol limitent les jeux en rendant les déplacements difficiles ou dangereux sans cependant empêcher les contacts.

Une autre façon de provoquer un effet de déprivation ludique est de modifier la taille de l'espace dans lequel évoluent les jeunes rats [354]. L'augmentation de l'aire d'interaction peut s'obtenir, soit en diminuant l'importance numérique de la nichée, soit en augmentant la surface de la cage d'observation. En faisant varier ces paramètres il est apparu un lien de causalité directe entre la surface de la cage, la taille de la portée et la fréquence d'occurrence des séquences ludiques. Pour une portée de 8 rats la surface idéale semble être de 2 400 cm^2 environ. Sa restriction réduit la fréquence des jeux, son extension n'ayant qu'un effet modéré et parfois, à partir d'une certaine surface, un effet inverse.

Il semble étonnant qu'une activité accrue de « solo play » ne puisse éteindre les effets d'une déprivation ludique. Il n'est pas sûr que cet aspect ait été systématiquement envisagé par les chercheurs, et, en particulier, il n'y a pas eu, semble-t-il, d'investigations sur l'existence possible d'un décalage temporel sur l'efficacité d'une déprivation entre l'époque où le « solo play » est primordial et celui où se développent les interactions ludiques sociales, les « social play ».

Notons, enfin, qu'en harmonie avec les modes de fonctionnement des autres comportements homéostasiques tels que la faim et la soif, on peut, à côté de phénomènes de déprivation, observer des *réactions de satiété ludique* lorsque la fréquence des contacts sociaux devient trop importante, soit à cause d'une augmentation de la population de sujets observés, soit par prolongement de la durée des contacts sociaux.

États intimes et humeurs ludiques

Si l'observation directe ou instrumentale permet de déceler et, au besoin, orienter les fluctuations des paramètres environnementaux, par contre l'éthologue est pauvre en moyens pour juger des variations du milieu intérieur des sujets observés. Il ne peut inférer de telles modifications qu'à partir de situations expérimentales, observées ou provoquées, déclenchant dans d'autres contextes des réactions physiologiques internes déjà bien connues.

C'est ainsi que, chez le Rat, on a pu apprendre que la moindre déprivation de nourriture diminuait la fréquence des comportements ludiques [244]. Un jeûne limité de 24 heures abaisse de plus de 50 % la composante ludique du comportement, encore plus après une durée de 48 heures. Une simple prise alimentaire rétablit le comportement ludique à son niveau habituel. Cependant, la répétition de la même séquence : jeûne de 24 heures interrompu par un bref et léger repas puis jeûne à nouveau, provoque, en 4 à 5 jours, une disparition presque totale du comportement ludique pour une perte de poids inférieure à 10 %.

On a essayé d'expliquer ces observations par une pénurie en éléments énergétiques nécessaires à la couverture de la

Effets de la surface de l'aire d'élevage et de la taille de la portée

Deux types de portées de ratons, mâles et femelles, ont été utilisés, l'un, ramené, à l'âge de 4-10 jours, à quatre sujets (4), l'autre à huit (2).
Maintenus, depuis leur naissance, dans des bacs de 50 × 27 × 31 cm avec les conditions d'éclairement et d'alimentation habituelles à ce type d'élevage, ces ratons ont été sevrés à l'age de 30 jours, et une portée de huit a été divisée en deux groupes de quatre.
Cinq jours après le sevrage, les animaux ont été, pendant 4 jours consécutifs, observés et notés pour leur comportement ludique, chaque sujet étant suivi 5 fois par jour pendant 60 secondes.
Les figures A et B présentent, après sommation et analyses statistiques, les résultats les plus significatifs.

figure A

La moyenne des fréquences d'occurrence des séquences ludiques (fréquence moyenne) et la moyenne des durées, en millisecondes, de ces séquences (durée moyenne) sont comparées dans les trois types de portées : étendue, réduite et dédoublée.

figure B

La moyenne des fréquences d'occurrence des séquences ludiques (fréquence moyenne) et la moyenne des durées en millisecondes, de ces séquences (durée moyenne) sont comparées, dans les deux sexes de groupe de 8 rats, en fonction de la surface de l'enceinte d'élevage : 50 × 27 × 31 cm (petite), 75 × 32 × 31 cm (moyenne), 100 × 52 × 48 cm (grande). Cette dernière enceinte ayant aussi été testée avec des groupes de 4 rats (élargie).
Pour une aire d'élevage constante, les actions ludiques augmentent en nombre et en durée quand la taille de la portée est réduite, et, pour une portée de taille constante, lorsque la surface d'élevage augmente. La réduction de l'aire a plus d'influence sur le comportement des mâles que sur celui des femelles, mais par contre son augmentation excessive (élargie) inattendue peut être inhibitrice.

(D'après KLINGER, H.J. ; KEMBLE, E.D.,
Bulletin of the Psychonomic Society [1985], 23, 1, 75-77.)

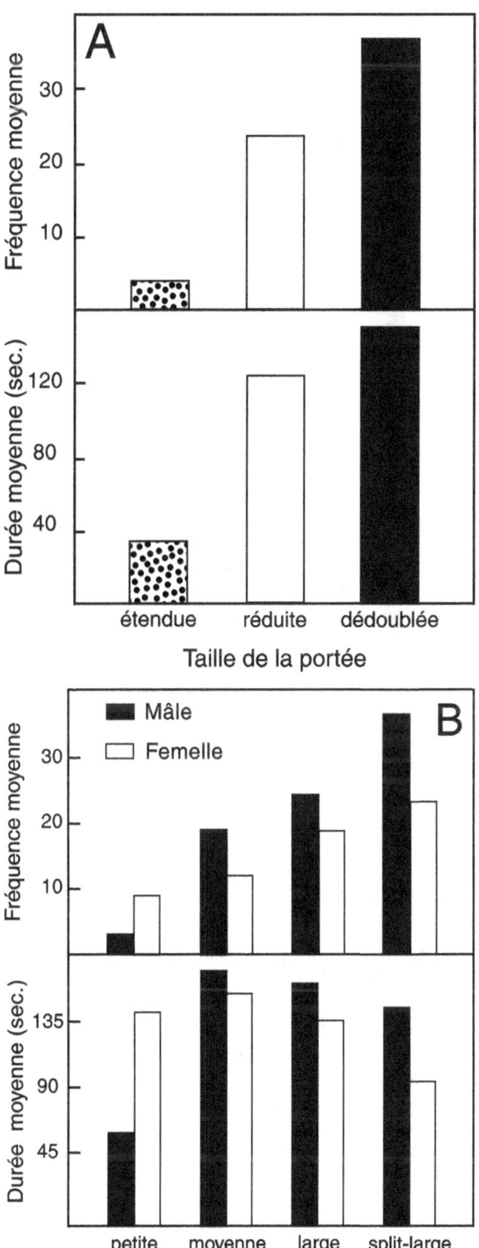

A
Fréquence moyenne
30
20
10
étendue
réduite
dédoublée
Durée moyenne (sec.)
120
80
40
Taille de la portée
Mâle
Femelle
B
Fréquence moyenne
30
20
10
Durée moyenne (sec.)
135
90
45
petite
moyenne
large
split-large
Surface de l'aire d'élevage

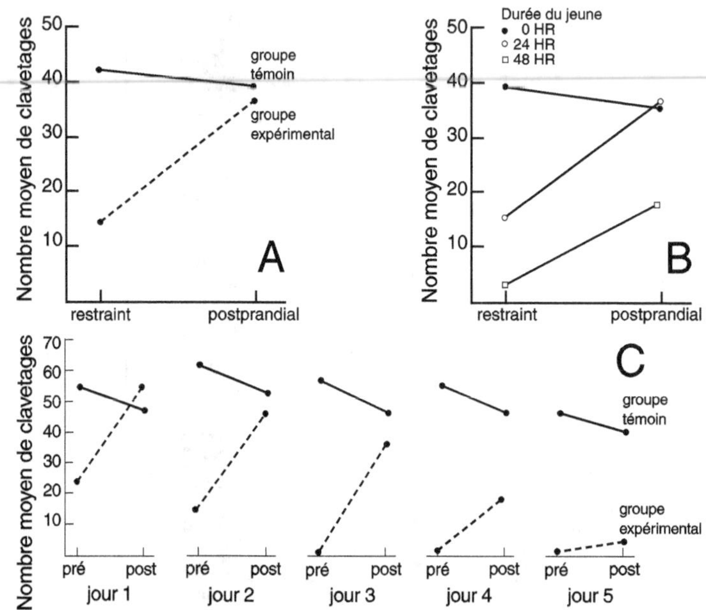

Effets des restrictions alimentaires expérimentales

L'activité ludique, exprimée comme la moyenne des nombres de clavetages, « pin », réalisés par l'ensemble des rats, soit dans le groupe témoin, soit dans le groupe expérimental, est représentée d'abord en situation de restriction alimentaire, puis immédiatement après prise « ad libitum » d'aliments et de boissons.

A – On compare, chez 24 rats âgés de 27 jours, l'absence de restriction alimentaire (6 paires) à une durée de 24 heures de jeûne (6 paires).

B – On compare, chez 24 rats âgés de 27 jours, l'absence de restriction alimentaire (8 paires) à des durées respectives de 24 heures (cercles clairs), et 48 heures (carrés clairs) de jeûne.

C – On compare, chez 22 rats âgés de 27 jours, l'absence de restriction alimentaire à la poursuite, pendant 5 jours, de jeûnes successifs de 24 heures.

Le groupe expérimental (5 paires de rats) est soumis chaque jour à la séquence suivante : jeûne de 24 heures clos par un test ludique de 5 minutes suivi d'une prise alimentaire libre de 30 minutes et d'un deuxième test ludique de 5 minutes.

Loin d'entraîner un phénomène d'échappement par habituation, cette restriction alimentaire chronique annule progressivement le comportement ludique.

(D'après SIVIY, S.M. ; PANKSEPP, J.,
Physiology and Behavior [1985], 35, 435-441.)

dépense ludique, mais les travaux expérimentaux ne confirment pas le bien-fondé de cette hypothèse. On a également évoqué le rôle de la sensation de faim, mais, là aussi, la satiation par un substrat énergétiquement neutre, comme la saccharine, ne rétablit pas le comportement ludique de l'animal affamé. Dans ces conditions on aurait tendance à croire que les mécanismes sous-jacents ne sont pas des perturbations de la balance énergétique, mais plutôt l'établissement de la permanence d'un certain niveau d'éveil réactionnel aux contraintes subies, au stress consécutif à la privation.

Tout se passe comme si une situation inhabituelle entraînant une légère anxiété bloquait l'expression comportementale ludique. Une bonne confirmation expérimentale nous en a été donnée [8] par Panksepp (1998).

Dans un premier temps cet auteur a placé ensemble quatre jours durant de jeunes rats dans une enceinte où ils pouvaient interagir sur le mode ludique chaque fois pendant cinq minutes. Ce qu'ils ne manquaient pas de faire et avec ardeur. Le cinquième jour, avant d'introduire les rats, il a placé sur le sol de la cage une petite touffe de poils de chat. Alors les interactions ludiques furent inexistantes. De plus, il s'est avéré que cet effet était rémanent car, pendant plusieurs jours, et bien que les poils de chat aient été enlevés, l'inhibition a persisté jusqu'à ce que le sol ait été très soigneusement lavé. Comment supposer que cette réaction ne soit pas innée, les ratons élevés au laboratoire n'ayant, au préalable, de toute leur vie, ni vu ni senti de chat ? Innée et très spécifique puisque des poils de chien ou de souris sont inefficaces, seuls des poils de chats ou de furets, prédateurs naturels des rats, pouvant occasionner un tel état émotionnel inhibiteur.

C'est par un processus vraisemblablement de même nature que l'on peut tenter d'expliquer l'inhibition du comportement ludique chez l'animal en fureur, ou apeuré, ou blessé et qui souffre, même légèrement. D'ailleurs, dans les espèces réputées comme étant *timides*, en fait les plus réactives aux stimuli externes, le comportement ludique est absent ou s'exprime modestement. Nous retrouvons ici, sur le terrain, l'illustration du principe déjà évoqué, selon lequel le comportement ludique ne peut se développer que dans certaines conditions de sécurisation externes et internes, variant d'une espèce à l'autre dans le détail, mais qui demeurent, pour l'instant, encore très mal connues, du moins dans leur rapport causal avec les activités ludiques.

À partir de ces diverses observations, on peut se demander si cette expression comportementale particulière que nous appelons « jeu » ne se trouve pas, tout simplement, bloquée chaque fois qu'une stimulation autre, quelle que soit son intensité, suscite un *éveil spécifique* : douleur, faim, lumière, espace à explorer, anxiété, ou, chez le Rat, poils de chats. À moins que, à l'inverse, l'expression comportementale ludique ne soit possible spontanément, et, pourquoi pas, obligatoirement, que dans les situations d'éveils où survient une atténuation marquée des sollicitations importunes tant externes qu'internes ?

CHAPITRE V

Au fil du scalpel

Pouvoir et savoir ont, dans notre espèce, toujours été unis par des liens réciproques de causalité. Dès son jeune âge, le petit de l'Homme, à l'aurore de sa quête de puissance, tente, spontanément et désespérément, de démonter les mécanismes de toutes choses et des êtres, pour en acquérir la maîtrise, bien qu'avec le temps il puisse préférer créer, pour se donner avec plus de facilité l'illusion d'une parfaite suprématie. Il était inévitable que le recueil des savoirs sur le comportement ludique des Mammifères ne passe aussi par des phases de prise de pouvoir faites d'analyses, de dissections, de réductions, de destructions puis de synthèses, si ce n'est de re-créations.

Les étapes dans la compréhension d'un comportement sont nombreuses : découverte, description, recherche des effets sur son acteur et son entourage, animé et inanimé, jusqu'à aboutir aux rapports de causalité avec les rouages de la machinerie biologique. Sans oublier les impacts des rétroactions que sa réalisation peut susciter. Mais toutes ces tentatives analytiques seraient vaines en l'absence de références permettant d'apprécier l'efficacité des procédures expérimentales utilisées. L'étude éthologique rigoureuse préalable du comportement ludique des Mammifères, telle que nous l'avons précédemment résumée, permet de mettre à la disposition de l'expérimentateur une suite de repères pouvant l'assurer dans la progression de son industrieuse compréhension.

L'acquisition de ces repères éthologiques nécessite, nous l'avons vu pour le Rat, une analyse minutieuse, très scrupuleuse des diverses phases comportementales. Malheureusement, ce travail préliminaire indispensable, aussi long que difficile, n'est, bien que très incomplet encore, suffisamment avancé que dans cette seule espèce. C'est donc encore une fois au Rat, véritable sherpas de la connaissance, qu'il a été demandé de supporter le poids des investigations. Seul le comportement ludique du Rat a pu, jusqu'à ce jour, être soumis, d'une façon suffisante pour pouvoir en parler, aux feux déstructurants de l'analyse expérimentale. Cela revient à dire que les acquis dans ce domaine n'ont, en aucune mesure, de valeur universelle et, dans l'immédiat, ne peuvent prétendre, à eux seuls, pouvoir servir à l'interprétation des mécanismes du jeu de tous les Mammifères, Hommes compris.

De la totipotence neuronale...

Bien que cette mise en garde retienne toute notre attention, poursuivons, malgré elle, notre queste, et avec audace plongeons dans la cervelle.

Pourquoi la cervelle ? Le raisonnement est simple. Qu'est-ce qu'un comportement pour l'œil, nu ou instrumenté, de l'éthologue ? Seulement trois images animées, isolées ou combinées : un changement de couleur, un écoulement d'humeurs, une motion spatiale. Or, que ce soit une cellule glandulaire, une cellule musculaire striée, un agent cellulaire de fluctuations colorées, chromatophore ou myo-épithéliale vasculaire, dans tous les cas sa mise en activité sera, par construction, obligatoirement consécutive à la mise en jeu au minimum d'un prolongement d'au moins une cellule nerveuse, d'un neurone. Ceci admis, oublions, pour l'instant, ce qui chatoie ou exsude et ne regardons que ce qui bouge.

Tout mouvement, du plus simple au plus compliqué, toute posture, qui n'est qu'un mouvement immobile, peut se ramener à des déplacements dans l'espace de segments corporels autour de leurs articulations, et ce n'est que par des contractions, des raccourcissements des muscles associés à ces articulations, que flexions et extensions sont possibles. Or relaxation ou raccourcissement d'un muscle ne sont que les conséquences statistiques des changements de longueur de ses cellules musculaires, les fibres, qui composent ce muscle en s'alignant plus ou moins parallèlement les unes aux autres d'une façon intermédiaire à ce que font les verges du faisceau de licteur et les brindilles du fagot. Or, dans ce paquet, chaque fibre est individuellement commandée par un prolongement neuronal qui seul la mène au bal.

Tous les neurones ne sont pas spécialisés dans la commande musculaire, ceux qui le sont, les motoneurones, ne s'égayent pas au petit hasard au sein des masses cellulaires de l'organisme mais se regroupent, non en nuages ni en tas, mais tout au long d'une longue colonne qui s'élève sur toute la hauteur de la moitié ventrale de la partie allongée du système nerveux central, la moelle épinière. Cette théorie de gros neurones médullaires ne constitue pas un amas étiré de cellules nerveuses distribuées de façon aléatoire, mais, au contraire, se présente, à l'analyse, à chaque niveau transversal et dans le sens céphalo-caudal, comme un ensemble très structuré.

Sur le plan fonctionnel, ces motoneurones possèdent toutes les vertus et tous les vices de n'importe quel neurone, mais en plus ils sont gros et hirsutes. De toutes leurs buissonnantes expansions c'est la plus longue et la plus malingre, l'axone, qui seule est responsable de la liaison avec les fibres musculaires alors que les autres rayonnent dans le voisinage ou gagnent les lointains, établissant au passage de multiples contacts avec bien d'autres neurones de natures très variées.

Ces contacts sont le lieu d'interactions qui influencent par leur nombre et leur intensité l'état d'excitation fonctionnelle du contactant. Selon la dose, le motoneurone est actif ou assoupi, s'endort ou s'énerve, bloque la contraction des fibres associées ou la stimule. Oui, un seul motoneurone en pleine dépolarisation, au plus fort de ses borborygmes électroniques, peut provoquer une contraction musculaire électroniquement décelable, parfois visible. Alors, imaginez la danse quant ils sont plusieurs !

D'autant plus que dans leur environnement, au niveau médullaire où ils logent, leur *métamère*, ils peuvent organiser en groupe des circuits ronflants d'interactions par le jeu des relations qu'ils établissent entre eux et avec leurs copains. La mise en activité de ces circuits sera décelable par tout observateur externe sous forme de mouvements frustes, le plus souvent mal ou peu finalisés. Ainsi se structurent et s'expriment des activités réflexes simples à partir des colonies de motoneurones situées au même étage médullaire, ou complexes par la participation d'étages voisins successifs. Peu de comportements finalisés peuvent être expliqués par ce seul type d'organisation, par contre, tous les comportements, aussi compliqués soient-ils, utilisent obligatoirement ces organisations métamériques de base comme un pianiste utilise les touches de son piano ; mais ici, où est le pianiste ? Pas de réponse simple à cette question si ce n'est une foule d'arguments expérimentaux incitant à chercher dans les étages supérieurs, les régions sus-jacentes, où se déroulent, semble-t-il, de savantes interrelations qui gagnent à être connues, mais pour comprendre comment se détermine et s'explique l'activité comportementale, il faut y aller voir.

… et de la suprématie corticale

Le siège des mécanismes qui décident, dirigent, contrôlent et adaptent l'harmonie des mouvements, ce qui est appelé motricité, se trouve tout en haut. Vous savez… « cette partie du corps étroite, rigide et ronde qui se situe au-dessus du menton… » (Tanizaki, 1913)… du moins chez l'Homme.

Là, dans la boîte crânienne, à l'abri du calvarium, dans l'encéphale, naissent ces forces motrices obscures, presque en surface de la cervelle, au sein des méandres des gyrus, dans les tourbillons des circonvolutions corticales, et aussi, hélas, pour une trop bonne part, en sous-cortical, au plus secret de leurs profondeurs.

Reprenons doucement notre souffle, le chemin va être long, ardu et cathodique. Mais un peu de persévérance et beaucoup d'indulgence risquent de nous conduire à l'extase d'une illusoire compréhension, en dépit de toute la faiblesse de l'argumentation.

Lorsqu'on veut rapporter une fonction, et plus encore un comportement, à un site cérébral de commande bien précis, on se retrouve dans la situation d'un jeune enfant naïf avec un hérisson, ou un oursin, dans la main. Par quel bout prendre le problème ? Comment pénétrer dans le système sans rien casser ? De nos jours cette impression ne fait que s'accentuer, au fur et à mesure que, sous la poussée des acquis, les mythiques localisations cérébrales, les *centres*, cèdent la place à une vision fonctionnelle plurivoque des aires cérébrales. Les cibles deviennent nébuleuses, les objectifs transparents et le résultat statistique. Par le couteau, la sonde et l'électrode on a pulvérisé le concept des neurones laborieux, sagement regroupés à leur place numérotée, attendant l'ordre d'exécuter en chœur leur tâche spécifique innée. Grâce aux microélectrodes, on a remplacé cette

image, très statique, par une joyeuse pagaille d'activités électriques membranaires intéressant, au même instant, des
surfaces étendues de membranes neuronales appartenant à
une multitude de neurones variés, malicieusement disséminés, mais aussi parfois réunis par petits amas groupés en
certains points des structures. Tout cela évoquant, au mieux,
les plus beaux jours de Babel quant à la simplicité et à la
clarté de leurs communications entrecroisées. On a bien
défini quelques cheminements, quelques hiérarchies structurales et temporelles, et on sait, aussi, qu'il existe de subtils
accords chimiques induisant, au niveau de ces communications, des modulations, des orientations et des coordina-
tions. Mais il n'a pas été établi encore, semble-t-il, une
synthèse qui, partant de l'activation de neurones bien identifiés, nous permette de cheminer rationnellement jusqu'à un
comportement moteur spontané simple, caractérisé et repro-
ductible, d'aller, autrement dit, de la naissance voulue d'un
ordre au niveau central, à sa réalisation comportementale
adaptée et observable en périphérie. C'est dire que pour un
comportement aussi complexe que le comportement ludique
les approches neurobiologiques n'en sont qu'à leur début et
beaucoup demeure à voir, tout à expliquer.

Quand faut y aller, il faut...

L'activité encéphalique a été considérée, classiquement,
comme se déroulant sur trois plans hiérarchisés, impliquant
trois groupes de structures en interrelations qui présentent
chacune une organisation, une ontogenèse et une phylogenèse bien spécifiques. On aime parler de cerveau inférieur,
moyen, et supérieur, pour ces trois ensembles, plus savamment connus comme mésencéphale, diencéphale, et
télencéphale.
Les études expérimentales ont montré que l'essentiel de

l'activité de la partie phylogénétiquement la plus archaïque de ces trois complexes, le mésencéphale, est consacré à maintenir l'organisme en l'état de vie, le diencéphale servirait à l'adapter aux variations internes et externes, la plus élaborée des trois, le télencéphale œuvrant pour l'autonomie par rapport aux choses et aux autres mais aussi par rapport à l'organisme lui-même. Face à un comportement bien caractérisé, on peut, en première intention, légitimement se demander de quels niveaux d'activité se trouve-t-il dépendre.

La technique pour essayer de répondre expérimentalement à cette interrogation a consisté, de tout temps, à détruire certaines zones du cerveau, plus ou moins étendues ou profondes, et à évaluer l'impact de cette lésion sur l'existence et la réalisation du comportement étudié, puis à tirer de ces observations les conclusions utiles. Ciel ! de la vivisection ! Faudrait-il, parce que nous avons maintenant la chance de pouvoir bénéficier de méthodes très sophistiquées de cultures cellulaires en boîtes et de manipulations moléculaires en tubes, oublier les apports de nos aînés et, dans l'attente des progrès qu'inévitablement de si complexes méthodes *in vitro* vont maintenant nous faire acquérir dans l'explication des processus neurologiques des conduites complexes, passer sous silence comment, sur le terrain, *in vivo*, a été autrefois artisanalement gagné le peu que nous savons déjà ?

Or donc, en ces temps-là, furent réalisés quelques protocoles par vivisection.

Les lésions cérébrales constituent une des approches les plus anciennes et les plus classiques de l'étude du fonctionnement naturel du système nerveux, de la neurophysiologie. Les résultats sont en général drastiques mais souvent, aussi, un peu douteux, car il est toujours possible d'objecter que l'effet observé est un phénomène de vicariance par substitution fonctionnelle immédiate d'un groupe neuronique sain voisin au groupe lésé, ou d'inhibition par diffusion réflexe du traumatisme lésionnel aux régions d'alentour, ou un effet indirect par lésion non d'un centre de commande mais d'un centre adjuvant régulateur, inhibiteur ou facilitateur. Sans parler de la dispute sempiternelle de ce qui revient à l'atteinte des corps cellulaires ou à celle de leurs expansions, dendrites et axones, locales ou en transit. Enfin, dans le cas où la structure amputée semble, expérimentalement, ne jouer aucun rôle, rien n'interdit de supposer que, dans le système intact, elle en joue, cependant, un, de la même façon que l'ablation de quelques centimètres d'intestin ne perturbe pas trop la fonction digestive alors que pourtant, à l'état normal, la muqueuse enlevée participe activement à l'absorption des nutriments. Quelles qu'en soient ses limites, l'étape des lésions paraît inévitable. Il en a donc été ainsi dans l'étude de la neurobiologie du comportement ludique.

Dénuder un cerveau vivant ne pose pas de problèmes technologiques insurmontables, même les hommes préhistoriques savaient lever les calottes. Mais y pénétrer sans trop de dommages est une autre affaire.

Une fois l'os enlevé, face à cette ondoyante surface molle et humide, l'expérimentateur n'a que trois possibilités : gratouiller et chatouiller en superficie, tarauder et léser en profondeur, ou bien, comme pour une pomme ou une orange, peler de larges lambeaux de couches corticales, celles qui contiennent les parties vives des cellules du cerveau, les corps cellulaires des neurones, la foultitude des corps cellulaires dont l'entassement forme la substance « grise », le cortex cérébral, structuré comme un mille-feuille de couches de corps cellulaires nobles par excellence.

Cette dernière option, style patate aux armées, a été choisie par les premiers expérimentateurs à la recherche des bases neurobiologiques du comportement ludique des Rongeurs [224]. Unanimement ils ont pu constater que, chez le Rat et le Hamster [216], une telle décortication cérébrale ne supprimait pas le comportement ludique, ne modifiait pas sa composition, atténuait simplement quelque peu sa fréquence d'occurrence [283]. Entre nous, on ne saurait en vouloir à un rat qui a perdu son cortex cérébral de manquer un peu d'enthousiasme aux gambilles, surtout lorsque, malgré tout, de temps en temps, il sait suffisamment prendre sur lui pour encore exprimer toute la richesse d'un « rough-and-tumble play » authentique avec ses composantes caractéristiques de « chasing », « darting », « pouncing », et « play fighting », le clavetage, pris pour index, accusant cependant la moindre fréquence ludique.

... descendre à la cave...

De ces observations initiales élémentaires, il semble raisonnable d'inférer que les programmes moteurs du jeu sont conservés, ou instantanément assemblés, dans des régions situées en dessous des couches neuroniques nobles du cortex télencéphalique, en sous-cortical, mises à part, bien entendu, les vicariances toujours possibles mais non expérimentalement envisagées à cette heure.

Un autre résultat de ces observations initiales réside dans le fait que, appliquées à des rats nouveau-nés, ces décortications cérébrales n'empêchent pas de voir apparaître et s'organiser au moment voulu, chez les survivants, les activités comportementales ludiques habituelles. Ce qui confirme les observations faites sur les animaux adultes et nous conduit à admettre, une fois pour toutes, que le cortex cérébral n'abrite pas, tout au moins chez les rats, les éléments fondamentaux du comportement ludique et, éventuellement, même pas ceux nécessaires à son ontogenèse ou à ses régulations.

Tout semble donc se passer comme si le jeu était ordonné et régulé essentiellement par les structures profondes sous-corticales, celles qui sont connues par ailleurs pour abriter et gérer les fonctions automatiques de relation et de survie de l'organisme. Le jeu serait-il assimilable aux fonctions réflexes et quasi inconscientes de la vie végétative ? Le jeu appartient-il à toute cette famille d'activités automatiques, répétitives, comme la respiration ou la contraction cardiaque, activités permanentes et masquées mais inévitables car essentielles à la survie ?

Chercher quelques réponses à ces interrogations implique que nous nous enfoncions plus encore au sein des obscures et visqueuses structures centrales sous-corticales, celles qui, classiquement, sont soupçonnées jouer quelques rôles majeurs dans la maîtrise de la vie végétative. Ce faisant nous voici empêtrés dans un roncier de problèmes, le premier étant de savoir par où commencer et comment.

Remonter flâner dans les coquelicots chinois

Sans suivre pour autant une démarche aléatoire, mais en l'absence d'incitations claires directes, les investigations des premiers chercheurs se sont engagées dans les chemins tracés par la conjoncture. Selon les préoccupations du moment, totalement étrangères, bien entendu, à la problématique ludique, deux cheminements se sont progressivement dégagés, l'un sous la bannière de l'Opium, l'autre sous celle du sexe.

Bien qu'on ne puisse s'étonner que plaisir et jeu fassent bon ménage, il ne s'agit pas totalement de plaisir lorsque nous parlons ici d'Opium et de sexe. En fait, si la pratique de la fumée d'Opium ou des injections, hédoniques ou thérapeutiques, des extraits de Pavots nous apportent tous les effets qui vous sont éventuellement connus, c'est grâce à des molécules synthétisées par cette plante dont la présence artificielle dans notre organisme vient spécifiquement mettre en jeu, au niveau du cerveau, certains neurones, ou groupes neuroniques dont le réveil donne naissance à l'illusion incapacitante que nous nommons « Plaisir ».

À vrai dire un neurone mature bien élevé n'entre pas comme cela en relation avec n'importe quelle molécule qui passe, il faut qu'elle lui soit présentée, que des architectures moléculaires spécifiques, appartenant à sa maison, créchant sous son porche, reconnaissent la visiteuse, l'accueillent et lui ouvrent les portes des couloirs qui vont lui permettre de s'introduire dans le milieu très fermé des molécules membranaires dudit neurone, puis dans son intimité, dans le saint des saints intracellulaire, là où il fait chaud et bouillonnent les synthèses. Alors ce neurone daigne écouter le message qui lui est ainsi délivré et le plus souvent s'y soumettre. Ces portiers moléculaires, soldatesque de la Légion des Charon chimiques, celle des récepteurs membranaires, peuvent être très spécifiques d'un seul type de molécules, ou, au contraire, avoir des familiarités avec toute une tribu de molécules apparentées par quelques particularités communes. Dans ce dernier cas de figure, le plus fréquent, des substances, animales ou végétales, très différentes, mais ayant biochimiquement quelques liens génétiques, peuvent agir sur ces récepteurs les unes à la place des autres. C'est ce qui se passe avec l'opium.

Molécule d'origine végétale, principe actif du latex du Pavot d'Orient (*Papaver somniferum album*), la morphine, une fois introduite, accidentellement ou volontairement, dans l'organisme, se fixe sur une variété de récepteurs membranaires neuroniques très spécialisés, normalement adaptés à des molécules communes du milieu intérieur animal, que l'on regroupe sous le terme d'endorphines, et dont elle prend la place.

Les rôles biologiques naturels multiples de ces morphiniques endogènes ubiquistes sont, depuis quelques années, l'objet, dans le monde entier, de recherches fouillées, tant au niveau moléculaire et cellulaire qu'au niveau des fonctions et des comportements. Très éloignées de la problématique ludique ces recherches sont fondamentales, au moins pour la lutte contre la douleur et les toxicomanies. Or, au cours de tous ces travaux médicaux expérimentaux, dominés par l'Opium, ses usages et ses charmes, quelques équipes ont rapporté de surprenants effets, dits secondaires par rapport au but de ces importantes recherches, mais particulièrement intéressants pour notre propos.

Après administration expérimentale de morphine à des rats, on observe, parmi les effets attendus, des modifications inattendues mais nettes du comportement ludique, et spécifiques au point que, en jouant sur les doses et les protocoles, on a pu déterminer des situations où seul le comportement ludique était perturbé [240, 241]. De faibles doses d'opiacés augmentent l'activité ludique sociale du Rat, de fortes doses l'inhibent. Parallèlement les substances dont la présence bloque ou modifie la reconnaissance d'un opiacé endogène par ses récepteurs spécifiques, les antagonistes des opiacés (Naloxone, par exemple), diminuent la réalisation des jeux de ces jeunes muridés.

Tout se passe comme si la perturbation des activités morphiniques endogènes était capable d'intervenir très spécifiquement sur les mécanismes centraux supports de l'expression comportementale ludique du Rat.

S'agit-il bien d'une action directe sur les mécanismes encéphaliques spécifiques du comportement ludique ou d'un des aspects d'un effet général des morphiniques sur l'ensemble des comportements ? Voilà une question qui n'est pas particulière à l'étude des actions des morphiniques et qui se pose chaque fois que l'on fait pénétrer une substance exogène dans la circulation générale d'un organisme : les effets observés sont-ils liés à une désorganisation globale des circuits nerveux centraux en plusieurs de leurs maillons, ou bien faut-il admettre qu'un mécanisme particulier, bien défini, a seul été bloqué, ou stimulé, parce que la substance injectée interférait très précisément avec une des étapes biochimiques spécifiquement en cause ?

Pour répondre à ce type de question il faudrait, en ce qui concerne l'objet de notre étude, pouvoir tester simultanément, sous la même influence exogène, le comportement ludique et plusieurs autres comportements généraux tels que attention, orientation, motivation, exploration, mémoire, recherche et ingestion d'eau ou de nourriture... etc. Seules les manipulations modifiant le comportement ludique sans modifier fondamentalement ces autres comportements pourraient être supposées avoir un effet spécifique sur le comportement de *jeu*.

À la shooteuse, les rats !

Pour l'instant, les études dont nous disposons ne font pas toujours le partage entre les deux types d'effets, spécifique et général, sauf, justement, pour l'action des morphiniques. Très vite il est apparu que de fortes doses de morphine, de l'ordre de 5 mg par kilo de rat, diminuaient [237] le comportement ludique de façon non spécifique en vertu de l'action sédative générale bien connue des opiacés ; il est évident qu'on ne peut à la fois dormir et gambader.

Il n'en est pas de même pour les doses faibles. Des injections isolées, uniques, de morphine (de 1 à 2 mg par kilo de rat), administrées par voie sous-cutanée trente minutes avant une interaction dyadique par « paired encounter procedure », provoquent, chez les rats mâles juvéniles, préparés par isolation préalable, une augmentation nette de la fréquence des clavetages.

Mesdames ! fermez la porte si vous voulez, mais foin de panique. Un kilo de rat n'est qu'une façon coutumière de s'exprimer en pharmacologie de terrain. Croyez-moi, il n'existe pas de rat pesant un kilogramme... du moins, pas encore.

En faisant varier le délai entre l'injection et la rencontre du partenaire, les résultats comportementaux observés apportent quelques précisions. Généralement la présentation des acteurs se fait dans une cage qui ne leur est pas familière et les cinq premières minutes sont consacrées plus à des interactions exploratoires avec les constituants du milieu qu'avec le compagnon. Ces investigations domestiques s'estompent dans l'heure qui suit l'injection de morphine. Moins de trente minutes après la piqûre, la non-familiarité avec la cage perd ses effets déprimants sur la réalisation des jeux et on enregistre [69] une rapide augmentation de la fréquence des éléments comportementaux majeurs caractérisant l'interaction ludique : clavetages et poursuites de type « chasing » avec « boxing » ou « following ». Est-ce l'appétence aux jeux qui se trouve exacerbée ou l'étrangeté de l'environnement qui s'est atténuée ? Les deux, peut-être ?

Sous les ruissellements des cascatelles neuropeptidiques

Quel que soit le soin apporté à l'injection d'une substance dans la circulation générale, rien ne permet d'affirmer que celle-ci va modifier les activités métaboliques des neurones centraux, ou même, tout simplement, les atteindre. Il existe en effet, dans le système vasculaire cérébral, une série de mécanismes physico-chimiques, physiologiques et anatomiques, qui exercent une fonction de filtre, ne permettant le passage dans le tissu neuronal entourant les vaisseaux que de certains types de molécules et à certaines conditions. On regroupe ces mécanismes sous le terme de barrière hémato-encéphalique et il suffit de quelques modifications structurales des molécules testées pour les rendre aptes ou inaptes à franchir cette barrière.

En expérimentant avec plusieurs dérivés artificiels d'opiacés voisins on a montré que ceux qui étaient incapables de traverser la barrière hémato-encéphalique ne modifiaient pas les occurrences ludiques du rat. Il est donc certain que leur action est bien centrale et non périphérique comme on aurait pu le craindre [356, 350] ; resterait à expliquer pourquoi leur effet est moindre si les sujets n'ont pas été préparés par un isolement préalable, mais là est un tout autre problème.

On a émis l'hypothèse que l'action de la morphine à faible dose sur les éléments caractéristiques du « social play » des rats n'avait rien de spécifique, mais n'était que la simple conséquence d'un effet très général de cette drogue sur les neurotransmetteurs cérébraux. Sans vouloir détailler l'organisation et les fonctions des divers systèmes de neurotransmetteurs cérébraux, dont la complexité est grande et augmente de jour en jour, il convient, pour mieux situer les éléments du problème, de donner maintenant quelques idées simplettes à leur égard.

Si la porte d'entrée de l'intimité neuronale n'est pas largement ouverte, mais, au contraire, fortement défendue par la horde aussi avide que naireuse des récepteurs, leurs règles et leurs rites, la sortie de la réponse neuronale est plus simple. Un neurone, pour s'exprimer, ne peut crier mais seulement moduler sa polarité électrique et écrire en bavant aux extrémités quelques quanta protéiques plus ou moins fraîchement synthétisés. Sa littérature, pauvre et laborieuse, s'assemble en sa petite usine métabolique portative aux recettes artisanales ancestrales que ses géniteurs ont codées en ADN sur une fine et longue ficelle d'un mètre de long morcelée et lovée en scoubidous dans son noyau cellulaire. Ainsi outillé un neurone sain et en activité peut à tout moment peaufiner quelque message biochimique qui, plié et emballé comme il convient, sera apte à traverser sa membrane et à se répandre, en plus ou moins larges auréoles, dans le monde extracellulaire, classiquement par les drageons boutonneux de son prolongement le plus long.

Ce mécanisme d'expression leur est tellement familier que, de tous les moyens possibles, les neurones ont évolutivement privilégié celui-ci pour leurs communications privées sur l'interneuronal, ce qui leur a entraîné, bien entendu, quelques frais d'équipement, chacun étant en charge de synthétiser pour sa membrane les récepteurs nécessaires à la reconnaissance des neurotransmetteurs hantant son voisinage. L'existence et le niveau de l'écoute obtenue dépendant, c'est évident, de leur bon vouloir à fabriquer ces molécules avec la qualité voulue et en quantités utiles. De plus, pour éviter les malentendus, l'éthique clanique veut que, dans ce flux informatif, le même neurone utilise comme messager chimique toujours la même molécule, son neurotransmetteur personnel. On étudie beaucoup ces neurotransmetteurs, et plus on le fait plus on en trouve. Ce qui est, pour chaque découvreur, source de bien grandes joies, puisque le messager qui, avant ses propres travaux, n'était pas connu est, maintenant, à son évidence, celui dont dépendait tout ce qui restait encore à connaître. Il y a eu quelques désillusions.

Toutes ces découvertes, toutes ces interventions fondamentales de substances princeps facilitant, inhibant, intersectant leurs actions mutuelles, tant en cortical qu'en sous-cortical, aboutissent, pour l'instant, il faut bien l'avouer, à des schémas explicatifs composés de réseaux fonctionnels hypothétiques non dépourvus d'attrait au niveau du graphisme mais un peu obscurs au niveau du sens.

Parmi les neurotransmetteurs aujourd'hui à la mode, il est de bon ton, pour ceux qui étudient les communications neuronales en sous-corticale, de réserver la plus grande attention aux informations transmises par le canal des molécules de la famille des catécholamines et de la famille des indolamines. Or, la morphine et, pourquoi le cacher, tous les morphiniques, facilitent, justement, la production des catécholamines endogènes et rendent plus facile la libération des indolamines. L'action de la morphine sur le comportement ludique pourrait donc n'être que le simple reflet de l'action de cette molécule sur la production par certains groupes de neurones sous-corticaux de catécholamines et

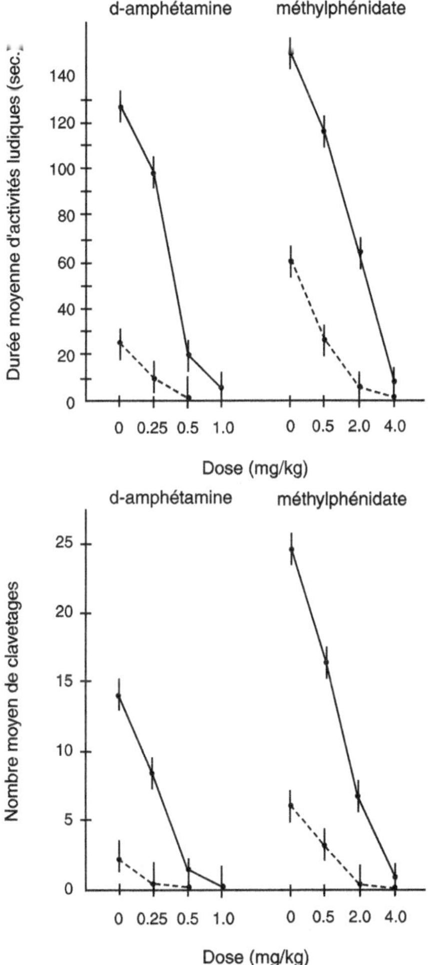

Psychostimulants et comportement ludique

Les courbes de la rangée supérieure comparent les moyennes des durées d'activités ludiques de 11 paires de rats, âgés de 26 à 42 jours, observés durant 10 minutes après avoir reçu, 20 minutes avant, une injection intra-péritonéale d'une dose d'un des deux psychostimulants.

Les courbes de la rangée inférieure comparent, dans les mêmes conditions, la moyenne du nombre de clavetages relevé durant ces observations.

(D'après BEATTY, W.W. ; DODGE, A.M. ; DODGE, L.J. ; WHITE, K. ; PANKSEPP, J., *Pharmacology Biochemistry and Behavior* [1982], 16, 417-422.)

d'indolamines, et non résulter d'un effet direct spécifique sur un groupe de neurones spécialisés dans la gestion des jeux.

Dans cette hypothèse nous aurions un mécanisme comportemental ne dépendant pas directement des morphiniques mais impliquant des chaînons catécholaminergiques sensibles, eux, par contre, aux fluctuations morphiniques, tout particulièrement à l'irruption à leur voisinage des morphiniques exogènes expérimentaux. Voilà une piste intéressante, d'autant que balisée par les résultats d'observations expérimentales antérieures ayant montré à la fois que la partie basale du cerveau intermédiaire, la région ventrale du tegmentum, était riche en neurones produisant des catécholamines, et aussi que cette production était augmentée par la morphine quand on l'injecte directement à leur contact par microsonde implantée.

Si ce schéma représentait la réalité il devrait suffire, pour le prouver, d'activer, par tout autre moyen que la morphine, la production de catécholamines dans cette région tegmentale ventrale pour obtenir sur la probabilité d'une occurrence ludique les mêmes effets qu'après une injection d'opiacés. Il serait logique que toutes manœuvres non morphiniques, mais connues pour leurs effets stimulants sur les productions de catécholamines et d'indolamines cérébrales, exercent, à leur tour, sur le comportement ludique une action identique à ce que l'on provoque en administrant de la morphine exogène à faibles doses. Patatras ! c'est l'inverse qui s'observe : les amphétamines, dont [36, 338] l'injection augmente les catécholamines centrales et les substances ayant des actions similaires à celles [225] de la sérotonine, les agonistes de la sérotonine, toutes ces molécules atténuent le comportement ludique.

À saute-molécules

Il faut se rendre à l'évidence, la molécule exogène qui a fait preuve de la plus grande efficacité pour stimuler régulièrement et spécifiquement le comportement ludique d'un rat mâle juvénile est la morphine à faible dose. Molécule n'existant pas à l'état naturel dans l'organisme, cette morphine, une fois introduite artificiellement dans le milieu intérieur, va, au niveau des récepteurs spécialisés portés par certains neurones centraux, y prendre la place de molécules de configuration voisine propres à l'organisme, les endorphines, effectivement libérées, pense-t-on, par les processus physiologiques sous-tendant la réalisation des séquences ludiques.

Cette conviction a pris toute sa force au cours de la réalisation de protocoles basés sur un raisonnement un peu complexe mais intéressant. Il est bien admis que les circuits neuronaux responsables de la mise en jeu et de la réalisation des activités ludiques voient leurs activités modifiées par ce qui influe sur les récepteurs aux opiacés ; c'est dire que ces neurones sont équipés de tels récepteurs. Cela est si vrai, qu'il est possible de faire fixer sur les molécules réceptrices de ces neurones des substances analogues aux opiacés habituels mais marquées par un isotope radioactif, ce qui permet de localiser et de mesurer l'intensité de leur fixation, celle-ci étant, par principe, proportionnelle à la disponibilité des récepteurs au moment de l'injection du marqueur dans le système.

On utilise, chez les rats, de la diprénorphine tritiée, et on constate [238] qu'après une à vingt-quatre heures d'isolement social sa fixation est très fortement augmentée alors qu'elle s'effondre dans la demi-heure qui suit quinze minutes de « paired encounter procedure ». Tout se passe comme si l'isolement social augmentait la synthèse, donc le nombre, des récepteurs endorphiniques par les neurones des circuits en cause qui deviennent ainsi avides de toute molécule apte à s'y faire reconnaître, alors que les molécules endorphiniques massivement libérées au cours des longues et fréquentes interactions ludiques vont, en s'enchâssant dans les récepteurs spécifiques disponibles, les rendre inaptes à toute autre alliance.

Grâce à la mise en place d'une microsonde intraventriculaire cérébrale on peut en apprendre plus. Effectivement, si on administre en temps utile, par voie directe, du sérum anti-β-endorphine, on provoque une chute de la fréquence des actes ludiques. C'est dire que, parmi toutes les endorphines, celle qui répond au mieux de leur action sur les composants du jeu est la β-endorphine. Tient-on la bête ?

Non, car, pour compliquer encore, on a découvert que les récepteurs naturels aux endorphines se présentaient avec une certaine diversité biochimique dont la gamme n'a peut-être pas été totalement explorée à ce jour. On en connaît [365] un peu plus intimement seulement trois, dénommés mu (μ), delta (δ) et kappa (κ). N'est-ce pas mignon ! Les propriétés pharmacologiques de ces trois types de récepteurs membranaires aux endorphines et leur répartition [346] entre les diverses catégories de neurones cérébraux sont très différentes [238]. On peut mettre cela en corrélation avec la disparité des actions dans lesquelles semblent impliqués les opioïdes cérébraux : perception douloureuse et effets analgésisants de l'acupuncture, réactivités sexuelles et comportements ingestifs, effets de compensations gratifiantes et processus motivationnels, activités exploratoires et régulations des comportements sociaux, etc. Les chaînes neuronales intervenant dans chacune de ces activités semblent exercer certaines préférences quant à la nature précise des récepteurs endorphiniques qu'elles sollicitent, et tout laisse croire que l'appétence pour l'interaction ludique et les effets gratifiants de sa réalisation dépendent de la mise en activité surtout des récepteurs opioïdes mu (μ), les récepteurs kappa (κ) étant plutôt impliqués dans d'autres circuits, ceux dont dépend, par exemple, l'effet de familiarité. Il est d'ailleurs possible, en injectant directement, comme précédemment, un inhibiteur des récepteurs kappa (κ) aux opioïdes, d'abolir l'effet de non-familiarité sans modifier la structure des séquences ludiques. On peut de ce fait imaginer que ces deux réactions comportementales sont soutenues, l'une par des chaînes neuroniques fortement équipées de récepteurs endorphiniques mu (μ), l'autre de récepteurs endorphiniques kappa (κ).

Et si ces chaînes s'entrecroisaient ? Pas de mauvais esprit ! Il est plutôt temps de livrer un petit secret : la morphine est un des meilleurs agonistes des récepteurs mu (μ) aux opiacés. Voilà, c'est dit. Mais alors, maintenant qu'on le sait, on devrait pouvoir empêcher expérimentalement l'action tant de la morphine exogène que des endorphines endogènes en verrouillant leurs accès aux récepteurs endorphiniques mu (μ) !

C'est ce qui a pu effectivement être magouillé en administrant aux sujets d'expérience une molécule artificielle, appelée Naloxone, qui est un bloquant spécifique des récepteurs neuroniques mu (μ), récepteurs naturellement adaptés à l'accueil neuronal de la morphine et des endorphines.

Administrée [32] en une seule injection sous-cutanée (à la dose de 1 à 5 mg par kilo de rat), cette naloxone, antagoniste des endorphines, développe une influence inverse de celle des morphiniques : elle diminue la fréquence des composants du comportement ludique de rats juvéniles, qu'ils aient été préalablement isolés ou non. Le comportement ludique n'est pas perturbé dans sa structure, mais dans sa fréquence d'occurrence. Pendant les trois heures qui suivent l'injection unique de naloxone, les séquences ludiques ont la même durée, la même organisation, les mêmes composants élémentaires, mais elles sont moins fréquentes. Plus on augmente la dose de naloxone, plus l'effet est marqué et durable ; une administration chronique

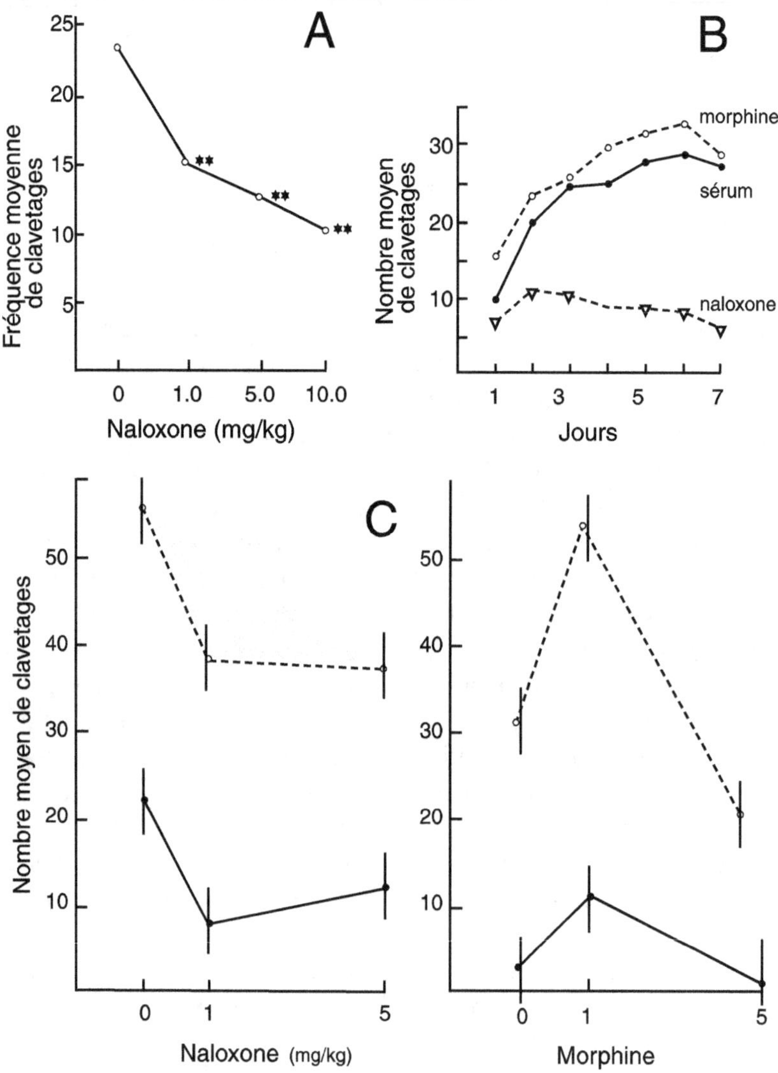
A
Fréquence moyenne
de clavetages
25
20
15
10
5
0   1.0   5.0   10.0
Naloxone (mg/kg)
B
Nombre moyen
de clavetages
30
20
10
morphine
sérum
naloxone
1   3   5   7
Jours
C
Nombre moyen de clavetages
50
40
30
20
10
0   1   5
Naloxone (mg/kg)
50
40
30
20
10
0   1   5
Morphine

Morphine et comportement ludique

A – Évolution de la moyenne des fréquences d'occurrence des clavetages (« pins ») survenant au cours de séquences d'observation de 5 minutes de 10 paires de rats de 27 jours isolés depuis le sevrage et soumis, 20 minutes avant, à une injection sous-cutanée d'une solution de sérum physiologique (1 ml/kg) contenant une dose (mg/kg) de Naloxone.
La Naloxone est un antagoniste des récepteurs aux Opiacés endogènes.
On peut noter la diminution progressive du comportement ludique en fonction de la dose administrée.

(D'après SIEGEL, M.A. ; JENSEN, R.A. ; PANKSEPP, J.,
Behavioral and Neural Biology [1985], 44, 509-514.)

B – Évolution de la moyenne des fréquences d'occurrence des clavetages (« pins », survenant au cours de séquences d'observation de 5 minutes de 3 groupes de 8 paires de rats de 27 jours isolés depuis le sevrage et soumis à une injection sous-cutanée préalable (20 minutes avant) soit d'une solution (1 ml/kg) de sérum physiologique sans additifs, soit contenant une dose (mg/kg) de Naloxone ou de Morphine. Ce protocole est répété pendant 7 jours successifs.
À cet âge proche du sevrage, le comportement ludique devient de plus en plus abondant et l'injection de Morphine accentue cette tendance alors que celle de Naloxone l'annule.

(D'après PANKSEPP, J. ; SIVIY, S. ; NORMANSELL, L.,
Neuroscience and Biobehavioral Reviews [1984], 8, 465-492.)

C – Évolution de la moyenne des fréquences d'occurrence des clavetages (« pins ») survenant au cours de séquences d'observation de 5 minutes de 14 paires de rats de 33 à 42 jours, une moitié des sujets (cercles clairs, ligne pointillée) ayant été isolée depuis le sevrage, l'autre (cercles pleins, ligne continue) étant restée en communauté.
Ces rats ont été soumis, comme en A et B, d'abord à des injections de doses différentes de Naloxone, puis, les jours suivants, de Morphine.
En dehors de toute administration de substances, les sujets élevés en isolement ont une forte tendance aux activités ludiques, mais celle-ci est, dans tous les cas, inhibée par la Naloxone.
La Morphine augmente l'activité ludique des sujets préalablement non isolés et isolés, mais de façon spectaculaire chez ces derniers. L'action déprimante de fortes doses de Morphine semble pouvoir se rapporter aux effets sédatifs classiques de cette substance sans spécificité particulière par rapport au comportement ludique.

(D'après PANKSEPP, J. ; JALOWIEC, J. ; DE ESKINAZI, F.G. ; BISHOP, P.,
Behavioral Neuroscience [1985], 99, 3, 441-453.)

de cette substance arrive même à bloquer totalement la survenue du comportement ludique.

Si on prend en considération le fait que l'administration chronique de morphine n'augmente la fréquence du comportement ludique que jusqu'à un certain taux, puis plafonne à ce niveau pour le reste de la durée du traitement, on constate que nous retrouvons dans ces expériences les modalités habituelles des mécanismes généraux régissant le fonctionnement des récepteurs cellulaires. D'un côté la stimulation de tous les récepteurs de même type appartenant à l'équipement d'une cellule provoque, dans cette cellule, un effet maximal, qui ne peut être dépassé en augmentant la concentration de la molécule spécifique car il n'y a plus de sites récepteurs libres à la stimulation, de l'autre côté l'inhibition de cet effet croît avec l'augmentation du nombre de sites récepteurs bloqués. Lorsque ce nombre est excessif, la synthèse des récepteurs se trouve, par un réflexe biochimique interne, elle aussi diminuée, ou inhibée, et, par là, s'amenuisent les possibilités de réactiver rapidement le phénomène.

Ouf !

Sac au sol, faisons le point ! Admettons comme vrai les résultats des expériences rapportées. À cette heure nous le savons, le comportement ludique du Rat est essentiellement sous dépendance sous-corticale. Nous avons découvert que, dans les abîmes sous-corticaux, certains systèmes neuroniques porteurs de récepteurs aux endorphines, substances endogènes triviales, sont stimulés, pour des raisons d'analogies structurales, par la présence expérimentale de faibles quantités de morphine ou substances exogènes apparentées. Cette activation artificielle ne fait que mimer celle que doit produire une libération brutale d'endorphines naturelles se traduisant, sur le plan comportemental, par une augmentation de la fréquence d'occurrence d'un des marqueurs comportementaux le plus specifique du comportement ludique, les clavetages.

Le blocage par la naloxone, antagoniste morphinique, supprime cet effet, transitoirement ou définitivement selon la dose administrée. Sous naloxone, l'action tant des endorphines endogènes que celle de la morphine exogène est empêchée, d'où une diminution de la fréquence de certains marqueurs de jeu.

Chez le sujet non traité, l'activation spécifique par les morphiniques porte sur un arrangement neuronique structural dont la situation et l'organisation restent à définir. Ce n'est pas, comme on aurait pu le supposer, une action annexe et indirecte faisant intervenir des perturbations de quelque chaînon du métabolisme d'autres substances d'intérêt majeur pour les neurones, telles que les cathécholamines ou les indolamines.

Maintenant que tout ceci semble assez bien établi, reste à savoir si les neurones sous-corticaux portant les récepteurs morphiniques sont disséminés au sein de circuits assurant des fonctions très générales ou, au contraire, réalisent des ensembles spécialisés pré-cablés, véritables programmes moteurs innés, spécifiques de l'initiation et de la régulation du comportement ludique. Quel que soit le cas, où se trouvent ces neurones ?

La traque neuronale : Taïaut ! Taïaut !

On a pu croire qu'en démasquant les neurones portant naturellement des récepteurs aux morphiniques, on allait, comme avec la diprénorphine tritiée, par des méthodes combinant l'histologie et la radio-immunologie, révéler sur les coupes d'encéphale les seules architectures neuroniques responsables de l'élaboration et de la régulation du comportement ludique, même disséminées parmi les millions de cellules encéphaliques.

Malheureusement, dans le cerveau, les neurones porteurs de récepteurs aux endorphines sont très nombreux, ces substances y jouant des rôles variés dans de multiples fonctions centrales et non uniquement dans la genèse et la maîtrise du comportement ludique. Les résultats n'ont pas été aussi clairs qu'escomptés, et la traque aux neurones ludiques s'est révélée difficile et décevante.

Il existe pourtant un moyen d'émerger de ce maquis, en faisant porter les efforts d'investigation sur les groupes neuroniques centraux présentant à la fois les plus fortes densités en récepteurs aux endorphines mais dont, en même temps, la destruction expérimentale se montrerait, par elle seule, capable d'inhiber ou de stimuler le comportement ludique. C'est le parti qui a été choisi par Panksepp et ses équipiers [244, 241].

Plusieurs groupes de structures centrales abritent des neurones porteurs d'une forte densité de récepteurs morphi-niques [177], mais ce n'est qu'au niveau de la partie dorsale du diencéphale qu'on trouve en abondance des neurones ayant la double qualité recherchée : richesse maximale en récepteurs opiacés et expression comportementale ludique modifiée après leur électrolyse sélective. Le thalamus en est particulièrement riche, surtout dans sa partie dorso-médiane et, plus encore, dans le noyau parafasciculaire [319, 321].

Chez le Rat, comme ailleurs, ce thalamus a, très tôt, impressionné les anatomistes par sa taille massive, sa forme ovoïde régulière et son enfouissement dans les profondeurs encéphaliques, situation privilégiée l'ayant, pendant long-temps, tenu à l'abri des investigations indiscrètes. Les progrès des techniques électrophysiologiques aidant, il est apparu, dès les premiers coups de sonde électronique, que cette homogénéité de forme n'était qu'un leurre, à tel point que, à vrai dire, l'éclaircissement de sa complexité structurale est toujours sur le métier.

Quand même, bon an, mal an, on a cru discerner, peu à peu, comme une répartition ordonnée des corps cellulaires qui le composent en petites boulettes tassées les unes aux autres, plus précisément définies par leurs fonctions que par des barrières tissulaires nettes. Les populations neuroniques de ces régions thalamiques sont des lieux de communication pour de nombreuses voies nerveuses et fonctionnent comme une sorte de caravansérail sur les routes ascendantes vers les collines corticales. Place de repos, d'écoute, d'échanges d'information, de libération des messages et de réajustement des charges. Toutes les voies neuronales véhiculant des informations sensibles ou sensorielles, sauf l'olfaction, finissent par interpeller ces neurones thalamiques pour y demander leur logement, en aire ou en noyau, chacune selon son espèce. Après, à leur tour, les neurones thalamiques dégagent leur axone vers quelques aires corticales, primaires et associatives. On peut imaginer que tout se passe comme si les messages sensibles recueillis par les organes des sens et les récepteurs périphériques effectuaient un petit cocooning thalamique avant de s'éclater en gerbes sensorielles dans les aires de la voûte des cortex. Chacune des constellations d'accueil établissant, en retour, des relations privilégiées avec les zones thalamiques spécifiques d'origine.

Ainsi se dessinent des boucles d'interactions permanentes, du thalamus au cortex et du cortex vers la même province thalamique. Pour illustrer l'importance et la force de ces liens on parle de système thalamo-cortical, ensemble dont le fonctionnement, à l'image de frères siamois, ne peut être conçu en dissociation. Quand les connexions thalamiques sont coupées, l'activité de la partie corticale correspondante est abolie, à l'inverse, l'excitation expérimentale par stimulation électrique d'un point du cortex cérébral active une zone limitée mais spécifique du thalamus.

En permanence, bien qu'avec une intensité variable

dépendant de l'afflux des influx périphériques, des signaux gagnent le thalamus et le cortex cérébral qui, alors, s'active, réactivant, en réponse, le thalamus par une voie de retour distincte parallèle. Dans cet univers thalamique grouillant de signaux, au cœur du dorso-médian et dans le parafasciculaire, se cachent, les petits coquins, les neurones ludiques que nous cherchions à démasquer par le biais du double critère.

Pris au nid !

Des lésions électrolytiques de 3 mm de diamètre au niveau des groupes de neurones riches en récepteurs opiacés du thalamus dorso-médian de jeunes rats entraînent [319], dans les deux sexes, et au bout de 4 jours, une diminution de 33 % de la fréquence des clavetages. Est-il licite de dire que cette expérience permet de mettre en évidence la structure centrale spécifique responsable de la genèse des comportements ludiques ?

Non, pour plusieurs raisons. Avant toute chose, parce que cette réduction de la fréquence des clavetages peut s'expliquer par un effet comportemental associé, tel, par exemple, qu'une stimulation globale des interactions sociales sous l'influence de la procédure expérimentale d'électrolyse du thalamus dorso-médian. En augmentant l'intensité des comportements de sollicitations ludiques cette lésion aurait pour conséquence d'allonger la durée des clavetages, et, par là, d'en diminuer leur occurrence par unité de temps.

Non, aussi, parce que l'abolition des jeux n'est pas totale et que l'administration d'une faible dose de morphine aux animaux lésés continue d'entraîner, malgré la lésion, une augmentation de la fréquence des clavetages, laissant supposer que les mécanismes endorphino-dépendants en

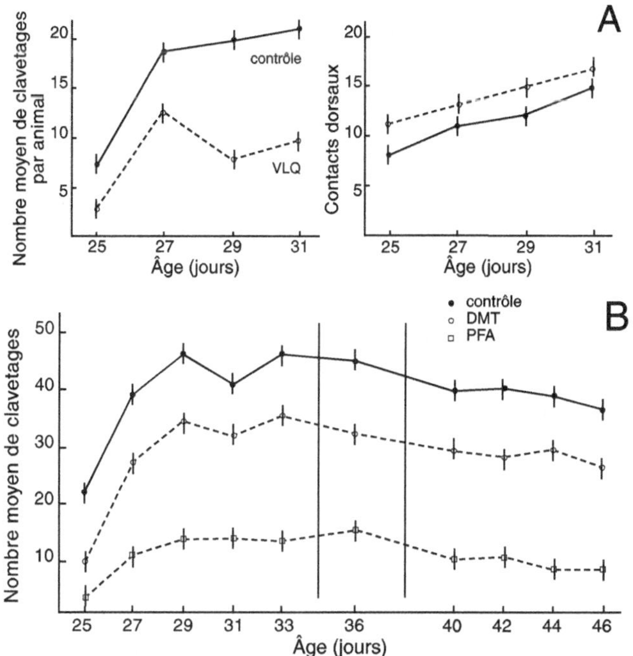

Lésions diencéphalo-mésencéphaliques et comportement ludique

A – Évolution avec l'âge (de 25 à 31 jours) du nombre moyen de marqueurs de « jeu », clavetages (« pins ») et sollicitations ludiques (dorsal contacts), enregistrés pendant des observations de 5 minutes de 7 paires de rats porteurs de lésions électrolytiques de la région ventro-latérale du tronc cérébral, au niveau de la partie extralemniscale du faisceau spinothalamique. Il semblerait que ce faisceau puisse fournir au thalamus des éléments contribuant à caractériser les qualités affectives de l'environnement.
Les lésions de cette région diminuent de plus de moitié la fréquence des clavetages mais ne modifient pas celle des sollicitations ludiques.
(D'après SIVIY, S.M. ; PANKSEPP, J. [1987], 41, 2, 103-114.)

B – Mêmes types d'observations effectuées sur 3 groupes de 18 rats : un groupe témoin (cercles pleins), un groupe de sujets porteurs de lésions électrolytiques dans la région dorso-médiane du thalamus (cercles vides), et un groupe lésé dans la région parafasciculaire du thalamus (carrés vides).
Les deux lignes verticales marquent des jours où les sujets ont été soumis à des tests pharmacologiques dont les résultats ne sont pas rapportés ici.
Par rapport aux témoins les deux types de lésions diminuent fortement l'activité ludique, celles de la région parafasciculaire plus que celles du thalamus dorso-médian.
(D'après SIVIY, S.M. ; PANKSEPP, J. [1985], 99, 6, 1103-1113.)

cause sont toujours opérationnels, donc intacts ou situés ailleurs, en dehors de la zone détruite. Curieusement, les injections expérimentales de naloxone sont, chez les sujets ainsi lésés, sans effet sur les éléments de l'expression comportementale ludique [321]. Si, effectivement, ce sont les neurones utiles qui ont été détruits, cette absence de réaction est normale, la naloxone ne pouvant perturber le fonctionnement de récepteurs qui n'existent plus. Cependant il existe, nous venons de le voir, une réponse à l'administration de faibles doses de morphine. Si la population de récepteurs spécifiques répond à l'action de ses agonistes, elle est censée pouvoir répondre à celle de ses antagonistes, et on devrait observer aussi des réponses à l'administration de naloxone. Étrange ?

Mais non, ils sont plusieurs ! Il doit exister plusieurs systèmes morphiniques parallèles dans leurs structures et intriqués dans leur fonctionnement ; la lésion d'un seul, ici au niveau du thalamus dorso-médian, ne fait que transformer la réactivité de l'ensemble sans l'annuler.

De cette expérience complexe on peut retenir que l'existence et la modulation du comportement ludique du Rat ne dépendent pas d'une seule organisation neuronique isolée mais fait intervenir, au même moment, des systèmes variés de chaînons morphiniques, en particulier, une certaine activité de neurones morphiniques logés dans le thalamus dorso-médian, et d'autres groupes, extrathalamiques, à préciser. La disparition de l'activité des neurones thalamiques dorso-médians modifie le fonctionnement de l'ensemble des chaînons morphiniques qui, alors, ne sont plus bloqués par la naloxone mais restent sensibles à l'action de la morphine exogène.

Les résultats expérimentaux obtenus au niveau du noyau parafasciculaire sont plus nets et plus prometteurs [319]. Après lésion de cet amas neuronique, qui s'étend de la partie postérieure du thalamus dorso-médian à la substance grise centrale, la durée des clavetages n'est pas modifiée, mais leur fréquence chute de 73 % et devient insensible tant aux injections de naloxone qu'à celles de morphine.

À dire vrai la morphine n'est pas totalement sans effet puisque son injection, à l'opposé de ce que l'on pouvait voir chez l'animal entier, provoque maintenant chez le lésé une réduction de la fréquence des clavetages. Cette particularité dans les résultats peut se comprendre si on admet que la région parafasciculaire du thalamus représente une structure opio-sensible facilitatrice du comportement ludique. Sa destruction expérimentale laisserait la place à l'effet sédatif classique de la morphine, par action générale sur toutes les autres structures concernées.

Las ! Dans les deux types d'expériences, lésions du thalamus dorso-médian et lésions du noyau parafasciculaire, on abouti à la mise en évidence de si complexes et puissantes interactions qu'il est permis de se demander si les quelques éléments laborieusement obtenus par ces approches expérimentales vulnérantes s'inscrivent toujours dans le schéma général du fonctionnement équilibré de l'organisme, s'articulent encore avec les régulations et le déroulement harmonieux des diverses autres fonctions centrales, et ne se révèlent pas comme de monstrueux artefacts liés aux techniques et conditions d'analyse. Relents d'angoissantes amertumes bien connues des amateurs de barbecues neuroniques !

Pavane des circuits

La mise en jeu pharmacologique des récepteurs morphiniques centraux induit classiquement un état sédatif général avec diminution globale de la motricité. Pour expliquer l'action paradoxalement stimulante de faibles doses de morphine sur le jeu, on pourrait supposer que l'administration de ces doses réduites serait insuffisante à endormir le sujet mais ralentirait son activité générale, ce qui, en conséquence, augmenterait la durée des contacts lors des interactions sociales et faciliterait, ainsi, l'occurrence des jeux.

Il n'en est rien, puisque, sous faible et unique dose de morphine, seule la fréquence des clavetages est modifiée et non leur durée, paramètre qui serait perturbé au premier chef sous l'influence d'un effet calmant général. De plus, grâce à un détecteur électronique de mouvements, on a pu montrer que des Rats soumis à des injections de naloxone de 1 à 5 mg/kg, doses qui diminuent sans la supprimer l'action des endorphines, ne présentaient pas de modifications nettes de leur activité générale, bien que, par rapport aux témoins, leur comportement ludique soit réduit [308]. Il ne semble vraiment pas y avoir d'identité étroite entre les mécanismes endorphino-dépendants réglant l'activité générale du sujet et ceux qui sous-tendent son activité ludique. On est en droit de supposer que les régulations des deux mécanismes sont séparées tout en faisant intervenir les mêmes types de neurones, mais pas forcément les mêmes sous-ensembles d'unités fonctionnelles.

Quels que soient les réseaux en cause, structuraux ou fonctionnels, il est certain que, sur le plan général, toute inhibition comportementale accentuée ou état d'excitation exagérée perturbent l'émergence et l'enchaînement des unités comportementales du jeu, les joyeux items ludiques. Ne serait-il pas légitime de supposer qu'en libre cours, bien des stimulations, d'origine environnementale ou interne, puissent remplacer avantageusement les tortueuses machinations et l'aiguillon agressif du neurobiologiste pour mettre en marche les mêmes circuits et étouffer tout désir aux plaisantes dérives ? N'oublions pas que nous avons pu constater expérimentalement que l'effet stimulant spécifique sur les composantes ludiques de faibles doses de morphine ne peut s'observer qu'en éclairage spécial de faible intensité. Sous lumière artificielle intense les folies ludiques des rats sont pratiquement abolies.

Pour expliquer l'action ludique paradoxale des faibles doses de morphine il faut dépasser la classique notion d'action sédative globale de cette drogue. Une autre hypothèse consisterait à présumer que les perturbations des systèmes morphiniques entraînent des modifications non pas d'ensembles neuronaux centraux de commande du *jeu*, mais de structures régulant les émotions et, plus particulièrement, les interactions sociales ; l'Autre devenant, selon le cas, un objet de désir ou de rejet. Il faudrait alors admettre que la diminution du comportement ludique, entraînée par l'injection de naloxone, n'est qu'un effet secondaire d'une inhibition plus générale d'interactions sociales dont le bon équilibre nécessiterait normalement l'intégrité des mécanismes endorphiniques.

On a testé cette hypothèse en donnant à choisir à des rats entre une prise de nourriture ou la possibilité de rencontre d'un congénère. Les animaux aux systèmes endorphiniques perturbés par le traitement à la naloxone ont choisi l'interaction sociale plus souvent que ne l'ont fait les animaux normaux ou ceux traités [244] par la morphine. En conséquence on peut penser que l'action inhibante de la naloxone sur les clavetages, sur le jeu, est bien spécifique et non une action liée à une simple inhibition des interactions sociales.

D'autres hypothèses, peut-être plus plausibles, font intervenir des chaînons endorphiniques soit dans la création et la réception d'un signal déclencheur spécifique du jeu, soit dans l'intégration de ce signal. On sait que de faibles doses de morphine peuvent entraîner la libération de noradrénaline et de dopamine dans le cerveau à partir de neurones catécholaminergiques. Or des expériences effectuées chez le Rat avec des micropipettes intracérébrales ont montré que l'injection de faibles quantités de morphine dans les neurones dopaminergiques de la partie ventrale du mésencéphale (tegmentum) provoquaient une libération de dopamine associée à la survenue de bouffées comportementales constituées par des successions de sauts brusques du type de ceux que l'on rencontre dans le « solo play » et qui se retrouvent aussi dans certaines séquences des comportements de sollicitation ludique. Pourquoi ne pas supposer que l'injection unique d'une faible dose de morphine puisse faire naître, au niveau du mésencéphale, une brève libération de dopamine et à partir d'elle une stimulation de neurones mésencéphaliques ventraux sensibles à la dopamine et initiateurs de « solo play », dont les éléments formeraient, en tout ou en partie, un signal déclencheur spécifique de jeu pour le congénère, d'où l'amorce et la poursuite d'une interaction sociale sur le mode ludique et, dans ce cadre, l'accroissement de la fréquence des clavetages ?

Comme ces expériences, portant sur les régions tegmentales mésencéphaliques, n'ont pas été associées à une analyse expérimentale suffisamment détaillée du comportement ludique, elles n'ont qu'une valeur d'orientation et doivent être reprises et complétées avant de pouvoir servir à étayer l'hypothèse d'un centre ventro-tegmental mésencéphalique réglant les expressions motrices du « solo play » et de leur utilisation métacommunicative. De toute façon, il paraît très hasardeux de vouloir associer sur le même plan des effets observés après une injection unique de morphine par voie générale (qui va donc intéresser en même temps l'ensemble de l'encéphale et toutes sortes de chaînes morphiniques) avec les résultats d'une injection intracérébrale par micropipette immédiatement au contact des groupes neuroniques supposés spécifiquement en cause dans un certain mécanisme. Ces expérimentations sont prometteuses mais loin d'être achevées, l'affaire demeure à suivre…

CHAPITRE VI

Dans les lacs des sens

En dehors de la recherche de Paradis artificiels, une des toutes premières utilisations de la morphine par l'humanité a été son action sédative sur la douleur. Or, dans l'interaction ludique, il existe une foule d'agaceries, pinçons, mordaces, d'autant mieux supportées par les partenaires qu'elles sont moins douloureuses et plus désirées. Une légère et unique administration de morphine peut très bien élever le seuil de sensibilité à la douleur et, par cet effet insensibilisant, favoriser la répétition des interactions alors que la naloxone aurait une influence inverse qui tendrait plutôt à rendre ces sensations répulsives en les exagérant.

On ne peut écarter immédiatement ce type d'hypothèse car il est démontré que la douleur constitue un signal inhibiteur du comportement ludique. Il ne faut cependant pas oublier que les phases agressives dans le « play fighting » sont toujours simulées et non réelles, et que le « mouthing » du jeu est typiquement sans force et, par là, devrait-il, sans douleur. De plus on a montré expérimentalement que l'anesthésie locale de la face dorsale du cou et de la partie antérieure du dos s'accompagnait d'une diminution nette des interactions ludiques, tout comme si les stimulations cutanées de ces régions composaient, tant qu'elles n'étaient pas trop douloureuses, d'irrésistibles invites au jeu. Plus qu'une gêne à l'expression du comportement ludique la sensorialité semble plutôt en être un support dont la suppression, ou la trop large atténuation, pourrait ne constituer qu'un obstacle et non une facilitation.

Un agent au carrefour

La région du noyau parafasciculaire du thalamus, qui a su retenir toute notre attention par sa richesse en récepteurs morphiniques et dont la lésion est si efficace, nous disent les expérimentateurs, pour diminuer la fréquence des clavetages, est justement considérée comme un lieu de traitement des informations sensorielles. Tout particulièrement de celles se rapportant à la douleur, c'est-à-dire à la nociception. De plus, comme l'indique l'absence d'effet des Opiacés sur les sujets porteurs de lésions expérimentales dans les aires parafasciculaires, le traitement de l'information afférente par ces structures nécessite la mise en œuvre de chaînons endorphiniques. Il n'est pas choquant, dans ces conditions, que seules des aires parafasciculaires saines puissent permettre d'exprimer une ludicité modulable par de légères sollicitations morphiniques.

Les neurones parafasciculaires se trouvant anatomiquement en relation avec presque toutes les structures centrales impliquées dans la réception des informations issues des autres sensorialités, il est vraisemblable que ces cellules ne se contentent pas d'offrir à la régulation du comportement ludique la mise en sens des informations provenant seulement des voies nociceptives. Ne serait-ce, par exemple, que celles provenant d'un autre relais sensoriel majeur, les couches, intermédiaire et profonde, du tubercule quadrijumeau antérieur, population neuronale à la fois riche en récepteurs aux endorphines et lieu de convergence d'informations sensorielles fondamentales.

Tapie sous l'extrémité postérieure du thalamus, cette formation, connue aussi comme colliculus, proche du noyau parafasciculaire, se différencie au cours de l'ontogenèse, au détriment des constituants du toit du tronc cérébral (tectum), au-dessus de l'aqueduc de Sylvius, canal qui relie les troisième et quatrième ventricules cérébraux. Les anatomistes distinguent là quatre petits renflements accolés, côte à côte, par rapport à la ligne médiane, et, deux à deux, en allant de l'arrière vers l'avant. Le couple antérieur, surélevé par rapport au postérieur, établit des relations privilégiées avec les voies visuelles, l'autre avec les voies auditives. Il ne serait pas ridicule de supposer que noyau parafasciculaire du thalamus et tubercules quadrijumeaux antérieurs forment un couple fonctionnel indispensable à la discrimination des éléments métacommunicatifs visuels et sonores spécifiques des schèmes moteurs ludiques.

En bref, après destruction du centre intégrateur parafasciculaire, les invites visuelles et auditives s'atténueraient et le soutien afférent, né au cours des stimulations tactiles et nociceptives modérées propres à l'interaction ludique, s'effondrerait induisant, de ce fait, une extinction de l'action amorcée. La partition de l'accompagnement s'étant déchirée, le divertissement serait suspendu. Avouons-le, quelle signification aurait pour nous, amateurs de toiles de prix, une huile polychrome aimée qui nous serait présentée nettoyée de deux, ou plus, de ses couleurs majeures ? Pourquoi faudrait-il que les rats aient moins de goût ?

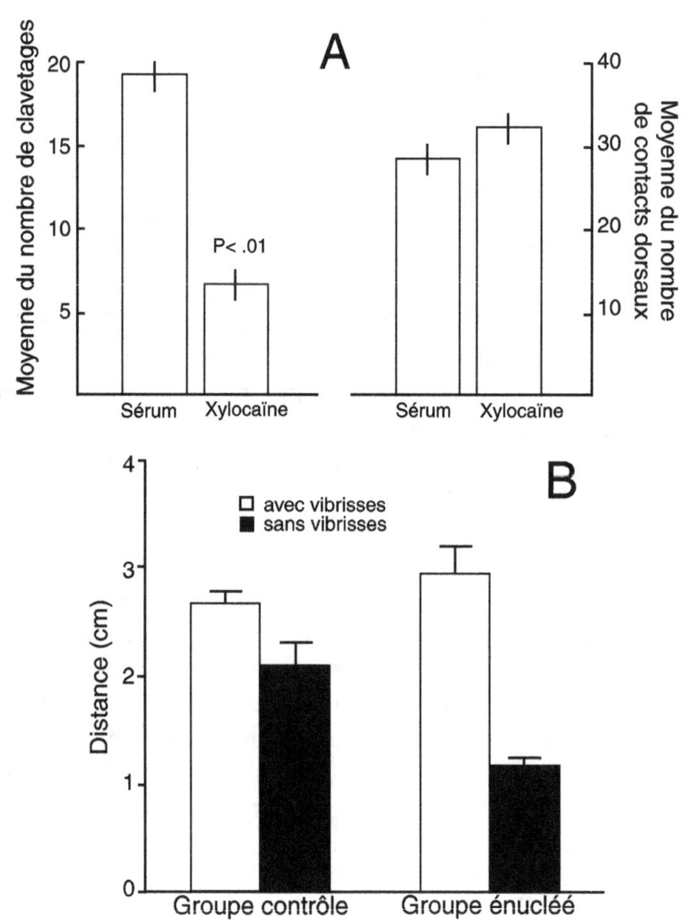
A
Moyenne du nombre de clavetages
20
15
10
5
P< .01
Sérum
Xylocaïne
Moyenne du nombre
de contacts dorsaux
40
30
20
10
Sérum
Xylocaïne
B
Distance (cm)
4
3
2
1
0
avec vibrisses
sans vibrisses
Groupe contrôle
Groupe énucléé

Stimuli sensoriels et « play fighting »

A – La région de la nuque joue un rôle fondamental dans le comportement ludique du Rat, à la fois comme cible des « play attacks » et comme déclencheur et stimulant de ce comportement. Privés des informations sensorielles provenant du territoire cutané nuchal les sujets limitent en nombre et en durée leurs ébats ludiques.

Les histogrammes de gauche comparent les moyennes du nombre de clavetages (« pins ») survenus durant une observation de 5 minutes de 16 rats ayant subi, à jours consécutifs, soit une anesthésie locale (xylocaïne) de la région de la nuque, soit, au même niveau, l'injection de sérum physiologique.

On a figuré, sur les histogrammes de droite, les moyennes du nombre de contacts dorsaux réalisés entre eux, aux mêmes moments, par les mêmes sujets.

Si la fréquence des sollicitations dorsales est voisine dans les deux groupes, par contre, la réponse ludique est très nettement atténuée pour les sujets localement anesthésiés.

(D'après PANKSEPP, J. ; SIVIY, S. ; NORMANSELL, L.,
Neuroscience and Biobehavioral Reviews [1984], 8, 465-492.)

B – Chez 16 rats, dont 8 énucléés des deux yeux, on compare, au cours de deux tests distants de 24 heures, avant et après rasage des vibrisses, les mesures (en cm) de la distance entre la pointe du museau de l'assaillant et la bouche du défenseur au moment où celui-ci amorce son esquive.

La perte des informations provenant des vibrisses entraîne plus de perturbations dans la structuration du mouvement d'esquive que l'absence de vision. Néanmoins, la conservation de la vue peut pallier, en partie, la perte des vibrisses.

Dans cette expérience l'audition était fortement perturbée par un bruit blanc mais l'olfaction était demeurée normale.

(D'après PELLIS, S.M. ; McKENNA, M.M. ; FIELD, E.F. ;
PELLIS, V.C. ; PRUSKY, G.T. ; WHISHAW, I.Q.,
Physiology and Behavior [1996], 59, 4-5, 905-910.)

Sens interdits

On ne peut ignorer que, contrairement à d'autres actes, le comportement ludique ne soit spécifiquement sensible qu'à certaines catégories de sensorialité. Alors que chez les Rongeurs, l'absence de sens olfactif, l'anosmie, perturbe fortement la plupart des comportements sociaux, chez le Rat rendu expérimentalement anosmique, fréquence et intensité des clavetages ne sont pas modifiés [349, 33]. Même l'ablation bilatérale des bulbes olfactifs, les premiers relais intégrateurs olfactifs centraux, n'a aucun effet net sur l'occurrence et l'organisation du comportement ludique de rats juvéniles.

Il faut s'y résigner, les structures olfactives, périphériques et centrales, ne semblent pas jouer de rôles particuliers dans le déclenchement et la régulation du comportement ludique du Rat. Les anatomistes nous ayant appris qu'au niveau du noyau parafasciculaire convergeaient toutes sortes de sensibilités et de sensorialités sauf des voies olfactives, il ne nous paraît pas incohérent de supposer que l'absence d'attribution d'un rôle majeur à l'olfaction dans la régulation des comportements ludiques soit la juste conséquence de relations défaillantes entre ce noyau et les centres olfactifs.

Il en est de même pour la vision. La cécité bilatérale (énucléation expérimentale des deux yeux) ne modifie en rien le comportement ludique, ni au niveau de la sollicitation ludique, ni au niveau de la composition des séquences comportementales, ni à celui des fréquences d'occurrence [58, 259]. Même lorsque les expériences sont conduites dans un espace de forte superficie, qui limite les rencontres liées au hasard, les jeunes rats aveugles se retrouvent et, une fois au contact, déploient des activités de jeu apparemment normales dans leur organisation et leurs fréquences.

À ce propos, il est certain qu'il ne serait pas sans intérêt de pouvoir disposer d'un peu plus de précisions expérimentales sur les modalités de mise en œuvre des interactions chez ces rats, aveugles mais à l'olfaction intacte, ou aveugles et, en plus, anosmiques. Les rencontres se font-elles au hasard des explorations, ou guidées par d'autres sens ? Lesquels ? De légères touches ? Des frémissements de vibrisses ? Le titillement des poils des pattes par les vibrations du sol ? Pourquoi pas ? Et, une fois établi, le maintien au contact serait assuré, semble-t-il, en déclinant frottements et frôlements.

L'art de l'écoute

À ce stade des connaissances, seulement deux modalités sensorielles paraissent d'une réelle importance pour assurer, chez le Rat, la genèse et la poursuite d'un comportement ludique, la sensibilité cutanée, que nous avons déjà évoquée en parlant de l'action des morphiniques, et l'audition, dont il faut, maintenant, dire plus.

La surdité bilatérale perturbe fortement l'interaction ludique et réduit de façon très marquée la fréquence des séquences de jeu. Tout se passe comme si l'émission et la réception de vocalisations était indispensable au déclenchement ou au maintien de ce type de comportement. Seulement un petit nombre de travaux expérimentaux ont tenté d'approfondir cet aspect du comportement ludique du Rat [320, 123], et en l'absence de données précises on ne peut que rapprocher certaines observations et évoquer des hypothèses.

Comme, durant le jeu des jeunes rats, les émissions de sons audibles ne sont pas particulièrement intenses, l'aspect auditif n'a que peu retenu l'attention des observateurs.

Certains ont pourtant signalé l'existence d'éléments sonores dans les interactions sociales liées au comportement reproducteur du rat, mais s'exprimant, semble-t-il, surtout dans la gamme ultrasonore [171]. On ne peut s'étonner que ces manifestations comportementales adjuvantes non directement accessibles aux observateurs externes aient été quelque peu négligées.

Par analogie avec d'autres activités mieux connues, on suppose qu'il serait tout à fait possible que les signaux déclencheurs du jeu, et ceux qui confèrent aux comportements leur connotation ludique, les « play signalling », soient justement des signaux ultrasonores [160, 48, 320], occasionnels ou continus, dont la prise en compte pour étude nécessiterait la mise en œuvre d'appareillages spéciaux, ce qui n'a été que rarement pratiqué. La vérification positive de cette hypothèse permettrait de mieux comprendre, entre autres, l'action inhibitrice sur le jeu de l'assourdissement ainsi que les effets particuliers sur le comportement ludique observés lors de l'utilisation expérimentale d'une substance appelée clonidine.

À l'image des travaux portant sur le couple morphine/naloxone, qui agit, rappelons-le, sur les récepteurs membranaires neuronaux endorphiniques, on a [315, 226], dans le cadre des études sur le comportement ludique, conduit des expérimentations avec le couple de substances clonidine/yohimbine, agonistes et antagonistes des récepteurs membranaires de type alpha-2 adrénergiques, équipement qu'un très grand nombre de neurones centraux possèdent dans leur panoplie de récepteurs.

On n'a pas retrouvé pour ces substances d'effets opposés comme cela a été le cas pour le couple morphine/naloxone. L'antagoniste des récepteurs alpha-2 adrénergiques, la yohimbine, est sans aucun effet particulier sur la fréquence des « play fighting ». Par contre, la clonidine, elle, en stimulant ces mêmes récepteurs, diminue globalement le comportement ludique des rats juvéniles.

Qu'une stimulation générale des récepteurs noradrénergiques des neurones centraux par la clonidine ait sur l'expression comportementale ludique plus une action modulatrice globale que spécifique était prévisible compte tenu des localisations des neurones porteurs de récepteurs alpha-2 adrénergiques. Leur abondance dans les régions qui soutiennent un haut niveau d'attention et là où se décident les taux d'agitation générale ne pouvait que laisser prévoir des modifications de ces fonctions. Or un éveil trop aiguisé est un obstacle aux interactions dyadiques prolongées et trop de gesticulations peuvent s'interpréter comme une menace ou, au contraire, être décodées comme une volée de « play solliciting ». Gare aux déceptions !

On est tenté de rapprocher de ces observations les résultats d'expériences effectuées, dans un autre but, chez un Oiseau, le Poulet, où il a été montré que l'injection de clonidine réduisait, par un mécanisme encore imprécis, l'intensité et le nombre de vocalisations de détresse.

S'il en était de même chez le Rat, on pourrait s'en servir pour proposer une ébauche de piste explicative. En effet, à la lumière de théories récentes encore en cours d'évaluation, il ne serait pas irréaliste de supposer que les systèmes d'appel de l'Autre (attraction...) et d'appel à l'Autre (secours...) soient bâtis sur des architectures neuronales distinctes mais pouvant partager quelques neurones ou portions de réseaux neuroniques voisins de même nature.

L'action de la clonidine sur le comportement ludique du Rat pourrait être liée aux effets simultanés de cette substance sur des mécanismes différents de vocalisation ultrasonore, centraux et/ou périphériques, brouillant ainsi par mélange l'émission des signaux métacommunicatifs auditifs indispensables à la poursuite harmonieuse de ce type de comportement, et empêchant, de ce fait, leur compréhension et leurs effets. Tout cela mériterait des études expérimentales plus poussées alliant éthologie, pharmacologie et enregistrements ultrasoniques avec analyse comparée des variations des spectres de fréquence des émissions, sans omettre, bien entendu, les graphes statistiques dont l'effet ornemental est si plaisant.

Au cœur du dimorphisme sexuel ludique

Dans toutes ces expériences, que nous sommes arrivés, cahin-caha, à sommairement relater, nous n'avons, pour l'instant, trouvé aucune structure neuronale, ou mécanisme biochimique, qui soit spécifiquement responsable de l'organisation essentielle et séquentielle des actes moteurs propres aux activités ludiques. Nous avons l'impression de n'avoir expérimenté qu'au seul niveau des mécanismes régulateurs et non des centres décideurs ; de ce qui permet ou interdit l'expression ludique, non de ce qui la provoque ou l'organise. Pour aller plus loin, il faut oser basculer des illusoires sensorialités artificielles à la sensualité génitale, pour tout dire, de la drogue au sexe.

Nous avons déjà rapporté les observations selon lesquelles les rats mâles juvéniles présentaient deux fois plus de séquences comportementales ludiques que les femelles du même âge [354]. Cet aspect dimorphique sexuel [230] a servi de point de départ à l'équipe de Beatty pour développer [198] leur apport expérimental personnel à la neurobiologie du comportement ludique du Rat. Aussi il faut, maintenant, que nous prenions la mesure des enjeux pour pouvoir suivre, sans nous égarer ou nous lasser, les cheminements que les travaux les plus récents tracent dans les failles du réel et qui peuvent, à l'image des explorations dans un système karstique, nous mener, peut-être, à l'improviste, à quelques rencontres chtoniennes. Voici le problème.

La biologie nous apprend, après bien des vérifications douloureuses, que, dans un organisme vivant du type Mammifère, le sexe fondamental est femelle et ne peut s'orienter vers la morphologie et la physiologie mâle que sous l'influence d'un beau stéroïde, la testostérone, rencontré à un moment judicieux précoce du développement. Les spécialistes, toujours un peu poètes, nomment cette idylle avec l'hormone mâle une androgénisation.

Dans les conditions naturelles cette androgénisation du fœtus s'effectue *in utero*, sous l'influence des premières productions hormonales par le testicule fœtal, à une période, dite critique, en général de très courte durée. Période durant laquelle les structures nerveuses centrales, régulant les axes endocrines mais aussi l'organisation cérébrale et, par elle, les grands comportements de l'espèce, prennent définitivement leurs caractères fonctionnels de type *mâle*.

Par analogie avec tout ce que l'on sait de l'influence des hormones et des centres nerveux sur cette reprogrammation des rôles et des fonctions des organes et des comportements, en particulier des organes et comportements reproducteurs, on a assimilé le dimorphisme sexuel ludique à un simple caractère sexuel secondaire auquel il convenait d'appliquer les techniques d'étude expérimentales neuroendocriniennes habituelles, et voici ce qui a été vu.

On a, en tout premier lieu, vérifié que l'influence principale sur le phénomène consistait indiscutablement en une action précoce de l'hormone mâle. Plusieurs types d'expériences ont prouvé que le dimorphisme sexuel du comportement ludique était étroitement corrélé à l'imprégnation périnatale par la testostérone ou la 5-alpha-déhydrotestostérone, les deux formes les plus actives de cette hormone mâle.

Des fœtus de rats génétiquement mâles, castrés le jour de leur naissance, donc privés de toute production endogène d'hormone testiculaire, présentent, effectivement, dans les semaines qui suivent, un comportement ludique différent de celui des sujets entiers, mais qui est cependant voisin de celui des femelles de même âge [196].

Inversement des fœtus de rats génétiquement femelles traités, dans les quarante-huit heures de leur vie postnatale, par du propionate de testostérone ou de la

5-alpha-déhydrotestostérone réalisent, dans les semaines qui suivent, des fréquences de comportement ludique comparables à ce que l'on peut observer chez de jeunes mâles normaux. À l'évidence c'est bien l'hormone testiculaire fœtale qui est en cause [281, 359, 257].

On a alors essayé de démontrer que l'effet de l'hormone mâle sur l'organisation du comportement ludique était spécifique et non lié à une simple action dynamisante sur l'ensemble des comportements qui, en fouettant les ardeurs gesticulantes, favoriserait les rencontres.

Cet effet est bien spécifique puisque l'administration de testostérone à des mâles juvéniles, en dehors de la période critique, n'augmente pas la fréquence des « play fighting ». L'inverse aurait été étonnant car, chez le raton devenu adolescent, il n'existe aucune corrélation entre le pourcentage de « social play » et le taux des androgènes circulants indispensables à la sexualisation des centres. Par ailleurs, on sait que l'administration expérimentale de ces hormones mâles ne modifie pas l'expression comportementale ludique une fois la puberté achevée [278].

Le problème s'est aussi posé de savoir si l'action de la testostérone sur le comportement ludique des rats mâles était un effet androgénique pur qui, contrairement aux mécanismes d'action habituels des hormones testiculaires, ne dépendrait pas de la transformation par aromatisation cellulaire de la testostérone en œstradiol. La preuve en a été administrée par le fait que des implants intracérébraux d'un inhibiteur de l'aromatisation de la testostérone en œstradiol, ne modifiaient pas le comportement ludique des rats mâles ainsi traités [199].

Cette action ontogénique de la testostérone, on le sait maintenant, porte directement sur les récepteurs neuroniques centraux de l'hormone, et c'est bien à cause de cela que les jeunes rats mâles appartenant à la souche mutante dite « Tfm », caractérisée par une déficience congénitale à synthétiser des récepteurs aux androgènes, présentent une fréquence de « social play » diminuée par rapport aux sujets normaux témoins de même âge.

Enfin, et selon les lois physiologiques de régulation du fonctionnement des récepteurs cellulaires spécifiques, l'action de la testostérone naturelle peut être bloquée en traitant, durant les dix premiers jours de la vie postnatale, des mâles nouveau-nés, par un anti-androgène non stéroïdien agissant par compétition au niveau des récepteurs. Dans ces conditions la testostérone endogène ne peut se lier à ses récepteurs neuroniques spécifiques, ce qui provoque, sur le comportement ludique, les mêmes effets que l'absence de testostérone par castration [199, 192].

Avec un petit biberon alcoolisé

La réalité de l'influence de la testostérone étant ainsi bien établie, quelques expérimentations subséquentes ont tenté d'en disséquer les mécanismes. Sans supprimer totalement la production de testostérone endogène, ou bloquer l'activité des récepteurs androgéniques, on peut expérimentalement perturber, en partie, la production naturelle des hormones androgénisantes durant la période critique en administrant de l'alcool à des femelles en cours de gestation. Les nouveau-nés présentent alors, à la naissance, les signes de l'alcoolisme fœtal.

Signes plus ou moins marqués selon l'intensité et la durée d'imprégnation de la mère. Parmi ces signes on peut noter, chez les rats nouveau-nés mâles, d'une part, une diminution importante des teneurs cérébrales en dihydrotestostérone, une forme métabolique de la testostérone, et, d'autre part, une perturbation constante de l'ensemble des comportement dimorphiques sexuels, y compris le comportement d'appétence vis-à-vis de la saccharine, ou les niveaux de performance dans certains tests d'apprentissage (labyrinthe). Le comportement dimorphique sexuel de *Jeu* se trouve, bien sûr, lui aussi perturbé [202], et la fréquence de comportement ludique chez ces rats mâles alcoolisés fœtaux est ramenée au niveau de celle des rates normales. En réponse à la présence d'alcool dans la période sensible périnatale, il semble y avoir démasculinisation du comportement ludique des rats mâles, vraisemblablement en rapport avec une perturbation des taux circulants d'hormone androgène.

Il convient néanmoins de noter qu'au cours de ces expériences d'alcoolisation fœtale on a pu observer chez les jeunes rates une tendance au phénomène inverse. Les femelles juvéniles, filles d'alcoolisées, présentaient une très forte augmentation des fréquences ludiques, cette masculinisation des aspects comportementaux ludiques chez les fœtus femelles pouvant s'expliquer par une perturbation de l'activité des hormones corticosurrénaliennes sous l'influence de l'imprégnation par l'alcool. Effectivement on a observé chez des rats nouveau-nés d'un jour, nés de femelles traitées à l'alcool, une augmentation importante du poids des glandes surrénales avec des concentrations plasmatiques et cérébrales élevées de corticostérone. Il ne serait pas étonnant que chez des femelles, naturellement dépourvues d'hormone mâle, la fraction des hormones surrénaliennes connue pour avoir des actions androgénisantes, ce qu'on appelle les androgènes surrénaliens, aient, en augmentant leur concentration, provoqué une tendance à la masculinisation des centres comportementaux alors en pleine structuration.

Charge de la brigade stéroïdienne

À partir de ces observations, on a prolongé le raisonnement et on s'est demandé si, chez le rat ludique, l'hormone mâle était bien la seule substance stéroïdienne endogène capable d'intervenir dans l'ontogenèse de ce type de comportements, et quels pourraient être, par exemple, dans ce cas précis, les rôles des autres stéroïdes hormonaux : ovariens ou corticosurrénaliens.

L'ablation expérimentale précoce des deux ovaires, l'ovariectomie bilatérale, qui supprime la source des hormones femelles, œstrogène et progestérone, semble sans effets nets sur l'activité comportementale ludique ; par contre, l'injection périnatale d'un œstrogène de synthèse augmente la fréquence des comportements sociaux de la jeune femelle.

En fait, il n'est pas clair que le comportement ludique proprement dit soit modifié par cette administration de composés œstrogéniques. En réalité il semblerait que les expériences effectuées avec ces substances n'aient pas très précisément pris en compte les spécificités des diverses séquences ludiques, et un complément d'information serait nécessaire, avec quelques précisions sur les voies d'administration et les doses, les œstrogènes à fortes doses entraînant, pour des raisons métaboliques, des effets de type hormone mâle, c'est-à-dire des phénomènes d'androgénisation...

Les choses sont un peu différentes pour la progestérone. Celle-ci, administrée sous forme d'une progestérone-retard à diffusion lente, provoque, à l'évidence, une diminution du pourcentage d'activité comportementale ludique dans les deux sexes [60, 62]. Les sujets, mâles ou femelles, ayant reçu, les trois premiers jours de leur vie postnatale, cette forme de progestérone par voie sous-cutanée, présentent une diminution globale du comportement ludique sans que ses composantes en soient toutes affectées de la même façon. La fréquence des clavetages et les durées respectives des autres séquences sont identiques à ce que l'on peut observer chez les témoins, mais les « play soliciting » sont moins nombreux et plus brefs. Par ailleurs, aucun élément du comportement général ne semble être modifié.

L'effet de la progestérone chez le mâle paraît pouvoir s'expliquer par une compétition de cette hormone avec la testostérone au niveau des récepteurs centraux, atténuant l'ampleur du signal d'androgénisation et ainsi son efficacité. En accord avec cette hypothèse, il suffit d'administrer un sérum antiprogestérone, du deuxième au quatrième jour de la vie postnatale de ces sujets mâles préalablement traités à la progestérone, pour voir disparaître tout effet sur le comportement ludique. Ceci montrant bien que, chez le mâle, la présence de la molécule progestérone n'a rien modifié des mécanismes fonctionnels régulant l'activité ludique fondamentale, mais a simplement, tant qu'elle était active, fait obstacle à l'androgénisation de ces mécanismes centraux par la testostérone endogène. Chez les femelles, les processus en cause semblent un peu plus complexes. Est-ce une nouveauté pour ce sexe ?

Si le traitement postnatal des rats femelles à la progestérone-retard diminue bien le pourcentage d'activité ludique en période prépubertaire, parallèlement il augmente la fréquence et les durées des comportements exploratoires. Tout se passe comme si une telle agitation abrégeait les comportements de sollicitation ludique, empêchant, de ce fait, l'établissement d'interactions stables.

Comme le traitement par le sérum antiprogrestérone n'améliore pas la situation, mais, au contraire, diminue encore la fréquence du comportement ludique, on peut supposer que, chez les femelles, une certaine quantité de progestérone endogène est physiologiquement nécessaire au développement d'une activité exploratoire minimale à partir de laquelle peuvent s'établir des relations ludiques. Lorsque les taux circulants de progestérone s'élèvent, l'intensité du comportement exploratoire augmente et cela ne permet plus l'établissement d'interactions suffisamment stables pour devenir ludiques.

Bivouac en gîtes hypothalamiques

L'action organisatrice centrale des hormones sexuelles a été rapportée au sujet de plusieurs autres comportements dimorphiques sexuels, avec des effets toujours localisés à une brève période de la vie postnatale, dite période sensible, correspondant à de réels remaniements anatomiques, au minimum synaptiques, de structures précises du système nerveux central. Il était tentant de rechercher quelles structures synaptiques étaient concernées dans le cas du comportement qui nous occupe.

Comme l'agent actif en la matière est l'hormone sexuelle mâle, on a interrogé les régions cérébrales possédant des neurones bénéficiant naturellement d'un équipement dense en récepteurs intracellulaires aux androgènes, à savoir l'hypothalamus, l'aire préoptique, le septum et l'amygdalum, toutes structures majeures du système limbique.

L'hypothalamus, partie la plus ventrale du diencéphale, cerveau des fêtes viscérales, est un univers en soi. Malheureusement confiné dans un espace minuscule, un tout petit volume, enfoui au cœur des structures encéphaliques, traversé par tout ce qui les relie, mal délimité et en continuité large avec tout ce qui l'entoure. Débobiner les influences hypothalamiques revient à faire l'exégèse d'un texte écrit en langue étrangère tout au long d'un fil de laine enroulé en une pelote qu'il serait interdit de dévider. Pourtant on s'y emploie, avec beaucoup de courage et une patience que seule une certaine pathologie permet de bien maîtriser.

Tout porte à croire que la région hypothalamique dorsale joue quelques rôles, complémentaires ou fondamentaux, dans les intégrations des sensorialités. Nous avons évoqué cela en parlant du thalamus dorso-médian et de ses relations avec le noyau parafasciculaire, mais, par ignorance plus que par goût du secret, il est difficile d'en dire plus pour l'instant.

On se contentera de supposer que, lorsque l'image est floue, le message mobilisateur reste vain ou la réponse incongrue. Sans oser parler des pendules biologiques qui ne se remontent plus lorsqu'on lèse ou stimule la partie postérieure de cette région abritant habénula et épiphyse, berceau de Mélatonine, servante de Chronos.

Dans la région hypothalamique postérieure se trouve un endroit terrible. Bien d'aventureux chercheurs l'ont pénétré mais n'en sont jamais revenus. Tout y est encore mystère, incohérence et fabulation.

Par contre, les régions hypothalamiques antérieures, ventrale et latérale, sont mieux connues mais semblent, hélas, être de véritables souks, surtout la région latérale.

Dans l'hypothalamus latéral, on peut, certes, y faire son marché, mais faut connaître. Tout ce qu'on veut y trouver, on l'y trouve, en général comme on veut le trouver, y compris récompenses et pénitences avec, toujours, en prime, un petit quelque chose d'autre, fouet ou bonbons, pouvant avoir rapport avec ce que l'on étudie, mais pouvant aussi lui être totalement étranger, ou même artéfactuel, sournoisement créé par la technique expérimentale utilisée. À chacun de voir selon ses désirs… ou ses besoins.

Travailler sur l'hypothalamus latéral exige beaucoup de connaissances, une grande patience, une immense habileté, une imagination débordante et un don divinatoire dont seuls les initiés du plus haut grade peuvent prétendre pouvoir disposer. Certains y arrivent, d'autres y parviendront peut-être grâce à l'étude du comportement ludique, c'est à faire, et comme cela les rats, eux, au moins, s'amuseront.

Pour l'hypothalamus ventro-médian et antérieur, les résultats sont aussi multiples que peu cohérents. Ils sont indépendants du sexe et on pourrait ne pas les prendre en compte tout de suite mais, tant qu'à les citer, profitons de l'occasion pour résumer le peu que l'on croit en savoir.

D'après les Anciens, les lésions de l'hypothalamus ventro-médian n'auraient pas d'effets nets sur la fréquence des éléments du comportement ludique. D'autres Sages, plus modernes, soutiennent que de larges lésions de ces structures diminueraient la fréquence de jeu, dans les deux sexes. C'est le qualificatif large qui est ici important. Malheureusement, dans leurs comptes rendus, les chercheurs ne sont pas toujours très précis sur la taille des lésions pratiquées. Il est très difficile, dans cette région du Cerveau, de maîtriser parfaitement le résultat opératoire. Or, il suffit que la lésion n'intéresse strictement que la région médiane et ventrale, ou, au contraire, un peu de la région latérale, ou antérieure, ou les deux, pour que les résultats puissent, théoriquement, être tout à fait différents et même opposés. Il faut, de plus, admettre, compte tenu des relations anatomiques connues de l'hypothalamus ventral avec l'hypothalamus dorsal, relais des sensorialités, que toute lésion de l'hypothalamus ventral peut retentir sur le fonctionnement de l'hypothalamus dorsal, dont nous rappelions, il y a peu, le rôle éventuel dans l'intégration des sensorialités. Une destruction hypothalamique ventro-médiane, même bien localisée, est toujours en mesure de perturber l'interprétation des signaux métacommunicatifs ludiques, et, par là, l'établissement et le déroulement du « social play ». On a montré aussi que ces lésions de l'hypothalamus ventro-médian augmentaient le niveau d'agressivité des sujets opérés, ce qui constitue une sérieuse gêne à la réalisation facile de nombreuses et plaisantes parties de *jeu*.

Cet effet mixte des lésions hypothalamiques ventrales, portant en même temps sur le comportement ludique et le comportement d'agression, semble être à la base d'une certaine erreur de lecture des données éthologiques.

Il a été dit que, chez les rats, les lésions de l'hypothalamus ventro-médian réduisaient, dans les deux sexes, la fréquence des comportements de sollicitation ludique, le « play soliciting », sans modifier celle des « play fighting ».

Comme tout comportement de « play fighting » débute par des séquences de « play soliciting », un observateur non averti peut très bien comptabiliser les uns et oublier les autres. On peut supposer qu'en fait, chez les animaux lésés, les comportements de « play soliciting » ont bien été diminués, mais que le niveau d'agressivité a été, lui, augmenté. Les observateurs ont confondu agression et « play fighting », ce qui est, effectivement, très facile à faire. En définitive, et à titre d'hypothèse, on peut imaginer que les lésions de l'hypothalamus ventral du Rat, soit augmentent le niveau d'agressivité, empêchant, par là, toute interaction ludique, soit perturbent l'interprétation correcte des signaux métacommunicatifs ludiques émis par les partenaires, soit, dernière hypothèse, agissent en même temps à ces deux niveaux. Allez savoir…

Dessus, dessous, derrière… reste devant. Les lésions étendues de l'aire préoptique hypothalamique antérieure diminuent chez le Rat le comportement de « play fighting » dans les deux sexes et plus particulièrement les « play soliciting ». On retrouve là ce que nous avons déjà observé pour les lésions hypothalamiques ventrales. Néanmoins, compte tenu de leur étroite contiguïté et de leur indiscutable continuité, on se sent autorisé à interpréter ces résultats à l'aide de ce que l'on sait de la structure adjacente antérieure connexe : le septum, dont la lésion expérimentale perturbe, chez le Rat adulte, les comportements sociaux [37] et augmente la fréquence d'occurrence des séquences comportementales agonistiques. On retombe dans le même dilemme : sollicitation ludique *vs* agression, d'interprétation, à l'évidence, aléatoire, tant par l'acteur que par l'observateur.

Gravures aux hormones fortes

Par ces résultats et observations, ici schématiquement rapportés, se trouvent esquissés quelques grands traits d'un hypothétique schéma fonctionnel dans lequel les régions hypothalamiques ventrales et dorsales participeraient à la compréhension des signaux ludiques alors que l'activité septum-hypothalamus antérieur tempérerait les tendances agonistiques, favorisant l'approche non agressive de l'autre, amorce d'un dialogue profitable à de folâtres interactions. Tout cela, bien sûr, modulé selon un schéma façonné, lui, au feu des hormones lors de la structuration synaptique des premiers jours de la vie postnatale.

Au feu de quoi ? Dans quel antre vulcanien brûlent de tels feux ? Où est-on ? Tant qu'à ainsi dire, ne serait-il plus clair de parler d'alchimie secrète ou de savants mystères célébrés par de ténébreux mires ? Nenni, ce sont là bonnes et communes mécaniques dévoilées déjà au plus fin dans bien de ces étapes ontogénétiques qui, chez les vivants, mènent l'œuf à s'éclater dans le monde, l'invisible à devenir géant et la chenille à voler. Ne serait-ce que vos enfants. Comment, à leur adolescence, sont-ils devenus matures ? Comment certains de leurs organes ont-ils alors changé de forme et revendiqué d'autres fonctions ? Sous quelles influences ?

Par les hormones, sécrétions de leurs glandes internes, dites endocrines. Petites molécules, parfois tarabiscotées, rarement abondantes, souvent complexes et variées. Molécules issues de leur propre corps, mitonnées au fricot de Tante « Gène », libérées dans le torrent sanguin circulatoire et venant, par cette voie, baigner toutes les cellules de leur organisme.

À ce contact, certaines de ces cellules réagissent, accélérant leur croissance, modifiant leur structure ou réorganisant leurs fonctions, réactions spécifiques si ces molécules-signaux ont été reconnues par des récepteurs adéquats, synthétisés là où il convient sous la férule du temps, des météores et des pantomimes du génome égrenant les scènes des actes de son papyrus linéaire.

Attention ! Nous parlions de jeu, de comportements subtils, et, bien qu'ayant fait digression vers le phénomène d'androgénisation, nous pensions aborder au plus vite aux finesses de la psychologie et non lourdement racler la carène à quelques hauts-fonds anatomiques. Mais, voyons ! Depuis plusieurs pages déjà n'avons-nous pas reconnu que sans cerveau point de mouvements ni d'actions ? Et le cerveau est un organe, il subit les lois de l'organogenèse.

À ce titre, il semblerait que de la théorie chaotique des aléas de sa structuration anatomique puisse se déclarer bien des finesses de son fonctionnement, à nous perceptibles sous forme de comportements observables. Est-ce à dire que si un comportement diffère selon le sexe il faudrait, éventuellement, en conclure que les structures encéphaliques aussi diffèrent ? Que les rats sont donc compliqués ! Mais il n'y a peut-être pas que les rats pour présenter des comportements dimorphiques sexuels et poser de tels problèmes.

Pendant longtemps, le fait que des structures centrales apparemment identiques supportaient, selon le sexe, des comportements très différents a fait naître toutes sortes d'interrogations. Rappelez-vous ! Les macaques japonais nous ont permis de mieux appréhender le rôle des interactions ludiques dans la genèse et la transmission des comportements sociaux nouvellement acquis. Pourquoi ne pas puiser à nouveau dans le riche fonds des minutieuses observations d'ontogenèses de certains comportements très complexes mais en mesure de nous servir de guides sur les voies à suivre dans l'analyse du comportement ludique dimorphique sexuel, par lui-même encore peu accessible aux expérimentations et démonstrations irréfutables ? En toute confiance, pour calmer notre avidité de réponses et assoupir l'angoisse née de ces interrogations, laissons-nous bercer pendant quelques feuillets par le chant des petits oiseaux.

De longues trilles

Les plus petits, les plus mignons, les passereaux, grâce auxquels Nottebohm et son équipe ont pu, avec un acharnement et des réussites qui sont tout à leur honneur, explorer diverses passionnantes échappées vers la compréhension des mécanismes fondamentaux mis en œuvre pour établir et réguler ce comportement aviaire dimorphique sexuel majeur. De même que siffloter en jouant renforce l'un par l'autre, apprenons de Nottebohm comment siffler pour comprendre pourquoi jouer.

En 1950, dans *La Vie des animaux*, ouvrage fondamental de ces Larousse prestigieux qui balisaient le champ des connaissances des tout jeunes étudiants naturalistes de ce temps, Léon Bertin, alors professeur au Muséum national d'histoire naturelle, savait déjà, sur cette particularité comportementale des oiseaux, orienter et passionner notre regard par des termes [51] tant précis que poétiques :

« Une des plus belles manifestations du dimorphisme sexuel réside dans le chant qui est en général, sinon toujours, l'apanage des mâles – ou qui est au moins porté à une plus grande perfection chez les mâles que chez les femelles.

À vrai dire, le langage des Oiseaux comporte deux sortes de manifestations : le cri et le chant.

Le cri est une manifestation sonore ayant un sens déterminé et se composant d'un certain nombre limité de sons toujours les mêmes. Le cocorico du Coq, le croassement du Corbeau, le roucoulement du Pigeon, le jacassement de la Pie, l'horrible *léon* du Paon, le *coucou* de l'oiseau du même nom, le *hou-hou* de la Chouette… ne sont que des cris qui doivent être mis au même rang que les miaulements du Chat, l'aboiement du Chien et le rugissement du Lion.

Le Corbeau pousse son *coua-coua* lorsqu'il se déplace et son *croa-croa* quand il se lance à la poursuite d'un ennemi (cri de guerre). Il aurait ainsi huit cris distincts. Le Pic posséderait dix-sept jacassements appropriés aux diverses circonstances.

Tout autre est le chant qui est une phrase assez longue, variable suivant les individus et plus ou moins modulée, que l'Oiseau émet pour son seul plaisir ou pour charmer sa compagne. Il n'est connu que chez les Oiseaux des régions tempérées et n'atteint son apogée que chez les Passereaux des buissons et des taillis… »

Les éthologues de nos jours auraient tendance, et c'est peut-être dommage, à oublier le charme et le plaisir, pour plutôt reconnaître à ces signaux en trilles des rôles majeurs dans la défense du territoire, l'attraction des femelles et l'orientation de leur choix, composants fondamentaux de cette sélection sexuelle si prisée par Charles Darwin.

Des contemporains d'Aristophane aux successeurs de Ronsard, par jeux de bouche, successions de mots ou cadences poétiques, les hommes, sûrement jaloux, ont tout fait pour s'approprier par des re-créations les trésors mélodiques de la gent aérienne. Quelques musiciens, en petit nombre mais de génie, ont pu, grâce à leurs précieux instruments, évoquer avec bonheur toute la joie des vivants bosquets. Bien que gracieux les résultats furent toujours imparfaits, l'expression artistique supportant mal les rigoureuses exigences des approches cartésiennes. Puis le progrès des techniques d'enregistrements phoniques, en permettant une analyse plus précise de ces phénomènes sonores, a commencé à bouleverser ce type d'étude. Tout a basculé dans l'accélération lorsque, en 1950, W. H. Thorpe a mis au point, avec l'aide de la Bell Telephone Company, un analyseur de spectres de fréquence des sons, le sonagraphe, qui restitue les enregistrements en traduisant graphiquement, en continu, les sons en termes de Kilohertz (KHz) par seconde. Sur ces enregistrements, les sonagrammes, les chants des oiseaux se sont montrés constitués par de brèves lignes horizontales, les éléments, plus souvent accolées en syllabes, simples ou complexes, appartenant à des successions, les phrases, dont le groupement répond du type de chant, l'oiseau pouvant disposer de plusieurs types dans son répertoire. À partir de ces notions il fut possible d'analyser et de comparer les chants durant la brève vie d'un même sujet, ou à des âges différents et par rapport aux autres, de la même espèce ou d'espèces différentes.

Cette technique instrumentale d'analyse confirma ce qui était déjà connu, à savoir que tous les oiseaux ne sont pas chanteurs, que chez ceux qui chantent (les Oscines) seuls les mâles ont ce talent, et encore pas tout le temps, mais, essentiellement, à la saison de reproduction. Il devint clair, aussi, que chaque espèce d'oiseau chanteur possédait un répertoire de chants qui, sans être inné, lui était spécifique, ce qui impliquait l'existence obligatoire d'une genèse progressive du chant à un moment donné de sa vie, un processus ontogénétique plus ou moins précoce, plus ou moins long et complexe [81, 228].

Ainsi apprit-on que ce phénomène pouvait être, selon les espèces, la conséquence d'un apprentissage unique, au début de la vie, le chant se fixant une fois pour toutes, ou multiple, le processus ontogénétique du chant se renouvelant à la saison des amours avec quelques possibilités de variations à chaque fois. D'ailleurs, vous savez bien, par exemple, que le répertoire d'un Pinson *(Fringilla coelebs)* est définitivement acquis à l'âge de un an, alors que celui des Canaris *(Serinus canarius)* se modifie tous les ans.

Schématiquement, la procédure d'acquisition du chant de l'oiseau chanteur se déroule en quatre phases principales, dont les modalités précises de succession et les durées varient avec les espèces.

— *Une première phase* est celle où le sujet mémorise un modèle de chant entendu dans son entourage.

Cette phase est fondamentale, et si on place

précocement l'oisillon en isolement acoustique on l'empêche d'acquérir un chant normal.

Dans les espèces territoriales le chant pris pour modèle est celui du mâle le plus proche, dans d'autres espèces c'est le chant d'un mâle voisin dont la structure mélodique se rapproche le plus du chant du père. De toute façon le choix du modèle semble lourdement influencé par le génome comme le prouve le comportement des espèces parasites, par exemple le Coucou *(Cuculus canorus)*, qui n'apprennent jamais le chant de l'espèce hôte.

— *Dans une deuxième phase*, l'apprenti chanteur émet un chant dit « juvénile », hésitant, mal structuré et comportant de nombreuses notes anormales.

Tout se passe comme si durant cette période l'oiseau essayait d'harmoniser son chant avec celui qui a été mémorisé dans la phase précédente. Là aussi, un sujet expérimentalement assourdi à ce stade ne peut acquérir qu'un chant instable ne présentant pas les caractéristiques propres à son espèce.

— *La phase suivante* se distingue par des chants bien structurés, normaux pour l'espèce, mais variables, comme si le chanteur disposait de plusieurs types de chants qu'il essayait d'une émission à l'autre. C'est la période du « chant plastique », du « chant stable », qui se termine par la mémorisation d'un ou plusieurs chants définitifs dont les phrases retenues ont pu faire l'objet d'un choix apparent en fonction des effets produits lors des premiers essais, en particulier des réactions des femelles du voisinage.

— *Par la suite* le chant se stabilise, devient stéréotypé, sans possibilité d'apprentissage de nouveaux thèmes.

Le « chant stable », fruit de bien des efforts, va, malheureusement, dans les espèces à ontogenèse lyrique cyclique, se désorganiser vers la fin de l'été, pour reprendre, durant l'automne, les caractères du « chant plastique » juvénile. Foin des sanglots ! Le retour des beaux jours permettra une nouvelle acquisition avec, au besoin, adjonctions d'enjolivures.

Une chose est de décrire un phénomène, une autre de l'expliquer. Pendant des siècles l'étonnement fut grand lorsqu'on comparait le bec des oiseaux chanteurs aux complexes merveilles laryngées humaines, les sifflotis à la parole, et pourtant, malgré ses efforts, la soprano restait loin derrière le rossignol. Le bec cachait l'anche, ici la syrinx. Sous les feux croisés des techniques anatomiques les plus fines, cet organe propre aux oiseaux, chanteurs ou non, a consenti à révéler plus que sa morphologie, jusqu'aux finesses de ses commandes.

Placée à la jonction des grosses bronches de l'oiseau et de sa trachée artère, en plein carrefour des flux aériens respiratoires entrant et sortant, la syrinx est constituée par deux membranes, une droite, l'autre gauche, qui, à l'image de la membrane tympanique de l'oreille, peuvent entrer en vibration lorsque varient les pressions d'air sur leurs faces, externe et interne.

Ces membranes sont plus ou moins tendues en fonction de la pression régnant dans le sac aérien interclaviculaire au contact de leur face interne. Leur face externe subit la pression de l'air provenant des poumons. Le passage de cet air est, à l'entrée de la trachée, plus ou moins aisé selon l'état de protrusion de la membrane tympanique, ce qui crée des turbulences, des ondes de pression pouvant subir des aménagements par modifications du tractus vocal, longueur de la trachée par allongement du cou, élargissement de la cavité oro-pharyngienne par ouverture du bec...

En augmentant ou en diminuant les pressions d'air, l'oiseau varie l'intensité et la tonalité des sons qu'il émet alors que leur hauteur dépend de l'état de tension des membranes tympaniques et les oscines se distinguent justement des autres membres de l'ordre des Passeriformes par le nombre et la complexité de leurs muscles syringiens. Trois paramètres peuvent être régulés en même temps par l'artiste sylvestre : la pression dans le sac aérien interclaviculaire, la tension de la membrane tympanique, la vitesse et la pression du flux d'air provenant des poumons. Plus encore, il y a deux bronches, et, les réglages étant indépendants, ils peuvent différer de la droite à la gauche. Deux sortes de sons peuvent être formés, séparément ou simultanément avec mélange secondaire dans la trachée.

Mais, ces réglages, de quoi dépendent-ils ? De muscles. Or, nous le savons, pas de contractions musculaires sans ordres moteurs ! Où sont les motoneurones ? Les nerfs syringiens, droit et gauche, branches du nerf grand hypoglosse, douzième paire de nerfs crâniens, sont partiellement constitués par les axones de motoneurones siégeant dans les noyaux moteurs du grand hypoglosse (XII), eux-mêmes logés ventralement dans le bulbe cérébral. Selon les règles de préséance déjà évoquées, les noyaux moteurs bulbaires sont à leur tour sous des influences sus-jacentes. Lesquelles ? Anatomistes et neurophysiologistes s'en sont donné à cœur joie pour démêler l'écheveau de fils d'Ariane qui devait conduire au trésor de ce savoir. Le travail n'est pas achevé mais l'esquisse a du sens.

De la foule de travaux mis en œuvre on peut, pour notre commodité, ne retenir que deux points phares de la complexe organisation en cause pour générer et moduler le chant des oiseaux. Première notion : c'est un volumineux amas de neurones tapi dans la partie la plus ventrale et évolutivement la plus ancienne du télencéphale qui manœuvre les touches des noyaux moteurs bulbaires du grand hypoglosse. Pour l'instant, rien de monstrueux, ce qui est le plus haut situé commande le plus bas. À ce mentor, le nom gracieux de *nucleus robustus archistrialis*, le noyau robuste de l'archistriatum. Décontractez-vous, ce n'est rien de bien nouveau. Dans notre propre cervelle, mais, comme il se doit, en plus compliqué, nous sommes riches de structures homologues.

Pour mieux suivre ce que nous aimerions vous dire prenez l'image d'un concert, de l'interprétation d'une œuvre au piano. Sur scène on voit la caisse du piano, les touches du piano, les mains du pianiste, la partition de l'œuvre et on devine le génie du créateur. Le pianiste est le liant, le facteur aléatoire en fonction de ce qui s'est passé avant pour lui, de ce qu'il ressent maintenant, de lui et du dehors. Le piano est l'oiseau, la caisse du piano la syrinx, les touches du clavier le noyau bulbaire du XII. Les mains du pianiste sont dans le noyau robuste. Et l'âme du pianiste ? C'est le second point qu'il faut retenir. Plus loin, plus haut, dans les structures les plus évoluées de l'encéphale d'oiseau, se trouve un groupement majeur de neurones, l'hyperstriatum, on dit aussi *hyperstriatum ventrale pars caudale*.

Ces deux amas neuronaux, le *robustus archistrialis* et l'*hyperstriatum ventrale* sont, comme il se doit, en interrelations étroites deux à deux, et, plus encore, avec les autres régions télencéphaliques voisines dont on connaît l'importance, soit dans l'audition et la reconnaissance des chants, soit dans leur apprentissage et leur mémorisation. Toutes ces organisations ont été soigneusement décortiquées au rasoir, et on sait, par exemple, qu'un oiseau privé de son hyperstriatum ne peut produire de sons, bien qu'il émette encore quelques cris maladroits tout en alignant sa posture sur celle qui habituellement accompagnait son chant. On sait aussi que des électrodes intracellulaires placées dans des neurones du noyau robustus ou de l'hyperstriatum peuvent y enregistrer des activités corrélées avec la production du chant en cours, si ce n'est, même, avec l'émission de certaines syllabes de ce chant.

Après tous ces méticuleux travaux préparatoires, la découverte majeure de Nottebohm fut de montrer que le nombre et le volume des neurones de ces deux régions fondamentales pour l'élaboration et la production du chant des oiseaux étaient variables, se modifiaient en fonction de l'existence ou non du chant, ou des conditions de son acquisition. À tel point qu'il est apparu un dimorphisme sexuel très marqué entre le volume de ces amas neuroniques chez les mâles qui chantent par rapport à celui des femelles, qui ne chantent pas. Si on veut bien se rappeler que certains chanteurs sont saisonniers, il faut croire, pour être logique, qu'à chaque saison on doit assister à une destruction partielle de ces amas de neurones puis à leur reconstruction. Cela fut effectivement démontré.

On a, avec ce modèle aviaire, un exemple très complet d'une dépendance causale entre une organisation neuronale à base de neuronogenèse et de synaptogenèse et un comportement aussi éminemment complexe et plastique que peut l'être le chant d'un oiseau. Mais à quel maître d'œuvre faut-il attribuer ces restructurations ?

Quelques regards indiscrets ayant remarqué des variations concomitantes du volume des testicules, il fut relativement facile de montrer, d'une part la richesse des neurones en cause en récepteurs aux hormones sexuelles, et, d'autre part, les effets d'injections expérimentales de testostérone. Nous voilà revenus à des observations qui ressemblent à ce que nous avons déjà trouvé en nous interrogeant sur le dimorphisme sexuel du comportement ludique et, par analogie, rien ne nous interdit de supposer maintenant qu'aux particularités comportementales ludiques mâles et femelles correspondent quelques synaptogenèses spécifiques similaires mitonnées au petit feu des productions précoces des testicules embryonnaires.

Les rats ne chantent pas, du moins pas comme un oiseau, mais ils jouent, mieux que ne font la plupart des oiseaux, et la fréquence de leurs jeux présente, comme pour le chant des oiseaux, des particularités dimorphiques sexuelles. Il serait logique de supposer que les actions hormonales exercent pour les rats et leurs jeux des rôles ontogénétiques voisins de ce que nous venons de rappeler pour les oiseaux et leurs chants. Reste à en connaître toutes les modalités qui devraient, bien entendu, porter sur l'ensemble des structures encéphaliques dont nous avons déjà parlé, y compris le complexe amygdalien, la plus importante et encore la plus mystérieuse, dont il faut pourtant dire, maintenant, au moins quelques mots.

Stéroïdes au poing, dans le labyrinthe amygdalien

Structure majeure du cerveau de rat, riche à la fois en récepteurs endorphiniques et stéroïdiens, véritable microcerveau en soi, l'amygdalum appartient anatomiquement à la partie limbique ventrale du télencéphale.

Ensemble neuronique très complexe, profond, connu pour receler bien des différences anatomiques intersexuelles, cette amygdale semble être un haut lieu de l'organisation dimorphique sexuelle du comportement ludique du Rat. Tout au moins dans la mesure ou, semble-t-il, des lésions amygdaliennes pratiquées au 21e-22e jour de la vie postnatale peuvent, sans supprimer le comportement ludique, en ramener, chez les mâles, la fréquence au même niveau que chez les femelles [194].

Particulièrement riche en récepteurs neuroniques à la testostérone, les amas de neurones de l'amygdalum peuvent tout à fait servir de support à une androgénisation. De nombreuses observations vont dans ce sens. Citons, par exemple, le fait que la concentration amygdalienne en récepteurs neuroniques à la testostérone est, chez les mâles, plus forte dans les premières semaines de la vie postnatale que par la suite [198], comme s'il était besoin que la réactivité de cette structure soit particulièrement aiguë à cette période délicate. On montre aussi que l'implantation expérimentale de cristaux de testostérone dans l'amygdalum de rates durant les cinq premiers jours de leur vie postnatale, induit une androgénisation expérimentale du comportement de

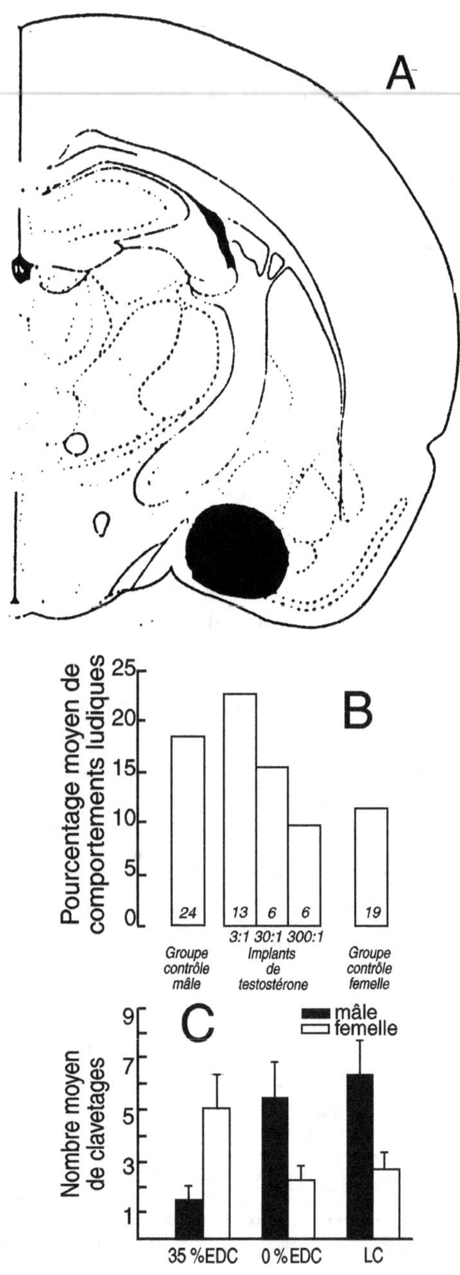
A
B
Pourcentage moyen de comportements ludiques
25
20
15
10
5
0
24
13
6
6
19
Groupe
contrôle
mâle
3:1 30:1 300:1
Implants
de
testostérone
Groupe
contrôle
femelle
C
mâle
femelle
Nombre moyen de clavetages
9
7
5
3
1
35 % EDC
0 % EDC
LC

Androgénisation et comportement ludique

A – Schéma d'une hémi-coupe frontale gauche d'encéphale de Rat au niveau de la partie moyenne du troisième ventricule.
La tache noire correspond à la surface des structures amygdaliennes à l'intérieur de laquelle ont pu être localisé, en post mortem, les cristaux de testostérone chez les animaux implantés chroniques opérés au premier jour de leur vie postnatale et sacrifiés, après observations, vers le quarantième jour de leur vie postnatale.
B – Comparaison des pourcentages moyens de comportement ludique observés sur des durées identiques de tests, dans trois groupes de rats dont les effectifs sont portés à la base des colonnes de l'histogramme.
Les groupes contrôles, mâles et femelles, comprennent des sujets intacts et des sujets porteurs de canules implantées mais dépourvues de testostérone.
Le groupe expérimentale est divisé en trois sous-groupes, aux effectifs indiqués, selon la concentration d'hormone dans les implants, soit, par sujet, 10µg (groupe 3:1), 1µg (groupe 30:1), 0,1µg (groupe 300:1).
On retrouve sur cet histogramme le classique dimorphisme sexuel dans la fréquence d'occurrence des activités ludiques des sujets témoins. Par contre, il apparaît une modification de cette fréquence chez les femelles androgénisées à la naissance.

(D'après MEANEY, M.J. ; McEWEN, B.S.,
Brain Research [1986], 398, 2, 324-328.)

C – Comparaison des moyennes du nombre de clavetages (« pins ») survenus pendant des observations de 10 minutes de rats des deux sexes, âgés de 34 jours, dont la mère a été soumise, du 6ᵉ au 20ᵉ jour de sa gestation, à des régimes caloriques identiques normaux (LC) ou liquides chocolatés avec 35 % des calories sous forme soit de sucrose (0 % EDC), soit d'éthanol (35 % EDC).
La répartition des activités ludiques est classique chez les mâles et les femelles issus de mères nourries normalement ou par un régime liquide normocalorique sucré. À l'inverse, les mâles issus de mères soumises à un régime normocalorique liquide alcoolisé présentent une diminution drastique, de type femelle, de leurs activités ludiques, et les femelles une augmentation de type mâle.

(D'après MEYER, L.S. ; RILEY, E.P., *Teratology* [1986], 34, 1-7.)

ces animaux qui, plus tard, présenteront des fréquences de comportement ludique semblables à celles des mâles [194].

Voilà donc une donnée qui paraît enfin sûre : jouvenceaux et jouvencelles de la gent trotte-menu batifolent selon des fréquences adaptées à leur sexe génétique par leur propre activité amygdalienne, elle-même génétiquement, structurellement et hormonalement déterminée. Oui, mais cette détermination hormonale est-elle le fait des seules hormones stéroïdiennes sexuelles ?

N'oublions pas que les neurones de l'amygdalum, en plus de leurs récepteurs pour les endorphines et les hormones sexuelles, sont également dotés de récepteurs pour les autres hormones stéroïdiennes naturelles de l'organisme. Ces autres hormones joueraient-elles aussi un rôle dans la mise en place des régulations du comportement de jeu ?

Quelques travaux ont été menés avec les hormones de la glande surrénale et, parmi elles, les hormones corticosurrénaliennes qui représentent en importance le deuxième grand groupe d'hormones stéroïdes endogènes.

L'administration de corticostérone, pendant quarante-huit heures, dans les quatre premiers jours de la vie postnatale abaisse la fréquence du « play fighting » des jeunes rats mâles mais demeure sans action chez les femelles [197]. Passé le neuvième jour de la vie postnatale ce traitement devient inefficace tant pour les mâles que pour les femelles.

Ce type d'effet rappelle étrangement l'action de la testostérone, bien que n'agissant pas au niveau des mécanismes d'androgénisation proprement dits puisque les femelles traitées à la corticostérone durant la période sensible ne sont pas sexuellement masculinisées. La corticostérone agit en des points différents de ceux intéressés par les hormones sexuelles mâles, ou aux mêmes endroits mais en y bloquant l'action de la testostérone par un effet de compétition.

On connaît un glucocorticoïde de synthèse, la dexamétasone, qui a les mêmes effets [191, 94] sur les aspects dimorphiques du comportement ludique du Rat que la corticostérone. Or il a été établi que corticostérone et dexamétasone réalisaient, en général, leurs actions en activant des récepteurs cellulaires différents, un type pour la corticostérone et un pour la dexamétasone. Comme les réseaux soustendant le comportement ludique sont modifiés par une action précoce autant de l'un que de l'autre de ces glucocorticoïdes, il faut supposer soit que tous les neurones en cause possèdent en même temps les deux sensibilités, soit que les circuits en cause mettent en jeu des chaînes comportant à la fois des neurones sensibles à l'un et des neurones sensibles à l'autre.

Dans le cadre de notre problématique, on a donc recherché où se cachaient des amas de neurones centraux pouvant contenir en abondance les deux types de récepteurs susceptibles de médier leurs effets.

C'est justement dans la partie amygdalienne du système limbique que de tels groupements peuvent être mis en évidence avec une densité tout à fait remarquable. On a, alors, émis l'hypothèse que l'effet expérimental de la corticostérone chez les jeunes rats mâles était éventuellement un effet de compétition des molécules de corticostérone exogène au niveau des récepteurs amygdaliens aux androgènes endogènes, testostérone surtout. Comme les taux circulants de corticostérone sont, chez le Rat mâle, extrêmement bas dans la période qui correspond à la masculinisation du comportement ludique, dans les conditions physiologiques, ils ne peuvent pas interférer avec la mission capitale d'androgénisation qu'assure, à cette époque, la testostérone. Bien que séduisante cette hypothèse se trouve pourtant en opposition avec l'observation des comportements copulatoires normaux de rats mâles soumis à des injections néonatales extraphysiologiques de corticostérone, et qui, malgré ce traitement, ne présentent pas de défauts de sexualisation amygdalienne.

À moins d'admettre, ce qui n'est pas impossible, que la

masculinisation de chaque comportement dimorphique sexuel puisse dépendre d'ensembles neuroniques distincts, aux règles d'activation propres, il est difficile d'expliquer comment la corticostérone pourrait bloquer par compétition l'action androgénisante de la testostérone pour un comportement et pas pour l'autre.

En tenant compte de l'action bien connue des stéroïdes surrénaliens sur l'inhibition de la synthèse des protéines, et en admettant que les règles de mise en jeu soient les mêmes pour tous les neurones de l'amygdalum, on peut supposer que l'élévation des taux circulants de glucocorticoïdes, surtout de la corticostérone, agirait au niveau de certains neurones particulièrement sensibles pour bloquer la synthèse d'une ou plusieurs protéines neuronales indispensables à la masculinisation du comportement ludique sans modifier la synthèse d'autres protéines qui joueraient, elles, un rôle dans la masculinisation du comportement sexuel et du comportement d'agression.

De toutes les façons on aboutit, dans la même structure, à une disparité, au moins métabolique, des neurones s'occupant, les uns de comportement ludique, d'autres de comportement sexuel, d'autres de comportement d'agression et, évidemment, d'autres encore de bien d'autres choses. Tout cela mériterait des confirmations expérimentales qui demeurent à faire. Quoi qu'il en soit l'amygdalum est pour les comportements fondamentaux de l'organisme une structure d'une telle importance qu'il est soumis maintenant à un tir croisé de toutes les meilleures gâchettes de la neurobiologie mondiale... Il y aura des cartons. Les précisions ne sauraient tarder...

Et alors, pour tout dire

Qui a vu avec émotion, si ce n'est avec respect, ce portulan des premiers temps appelé « Table de Peutinger » et a rêvé du comment de l'usage de cette représentation aplatie, pauvre et distordue, de ce monde pour rejoindre au plus vite les grandes capitales d'alors, ou réaliser avec profit, pour sa bourse, quelques échanges et, pour son âme, de pieux pèlerinages, celui-là comprendra le grand émerveillement qu'il y a, aussi, de voir pouvoir jouer bestes et gens, alors que les mécanismes neurobiologiques sous-jacents en cause suivent, nous dit-on, les seuls pauvres schémas miteux actuellement décryptés et jusqu'ici succinctement rappelés. Comment, sur une partition apparemment si mal foutue, peuvent se réaliser de si gracieux et gratifiants arpèges ? On aimerait détailler à loisir tous les subtils mécanismes qui de là-haut, de la cervelle, orchestrent gambades, tourbillons et éclats, dans leurs intensités, leur durée et leurs interactions.

À ce jour, on ne peut le faire. Ce sont jeux de muscles ; mais ces mouvements, comment ? par qui ? pourquoi ? Sûrement par l'activation harmonieuse de gros neurones, les motoneurones, tapis dans la moelle épinière, répondant à de multiples stimulations concomitantes, tant internes qu'externes, encore fantomatiques pour nous, à notre stade de connaissance, mais jugées fort pertinentes et spécifiques par cette région diencéphalique dorsale qui contient le noyau dorso-médian du thalamus et le parafasciculaire. Activation favorisée, ou freinée, au bon plaisir de l'amygdalum selon ses humeurs hormonales du moment et les souvenirs d'enfance couchés dans l'album de son ontogenèse. Activation favorisée par une large atténuation de l'agressivité vis-à-vis de l'Autre sous la férule du septum obéissant à quelques rétroactions sensorielles jugées opportunes par on ne sait quoi, l'hypothalamus latéral, par exemple, lequel, en plus, en ferait une jouissance, lorsqu'il le veut bien. Voilà, c'est tout. C'est rien. Si, un point encore, ce jeu est le fruit d'une alchimie fragile. Un soupçon d'anxiété, une légère incongruité, une paille dans le banal et tout le programme ludique est spontanément remis à des instants meilleurs, et cela sans que l'organisme en ait de dommages apparents.

Mais, au fait ! À l'opposé, lorsque le programme ludique peut librement s'exprimer, l'organisme en tire-t-il quelque chose de plus ? Quels avantages ? Voilà une question qui nous est familière…

CHAPITRE VII

Interactives genèses

Que lors de la maturation la pratique ludique puisse apporter quelques petits bénéfices sans entraîner de coûts excessifs pourrait en soi justifier la conservation de ce comportement par les mécanismes évolutifs. Mais une telle explication n'éclaire ni la répartition, si irrégulière et particulière, du comportement ludique parmi les espèces animales, ni la persistance d'un tel comportement chez l'adulte, ni, surtout, les raisons d'être de l'importante machinerie mise en place, à plusieurs niveaux, pour contraindre les sujets juvéniles à l'expression ludique.

Une impérieuse nécessité

Cette obligation de jouer peut paraître étonnante mais est pourtant bien attestée tant par les résultats des déprivations ludiques expérimentales, que par l'existence de séquences spécifiques de sollicitation ludique et d'une composante hédonique toujours associée au jeu.

Nous avons évoqué les techniques de déprivation ludique en décrivant leur utilisation comme outil d'expérimentation. Il est possible, rappelons-le, de freiner expérimentalement la réalisation des comportements ludiques de rats maintenus en isolement social. Une fois replacés dans des conditions moins contraignantes, ces rats, temporairement déprivés de possibilités d'interactions ludiques, présentent alors une importante augmentation de la fréquence et de la durée de leurs phases de jeu, tout comme s'ils avaient manqué, durant leur isolement, de quelque chose d'essentiel, comme s'ils avaient besoin de rattraper un retard, de combler un déficit.

Tout bon physiologiste ne peut qu'évoquer là un classique phénomène de *rebond* du même type de ce qui peut s'observer au cours de nombreux autres processus physiologiques majeurs, et s'expliquant, tout au moins dans ceux-là, comme un moyen préprogrammé mis en œuvre par l'organisme pour récupérer plus vite et plus intensément après une phase de pénurie le mettant en déséquilibre ou en danger. Par analogie, on pourrait interpréter le phénomène de rebond, observé après une déprivation ludique, comme le témoignage de l'existence d'une impérieuse nécessité à réaliser au plus vite ce programme précis d'adaptation motrice divertissante. Mais peut-on dire quels risques à ne pas le faire et de quels avantages si vitaux l'organisme a été privé en l'absence de jeux ?

La notion de nécessité apparaît plus nettement encore lorsqu'on prend en compte l'existence des signaux déclencheurs spécifiques du jeu, les « play signalling » et « play soliciting ». Signaux qui ne s'observent, bien entendu, que dans les interactions sociales dyadiques : entre juvéniles et adultes, parents et jeunes, ou adultes pairs. Dans chacune de ces situations, et dans chaque espèce, ces signaux ont leurs particularités structurales bien que partageant des points communs. Souvent une « play face », mimique caractéristique, associée à des attitudes de sollicitation, les « play solicitation » faites de chutes sur le dos, ostensibles mais bien ménagées, ou de contacts pondérés avec certaines parties du corps du partenaire : pattes posées sur le tronc ou l'arrière-train, bourrades tempérées, poussées plus que chocs, coups de patte griffes rentrées…, etc. Séquences ritualisées pleines d'attentions mesurées, enrobées de retenue jusqu'à devenir des « self handicapping », mais possédant toutes le pouvoir magique de susciter une prompte réponse ludique.

Si les conditions ne sont pas réunies pour que le partenaire puisse librement développer en retour la réponse si attendue, il en ébauche quand même les prémices, très brièvement, mais couplées à un signal d'arrêt, un « breakdown-play », selon les modalités propres à son espèce, ce qui lui permet, en principe, de sortir immédiatement de l'interaction ludique sans avoir à entrer dans le jeu et en évitant un conflit. « Pouce ! », diraient nos gamins.

La variété et l'étonnante abondance des signaux de « play soliciting » soulignent le soin que l'évolution a apporté à s'assurer de l'exécution des jeux. Plus le sujet est jeune, plus le phénomène est accentué. L'exemple le plus frappant s'observe en plein cœur de la relation parentale, surtout lors des interactions mère-jeune [375, 322]. Dans toutes les espèces de Mammifères la mère, dès la naissance, sollicite, à tout propos et en permanence, sa progéniture, et, parmi ses attentions, inclut toujours une part importante de « play soliciting », tout comme s'il était aussi primordial pour le nouveau-né d'effectuer très vite le plus de jeu possible que de téter à la mamelle ou de fuir le danger. Se protéger, manger et… jouer. Telles paraissent être les nécessités impérieuses du temps d'insouciance.

Et avec plaisir…

Quant aux aspects hédoniques, peu de rats sont venus en parler. Pourtant, à y regarder de près, on retrouve dans leurs comportements ludiques des séquences qui, observées en d'autres contextes, semblent témoigner, disent les cognitivistes, d'une certaine satisfaction, si ce n'est de joie. À tel point que la possibilité d'établir un contact ludique avec un partenaire s'est révélée, pour les béhavioristes, être un stimulus particulièrement efficace dans les situations expérimentales d'apprentissage. Et il a été montré au laboratoire, que de jeunes rats prépubertaires apprennent beaucoup plus vite à effectuer un trajet dans un labyrinthe quand le jeu en constitue la récompense [146].

Ce qui est recherché est bien l'action ludique et non un simple contact social, puisque les performances des sujets testés chutent lorsque, par des traitements expérimentaux, on diminue les qualités fonctionnelles ludiques du partenaire [258]. Si, au lieu de réaliser ces expériences en milieu totalement clos, on s'arrange pour ménager une possibilité de fuite au rat contraint à apprendre, cette échappatoire est tout de suite découverte et utilisée lorsque, dans le labyrinthe, la récompense aurait été alimentaire, mais est volontairement ignorée si une niche abritant un partenaire ludique putatif en constitue l'enjeu. Tout cela porte à croire que la pratique ludique est vécue comme une situation agréable, et même désirable, disons le mot, comme un plaisir.

Sans prétendre entrer dans les débats variés qui entourent la notion [378, 379] de *plaisir*, on peut souligner que, de la prise alimentaire à la réalisation de rapports fécondants, toutes les fonctions qui doivent, chez les Mammifères, être répétées dans l'intérêt de la survie de l'organisme et, par celle-ci, de l'espèce, sont génératrices, au moment de leur exécution, d'un vécu que, dans notre espèce qui parle, nous nommons plaisir. Tout se passe comme si, pour rendre obligatoire la répétition de certains actes moteurs fondamentaux pour la survie de l'espèce, l'évolution leur avait associé une connotation hédonique. Parce que la situation est plaisante elle sera recherchée et répétée.

Est-ce pour cette même raison que nous trouvons un volet hédonique rattaché aux réalisations motrices ludiques ? Quelles nécessités biologiques exigent qu'obligatoirement les plus juvéniles réalisent et répètent des actes ludiques ?

Phénomène de rebond, existence de signaux spécifiques très efficaces pour entraîner et réguler le jeu, particularités psychologiques attractives de la situation ludique, voilà un ensemble de caractères qui rend ce comportement difficilement évitable, surtout aux stades d'innocence, lorsque l'organisme, à l'aube de son temps, n'a encore ni la conscience précise de son environnement, ce qui pourrait focaliser son attention ailleurs que sur lui-même, ni l'expérience et les connaissances qui lui permettraient de s'affranchir des réactivités élémentaires innées. Loin d'être l'expression la plus plaisante de la liberté individuelle, le jeu, tout au contraire, paraît constituer, pour les âges les plus tendres, une lourde contrainte, un réel *carcan ludique*. Tu joueras, mon Fils !

Pourquoi ce caractère d'obligation ? Quelle fonction d'importance si vitale est ainsi réalisée par le jeu ?

Nous savons ce que, pour l'instant, on peut penser des théories classiques sur les fonctions du jeu. Aucune n'est à rejeter et chacune pourrait bien contribuer pour une part à la réalité du phénomène, mais elles ne répondent pas à toutes les nécessités et contraintes que nous avons soulignées, et, surtout, elles n'apportent que des explications partielles à l'existence et au maintien phylogénétique du comportement ludique. Il faudrait poursuivre vers une théorie plus globale, tenant compte à la fois des particularités mises en relief au cours de cette réflexion et des observations recueillies par les quelques rares expérimentateurs modernes encore assidus à vouloir connaître le dessin final que supporte ce puzzle. Poursuivons donc et essayons !

Avant tout, avoir un gros truc dans le crâne

Le comportement ludique, avons-nous dit, s'observe principalement dans la classe des Mammifères. Trois remarques peuvent compléter cette évidence. Une première, très générale, souligne simplement que cette classe zoologique des Mammifères, blasonnée de poils aux mamelles branlantes, regroupe les espèces qui, dans l'ensemble du règne vivant, ont les masses cérébrales les plus volumineuses et les plus complexifiées dans leurs structures intimes. Une deuxième remarque se veut attirer l'attention sur ce que, parmi ces espèces mammaliennes, celles qui présentent la panoplie de comportements ludiques la plus pauvre ont aussi, comparativement, les cerveaux les plus lisses et la structuration cérébrale la moins complexe. De la troisième remarque naît un renforcement des deux précédentes en rappelant que dans tout l'embranchement des Vertébrés, en dehors des Mammifères, seules certaines espèces d'Oiseaux savent offrir aux observateurs d'authentiques Comportements ludiques, et ces espèces, surtout parmi les Corvidés, Perroquets et Oiseaux de proie, se trouvent être celles qui, par rapport aux autres Oiseaux, ont, elles aussi, les cerveaux les plus gros et les plus complexes.

Cette relation entre volume et structuration des centres est une observation classique, répétée par la plupart des biologistes ayant porté une attention soutenue aux aspects ludiques des comportements généraux mammaliens. Jugez-en !

« L'importance, la durée et la diversité du comportement ludique chez les animaux d'une espèce donnée est fonction de leur position dans l'échelle phylogénétique » (Beach [29]).

« En général, plus l'animal se situe haut dans l'échelle, plus son jeu sera fréquent et varié… » (Loizos [169]).

Inutile d'en citer plus, l'avis est unanime. Tout semble se passer comme si le jeu était un comportement corrélé, en tout ou en partie, d'abord à un volume encéphalique puis à une architecture, structurale et fonctionnelle, sophistiquée de la masse cérébrale.

Dès qu'est atteint un certain seuil de complexité dans l'organisation nerveuse centrale, ce comportement apparaît chez le jeune de manière, nous semble-t-il, inévitable et obligatoire, quasi automatiquement, sans qu'il soit nécessaire de faire référence à des effets bénéfiques particuliers. À croire que le comportement ludique n'aurait pas de valeur adaptative par lui-même mais serait, par contre, le témoignage de la présence d'une certaine structuration cérébrale, tant macroscopique que, surtout, microscopique, qui, elle, aurait une haute valeur adaptative. Le comportement ludique ne servirait à rien et ne représenterait qu'un simple manifeste d'une accession évolutive du système nerveux central à une certaine organisation anatomique, seule vraie responsable de l'accomplissement d'un avenir prometteur. Mais, quand même, ce serait là témoin actif.

Coup de « jeu » sur la croissance

Nier totalement des influences ontogénétiques à la pratique ludique ne s'accorderait pas avec les observations expérimentales qui soulignent toutes l'impact indiscutable des comportements de jeu sur la croissance et la structuration de la masse cérébrale. De plus, cela s'opposerait à ce qui est connu par ailleurs de tous les autres actes non ludiques de la vie qui, toujours, lorsqu'ils se réalisent, ont un retentissement, et anatomique et psychologique, sur l'organisme, ajustant le passé et orientant le futur.

Dans cette perspective, rien ne s'oppose à ce que le comportement ludique, résultat et témoignage, en première intention, d'un certain niveau d'organisation anatomique et de structuration fonctionnelle du cerveau, puisse, secondairement, lors de ses réalisations, agir en témoin actif par des rétroactions facilitant les ajustements neuroniques alors en cours. Son origine serait la conséquence inévitable d'une organisation structurale, pour large part génétiquement imposée, mais son existence aurait, en retour, des conséquences autant fonctionnelles que structurantes. De toute façon l'expérimentateur ne peut que se satisfaire de telles multiples rétroactions bénéfiques sur l'ontogenèse cérébrale. À lui les petits faits et la pluie d'observations. Plus le sujet sera immature, en phase active de son ontogenèse, plus il consacrera de temps au jeu, plus ses parents dépenseront d'énergique ingéniosité à s'activer pour l'y inciter, et plus sera généreuse la moisson pour les notules de l'éthologue.

Soulignons qu'à ce stade de formulation cette hypothèse n'explique ni la variété des comportements ludiques et leur propre évolution ontogénétique, ni leur persistance partielle chez l'adulte lorsque la maturation nerveuse centrale est achevée, ni surtout la contrainte exercée sur le jeune pour des réalisations ludiques précoces et répétées. Reste à comprendre aussi comment et pourquoi un degré donné de complexité structurale centrale imposerait l'apparition d'un tel comportement.

De la fulguration aux ritualisations… avec concaténations

Avant d'aller plus loin, il semble nécessaire d'évoquer les motifs de la toile de fond devant laquelle évoluent ces complexes structurations structurantes ludiques, et, pour cela, de rappeler, d'une manière courte et presque cavalière, quelques grandes lignes de ce que les éthologues supposent comme connu des étapes et cheminements suivis par un comportement tout au long de son ontogenèse.

Les Mammifères, à l'image de tous les autres êtres vivants, organisent, eux aussi, au mieux, leurs activités motrices pour atteindre leur nourriture, échapper aux préda-teurs, se battre ou s'accoupler. Cette organisation est quali-fiée de finalisée par l'observateur et constitue le comportement naturel de l'espèce.

Depuis les travaux de K. Lorenz et de son école on sait que le comportement naturel est la résultante de deux histoires, celle du sujet observé et celle de son espèce, résultat couplé d'une ontogenèse et d'une phylogenèse, à deux niveaux, organique et fonctionnel, parallèles mais interdépendants.

Il existe toujours, bien sûr, une dispute pour savoir si le comportement naturel, appartenant au phénotype de l'indi-vidu, est totalement conditionné par son génotype, donc totalement inné, ou jouit, pour son organisation, de quelques degrés d'autonomie. Pour abréger la querelle, disons que de nos jours il serait raisonnable d'admettre, sans trop se tromper, que la transformation rigide directe de l'informa-tion génétique en un phénotype comportemental ne pourrait répondre de l'adaptabilité des espèces aux aléas des temps géologiques, ni de celle des individus aux imprévus de l'heure. Tout paraît donc se passer comme si l'information génétique, encore assez mystérieuse bien que réelle et prégnante, n'était, en fait, qu'un cadre, un canevas, un plan directeur, plus ou moins bien précisé, servant de guide à une traduction phénotypique dont l'adaptation ne serait plus alors qu'une aventure historique individuelle.

Ainsi qu'a pu le souligner Gottlieb [117], l'ontogenèse comportementale est une épigenèse associant le développe-ment des structures nerveuses centrales, des voies neuro-sensorielles et neuromotrices, à une succession de rétroactions, d'origine interne et d'origine externe environ-nementale, venant influencer la maturation nerveuse et, ainsi, le comportement.

À cet égard, Changeux [83] a bien su attirer l'attention sur les mécanismes de la neuronogenèse permettant aux fonctions de modeler et de maintenir les structures qui les définissent et les animent. Nous en avons rencontré dans ces propos un excellent exemple en évoquant le comportement sonore sexuel des oiseaux. Les neurones d'une vaste population du système nerveux central s'interconnectent en fonction des contingences du développement. Ces réseaux présentent une forte plasticité, tant prénatale que postnatale, et s'ajustent peu à peu selon les effets des expériences vécues, facilitant les adaptations aux exigences fonctionnelles du moment.

Cette organisation, à la fois imposée dans son existence et fortuite dans les détails de sa réalisation, débute très précocement et est responsable, dès les premiers stades de l'embryon, de l'apparition d'abord de sa motricité suivie de celle de sa sensorialité. L'embryon bouge avant de sentir. Ce sont les stimuli variés provenant du milieu intérieur de la mère, puis de son environnement, puis de l'entourage, qui permettent une structuration efficace des premiers actes moteurs.

Une illustration schématique de ce processus peut être donnée en rappelant l'ontogenèse du réflexe de « grasping ». Ce réflexe est caractéristique des jeunes primates à la naissance et joue, dans les jours qui suivent, un rôle important pour assurer l'accrochage du nourrisson aux poils du ventre de sa mère. *In utero*, les doigts du fœtus sont le plus souvent fléchis sur la paume et on a pu montrer expérimentalement que la moindre variation de pression à leur niveau entraînait un renforcement intense de cette flexion. Le contact des deux petites surfaces, celle de la paume et celles de chaque doigt, génère une stimulation sensible de type tactile dont les influx gagnent les structures centrales en maturation. Le retour par les voies efférentes crée, au niveau de la paume du fœtus et celles de chaque doigt, des cheminements réflexes qui activent les muscles de la région excitée. Ces stimulations se répètent, d'abord au hasard, puis de moins en moins fortuitement mais toujours en réponse à des excitations externes. À la naissance le circuit sera structuré. La moindre pression sur la paume, ou sur les doigts, entraînera la fermeture réflexe de la main sur l'objet responsable de la stimulation.

C'est sur ce type de mécano-réceptions associées aux mouvements spontanés du fœtus que s'effectuent, sans doute, les premières intégrations sensorielles dont le cerveau tirera, *in utero*, l'ébauche du schéma corporel. Ce schéma s'enrichit progressivement avec l'augmentation des capacités encéphaliques, permettant, à partir d'associations stochastiques, un nombre de plus en plus grand d'apprentissages élémentaires. Il s'établit ainsi plus un répertoire de facilitations de certains mouvements qu'une mémorisation de programmes moteurs fixes complexes, bien que ces derniers soient aussi une réalité, décrite déjà par J. H. Fabre, très étudiée par K. Lorenz, mais non encore expliquée.

On peut, dans un certain nombre de cas, considérer les mouvements embryonnaires comme des précurseurs possibles de mouvements finalisés plus compliqués et retrouvés ultérieurement dans le comportement du jeune. Citons, à titre d'exemple, une observation effectuée encore chez les Oiseaux.

Les premiers mouvements latéraux de la tête, *in ovo*, sont souvent dirigés vers la droite, et on a pu observer qu'avant l'éclosion, de nombreux embryons glissaient fréquemment leur tête sous l'aile droite. Après la naissance comme à l'état adulte, c'est encore sous l'aile droite que ces mêmes oiseaux vont, au repos, placer leur tête. Tout se passe comme si le comportement d'attitude de l'adulte trouvait sa racine dans les choix moteurs du fœtus.

On discute beaucoup, bien sûr, de savoir si les signaux spécifiques provenant du monde extérieur ont, ou non, chez l'embryon, un rôle d'organisateur responsable des comportements très adaptés de l'adulte. Il n'y a pas encore de réponses satisfaisantes à cette question, mais on tend à trouver primordiale l'action organisatrice générale des stimulations sur l'ontogenèse cérébrale, aux niveaux très précoces de la mise en place des structures, puis lors de leur différenciation, de leur croissance et, enfin, de leur maturation fonctionnelle. Autant de niveaux où se répète l'action épigénétique des événements environnementaux avec une prégnance décroissante avec l'âge. Selon la durée de la période fœtale, le jeune viendra au monde après avoir réalisé totalement ou partiellement ce programme organisateur, à charge des parents d'orienter et de faciliter par leurs actions l'achèvement harmonieux de ce développement.

En définitive, on peut dire que, selon cette conception épigénétique probabiliste, l'individu se crée et se construit, au fil du développement, par confrontation avec les situations de son milieu, utérin d'abord, puis environnemental ; là, dans certaines espèces, il y a aussi les parents…

Dans la vie postnatale l'apparition et le développement des comportements sont la conséquence d'un ensemble de processus variés qui, pour être décrits doivent être dissociés alors que, dans la réalité, ils agissent ensemble dans un réseau très serré d'interactions.

Parmi ces processus génétiquement voulus se place, en tout premier lieu, la maturation neuronale, dont nous venons de parler, avec l'influence des stimulations qui vont, par leur présence, répétée ou intense, ouvrir des voies de facilitation, à moins que, par leur absence, elles ne contribuent, au contraire, à les fermer. Il existe dans le jeune âge une véritable tempête d'interactions tourbillonnantes brassant les acquis des expériences vécues aux maturations structurales en cours. Dans ce fracas, selon la nature des influences environnementales et les moments de leurs survenues, certains comportements vont apparaître, d'autres disparaître ; certains vont se simplifier, d'autres se complexifier. Plusieurs, enfin, vont se fixer, dans leur décours et leurs modalités de déclenchement, en fonction des qualités de l'expérience vécue, de par sa concomitance dans une plage de temps dite sensible avec des processus neuronogéniques précis en cours. Phénomène d'empreinte, et il ne serait pas faux d'invoquer l'éclair pour imager la brutalité et la brièveté relative de ce processus. Dans certains comportements qui, vous le savez bien, pèseront, si on n'y prend garde, sur toute une vie d'homme, ne parle-t-on pas de *coup de foudre* ?

Durant la maturation des structures nerveuses tout événement associé à un comportement naissant est susceptible d'avoir une influence sur les modalités ultérieures de réalisation et d'exécution de ce même type de comportement.

Pour construire son répertoire comportemental, le jeune utilise à la fois les informations de son génotype et celles que lui fournit son environnement. À sa naissance le sujet se présente avec toute une gamme de possibilités comportementales, mais immatures et mal dégrossies. Un des effets de l'environnement va être de permettre à certaines de ces possibilités de s'exonder et d'atteindre un maximum d'efficacité alors que d'autres vont rester à l'état d'ébauche ou se perdre, faute des stimulations adéquates, de leur intensité inappropriée, ou de leur chronologie inopportune. Avec le temps, le sujet se construit un phénotype comportemental personnel et unique, dépendant étroitement de sa propre histoire, et, par là, adapté, avant tout, à la maîtrise de ce qui est son univers quotidien particulier. Mais les choses n'en restent pas là.

À partir de sa maturité, lorsque les structures nerveuses ont acquis leurs caractéristiques principales, les comportements bien établis dans leurs grandes lignes vont poursuivre leur maturation. Le sujet se trouve dans la situation d'un artiste interprète nanti de partitions variées, d'un répertoire copieux de phrases mélodiques qu'il connaît bien mais qu'il doit utiliser en les adaptant, plus ou moins consciemment, surtout inconsciemment, par de complexes combinaisons. Les mécanismes qui président à ces choix et mixages ne sont que soupçonnés pour l'instant. On constate seulement leurs résultats. Selon le moment et le stimulus déclencheur en cause, le comportement parfois évite, et ne s'exprime pas malgré la pertinence du stimulus, parfois au contraire, il se déploie dans toute sa plénitude. À ce stade postontogénétique, la séquence originelle complète, princeps, se trouve souvent progressivement abrégée, résumée à quelques éléments seulement, qui prennent valeur de symboles remplaçant le tout. On parle de ritualisation, sans trop savoir comment on en est arrivé là.

Cette ritualisation peut faire intervenir tant des simplifications que des complications. On connaît de nombreux exemples de complexifications de la structure comportementale par concuténation, agrégation de séquences fragmentaires, chacune d'entre elles déjà plus ou moins ritualisées et appartenant à des comportements très différents les uns des autres.

Pour fixer les idées sur cette double transformation par ritualisation et concaténation, rappelons, par exemple, que, à l'heure des accouplements, le comportement de pariade, dans sa phase de *cour*, déclenché par le stimulus spécifique réalisé par la présence du partenaire sexuel élu, développe, dans de nombreuses espèces, sur des temps plus ou moins longs, une théorie de séquences ritualisées, exprimées à la queue leu leu, faites d'éléments disparates empruntés à tout un lot hétéroclite de comportements du type approche, apaisement, soins aux jeunes, vocalisations infantiles, blessures feintes, offrandes, prises alimentaires, avec en plus, parfois, quelques références esthétiques (architecture, sculpture, coloriages, chants et danses). Oui, au fait, comment avez-vous ou vous êtes-vous fait draguer ?

Pendant sa vie adulte le sujet fonctionne à l'aide de comportements ainsi aménagés sur un mode mosaïque et il faut le soumettre à des situations expérimentales raffinées et réductrices pour retrouver le fumet des séquences comportementales de base.

En résumé, et en simplifiant à l'extrême, on peut dire que, sur le plan diachronique, les qualités de l'équipement comportemental d'un être vivant doivent s'envisager différemment selon les quatre époques majeures de sa vie : avant la naissance (embryon), après la naissance (jeune immature), puis pour le jeune pubertaire, et enfin chez l'adulte, en délaissant, pour se limiter, le problème particulier de la sénescence. À chaque âge correspond une palette comportementale aux caractéristiques particulières. À chacune de ces périodes le sujet acquiert, en rapport avec son stade de développement, des nouveautés, imposées (empreinte), composées (par mosaïque d'éléments progressivement ritualisés), ou fruits de découvertes fortuites ou ménagées (apprentissages), tout en assurant une maintenance de l'ensemble des possibilités comportementales dont il a bénéficié dans les temps déjà écoulés.

Ce qui est empreint, qui s'est structuré au cours des neuronogenèses, est indélébile, ne s'oublie plus, seule la mort efface l'ardoise, exception faite des situations pathologiques entraînant des dissolutions des assemblages neuronaux si laborieusement et progressivement échafaudés. Hors toute pathologie, de telles déstructurations peuvent quand même s'observer soit avec l'âge, soit le cadre de processus très particuliers rencontrés dans certaines espèces, comme cela est le cas, par exemple, pour l'acquisition des vocalises spécifiques chez les Oiseaux chanteurs saisonniers. Mais des mécanismes de ce type sont encore à découvrir dans le champ des comportements mammaliens.

« Jeu » : label « jeune »

Pourvus de cette très simpliste esquisse sur l'ontogenèse comportementale générale regagnons nos terrains de jeu où, d'emblée, nous pouvons remarquer que même les chercheurs les plus savants ont admis que l'activité ludique est une des caractéristiques fondamentales de l'état d'immature. Pourquoi ne pas croire que ce soit aussi une évidence pour des êtres plus simples ?

Il faut, pensons-nous, répondre positivement à cette question et, dans notre approche raisonnée des jeux de mammifères, nous proposerons, en guise d'hypothèse, qu'en donnant une notation ludique à la réalisation d'un comportement complexe l'acteur postpubère s'affiche lui-même comme immature, faible et naïf, non agressif, non dangereux, à la limite supportable si ce n'est sécurisant. Face à l'Autre, l'Adulte, en jouant, revêt le manteau blanc.

Le jeu est tellement général, tellement obligatoire, tellement lié aux stades les plus précoces du développement, qu'évolutivement ses caractéristiques ne peuvent qu'être devenues des *signaux* universaux équivalents des états de jeunesse, d'immaturité, et, par cela, des signaux attractifs sécurisants car, dans toutes les espèces, ne l'oublions pas, il existe d'importantes inhibitions réflexes innées de l'agression vis-à-vis de la progéniture.

On va donc voir s'échanger entre sujets matures des signaux ludiques, ou s'effectuer des réalisations motrices ritualisées de type ludique, dans tous les comportements sociaux où la référence à l'état immature peut permettre de se faire accepter par le congénère, de l'approcher, d'interagir avec lui sans susciter de sa part un rejet. Ainsi ritualisé, le comportement ludique de l'Adulte n'est plus qu'un symbole, une *parole de paix*, dans une chaîne comportementale permettant, lors des interactions sociales, de recevoir et de donner, d'harmoniser les physiologies, d'établir des hiérarchies, de régler les différends sans frais, de réaliser des choix pour la constitution de groupes de chasse, de combat ou de couples reproducteurs, en esquivant l'apriorisme d'exécration. Ce jeu social des adultes n'a plus de fonctions propres, ce n'est qu'un enrobage, un outil banal, une arme polyvalente de la panoplie comportementale, un coupe-file dans la cohue des pyschologies individuelles.

Par référence au « mouthing », notre sourire n'en serait-il pas la ritualisation extrême ? Et la poignée de main, par rapport au « pouncing » ? L'inférence doit-elle être jugée fallacieuse parce qu'en même temps on ne se mordille pas la queue ?

Les ambiguïtés douloureuses de l'entre-deux

Que ce soit d'une queue ou du « social play », comme pour tout outil, arme ou charme, il faut en apprendre l'usage. La rouerie ne naît pas avec l'aube, elle mûrit à la chaleur du jour. Entre l'immature enjoué et l'adulte pragmatique ludique se trouve une plage parfois longuette de temps ambigu, une période d'ontogenèse ludique floue durant laquelle le jeu perd de son éventuelle fonction première (qu'il nous reste à préciser…) sans s'être encore totalement fixé sur son utilité seconde (dont nous venons de parler…).

Cet instant d'ambivalence est contemporain de bouleversements internes profonds, dominés à la fois par la progression des maturations neuronales et la prise de pouvoir définitive des rétroactions endocrines, surtout sexuelles, celles-ci marquant celles-là. Plus ou moins vaste espace temporel, s'étendant des derniers jours pubertaires aux premiers de l'adolescence, durant lequel le sujet est astreint à élargir le champ de sa connaissance vers l'Autre, extension sans laquelle il n'y aurait pas de groupe, pas de société, pas de reproduction, plus de survie de l'espèce. L'urgence est de rejoindre l'Autre, faire avec, l'utiliser et s'en garder. Aimer et attaquer.

À ce stade le jeune a parfaitement développé son comportement ludique qui, à partir du « solo play » s'est plus que largement étendu aux éléments du milieu, à ses occupants familiaux, puis familiers, enfin aux étrangers. Tout a été incorporé dans des scénarios ludiques, mais surtout, et de plus en plus, l'Autre. Le jeu contraint primal demeure mais participe maintenant aux découvertes sociales, aide à succomber aux attirances vénéneuses, et tout aussi contraintes, de l'Autre. Le jeu se mêle à tout et, à l'évidence, prend des participations à la plupart des mécanismes ontogénétiques éthologiques en cours.

Nous rejoignons ici les spéculations qui se sont classiquement développées autour des finalités du comportement ludique. À cet âge des croissances, de grandes fonctions fondamentales, de la sexualité à la socialisation, sont en phase d'épanouissement dans un contexte agité d'interactions agonistiques avec définition progressive des dominances. Le comportement ludique est partie prenante dans l'éclosion et la définition de ces fonctions. Sa réalisation en conditionne sûrement quelques caractères, mais son absence, comme le montre l'expérimentation, n'empêche ni leur déroulement ni leurs effets. Acteur, oui, promoteur, non.

Et apprendre en jouant

La moindre analyse éthologique un peu poussée décèle, d'ailleurs, sans trop de difficultés, le poids éventuel du jeu dans les maturations en cours. Si les phases de jeu ne peuvent, en aucune manière, avoir, nous l'avons vu, les qualités requises d'intensité et de durée pour constituer un entraînement physique du sujet, par contre elles semblent organiser et faciliter les apprentissages. Il semble évident, par exemple, que, sur le plan sexuel, le petit malin ludique puisse arriver, la première fois, plus vite à ses fins que l'ahuri naïf au sortir de son isolement social.

Ceci nous fait sourire et retient notre attention parce qu'il y est question de sexe et que plaisir ludique et plaisir sexuel s'épanouissant de concert nous paraît dans l'ordre des choses, même pour les rats. Illusion ! En réalité les mécanismes en cause, dans cet exemple, se sont montrés à l'analyse expérimentale comme étant ceux qui, à un niveau beaucoup plus général, répondent surtout de l'influence de la pratique ludique dans les apprentissages.

La preuve nous en est donnée par des études menées sur des rats élevés, les uns en groupe, les autres en isolement social donc en déprivation ludique [17, 101]. Par la suite, dans les situations d'apprentissage auxquelles on les soumet, les rats normaux s'adaptent plus vite et réalisent de meilleures performances que les ludo-déprivés [237].

Comme l'isolement social modifie de nombreux paramètres psychologiques chez l'animal, les résultats observés n'auraient permis de mettre tout de suite en cause le seul comportement ludique si une expérience complémentaire n'avait souligné sa prééminence. Il suffit, en effet, d'autoriser une brève rencontre quotidienne d'une heure avec un partenaire de jeu pour égaliser les niveaux de performance des apprentissages des isolés avec ceux des sujets témoins [102]. Ce contact social doit être quotidien, se situer entre le 25ᵉ et le 45ᵉ jour de la vie postnatale, et ne pas concerner, bien sûr, un partenaire inapte aux ébats ludiques. Quand ces interactions sont provoquées en dehors de la période ontogéniquement sensible, ou avec un partenaire anesthésié, la récupération du niveau de performance lors des apprentissages n'a pas lieu.

Bien que les travaux en cours n'aient pas encore donné tous leurs résultats, on aurait tendance, dans ce cas précis, à situer l'impact du comportement ludique au niveau des processus de désinhibition. Pendant l'action ludique, l'Autre, et par extension toute situation nouvelle, perdrait son caractère d'interdit, son pouvoir inhibiteur. Le fait d'avoir été contraint à l'approche de l'Autre par les mécanismes régulateurs du comportement ludique faciliterait d'autres approches et prises en considération.

Ajoutons que, dans ces expériences à contacts ludiques mesurés et fragmentés, l'heure quotidienne de galipettes avec son cortège de coquineries ne peut qu'élever le seuil des sensibilités des protagonistes aux stimulations nociceptives modérées de la vie courante et leur apprendre ainsi à mieux les supporter voire à les éviter. Lors des interactions expérimentalement provoquées, les rats sortant d'un isolement social se font mordre et blesser beaucoup plus fréquemment que ceux pratiquant librement le « play fighting ». Malheureusement, l'approche de l'Autre diminue autant les écarts qu'elle facilite les heurts, et il n'est pas rare d'observer des bascules, sans transition, du ludique à l'agonistique, du « play fighting » au combat, du « mouthing » aux sanglantes morsures dans des flots de couinements. Difficultés majeures pour l'éthologue qui doit user sa patience par des heures d'observations et de géniales technologies pour arriver à départager ce qui est agression de ce qui est jeu. À tel point qu'il n'est pas invraisemblable que des confusions de cette nature aient été responsables du classement erroné de certaines espèces comme a-ludiques, ou pire, agressives.

Joutes ou combats ?

Il est des cas où la similitude des attitudes dans les interactions qualifiées, les unes de ludiques, les autres d'agonistiques, paraît soutenir les hypothèses qui feraient du *jeu* quelque substitut de l'agression, ou une sorte d'approche introductive au combat, parfois même le champ clos des entraînements guerriers.

Une cohorte d'observations invalide nettement ces hypothèses [22, 244]. Le jeu et le combat sont deux comportements très différents, l'un pouvant, effectivement, succéder à l'autre, mais l'un ne remplaçant pas l'autre. Au cours d'une interaction dyadique un signal, voulu ou mal lu, peut toujours inverser les registres sans qu'il y ait pour cela dépendance étroite entre eux [195].

Tout semble montrer que les mécanismes centraux en cause sont différents pour chacun de ces comportements [251, 263]. L'activité ludique est caractérisée par son absence de sérieux, son déroulement irrégulier et incertain, l'agression, elle, est méthodique et continue, jusqu'à la blessure, la fuite ou la mort. Les expressions faciales, vocalisations, piloérections et attitudes sont à l'opposé dans chacun de ces comportements. Les parties du corps ciblées pour les contacts au cours des interactions ludiques sont totalement différentes des régions attaquées lors d'un combat. L'anosmie supprime pratiquement le comportement agonistique du rat adulte, alors que le comportement ludique, lui, est conservé. Les psychostimulants, tels que les amphétamines, ou autres drogues, comme la naloxone, dont nous avons parlé, sont des substances qui diminuent la fréquence du comportement ludique alors qu'elles augmentent l'irritabilité et l'agressivité. Quant à la chamaille comme banc d'essai des outils de prédation, et malgré les observations de jeu ressemblant, chez le chat, à des captures de proies, il semble être bien montré que le comportement ludique n'est pas un apprentissage de la prédation, dans la mesure où le comportement prédateur se développe normalement chez les sujets soumis à une déprivation ludique expérimentale, donc en l'absence de toute possibilité de jeux [251].

L'un plus que l'autre

Dans le jeu comme dans le combat les interactants sont au contact proche, dans leurs espaces personnels réciproques, cette bulle où la présence de l'un entraîne obligatoirement le rejet par l'autre. Les réactions alors observées font partie de la règle du jeu, mais dans le cadre de ces activités il existe tout un faisceau de contraintes, initialement étrangères au comportement ludique, qui fait qu'un des sujets va occuper par rapport à l'autre une position dominante, d'abord alternativement puis plus fréquemment. Ces facteurs contraignants sont multiples, dépendant, pour beaucoup, des caractéristiques des interactants : taille, poids, force, agilité, expérience, vitesse, nutrition, éveil, ruse, astuce, chance. Certains sont génétiques, d'autres acquis, mais introduisant tous quelques asymétries dans les résultats du « play fighting ». Cumulées et répétées, ces asymétries finissent par avoir un avenir. Ce n'est pas la pratique ludique qui établit les hiérarchies, mais elle permet de les révéler et, éventuellement, d'en faciliter ou accélérer le développement chez l'immature. Il est vraisemblable que, pour les mêmes caractéristiques du sujet, l'évolution aurait été la même en l'absence de comportements ludiques. Tout se passe comme si les éléments déterminant les possibilités de dominance se trouvaient ailleurs que dans l'interaction ludique dont la réalisation ne fait que les révéler à l'observateur et, éventuellement, les raffermir par des mécanismes d'apprentissage bien connus de ceux qui étudient la genèse d'autres comportements, agressifs, par exemple.

D'ailleurs, si le « play fighting » était le moyen, pour le rat, d'acquérir et d'assurer sa dominance on devrait observer une prédilection pour ce comportement dans toutes les interactions de pairs de même sexe. Or le dimorphisme sexuel que nous avons signalé dans le comportement ludique montre que cela n'est pas vrai pour les femelles. Est-ce parce que le mâle est plus sensible à la déprivation sociale que les femelles ou parce que les femelles réalisent leurs œuvres sociales plutôt dans le cadre du « grooming » ?

Quoi qu'il en soit, il demeure que dans les populations de rats mâles élevés ensemble depuis leur sevrage on peut observer, à l'âge de 90 jours, une très forte asymétrie dans les modalités d'expression du « play fighting ». De plus, divers observateurs ont cru pouvoir retenir qu'il paraissait exister, du moins chez le Rat, une certaine continuité entre les succès sur le terrain de jeu et les réussites de l'adulte, ce qui a permis de dire que les jeunes semblant les plus actifs dans le « play fighting » étaient, plus tard, les adultes les plus entreprenants dans la vie sociale [244, 342, 345]. L'éthologue avait pensé en user, au besoin, comme d'un test prédictif... et il s'est trompé !

Dans la mégapole des comportements, le carrefour des dominances est le plus large, le plus fréquenté, le plus mal régulé et le plus dangereux. Toutes les hypothèses les plus sulfureuses et les plus passionnées y affluent pour s'opposer et s'entrechoquer dans les bruyants fracas des froissements de consciences. L'intérêt que nous pouvons trouver à nous attarder en cette croisée des dangers ne se justifie que par le rôle apparent reconnu au comportement ludique en tant qu'instrument permettant l'établissement des hiérarchies sociales de la gent murine adulte.

Par deux fois déjà nous avons fait quelques allusions aux illusions qu'une observation superficielle pouvait donner à ce sujet. De telles observations nous montrent que les jeunes rats immatures sont très friands de « play fighting », et qu'au cours de leurs réalisations certains sujets se trouvent plus facilement et plus fréquemment au-dessus d'un autre, en position que nous qualifions (nous, pas eux...) de dominante. Il semblerait que, par la suite, les mêmes sujets puissent bénéficier d'avantages sociaux, de privilèges, d'un statut préférentiel dans la société des rats.

Des analyses plus rigoureuses dans leurs démarches permettent d'aller au-delà des apparences et nous révèlent que là où l'œil ne retient qu'une seule image, l'un au-dessus de l'autre, la prise en compte du contexte permet de décrire quatre décors différents, deux en fonction de l'âge, prépubère ou postpubère, et deux en fonction de l'humeur, dialogue ou combat. Un peu de soin dans la tenue de ses fiches permet à l'éthologue de se situer dans la chronologie pubertaire, le recueil méticuleux des signes et signaux accompagnant l'action fait le partage entre agression vraie et ludique. Ces précautions prises, sur le terrain, la lecture devient plus riche.

On nous avait dit que les rats qui s'imposaient le plus facilement en postpubertaire, à l'âge de 100-109 jours, étaient ceux qui avaient présenté le plus d'interactions sociales en prépubertaire, à 20-49 jours. En fait

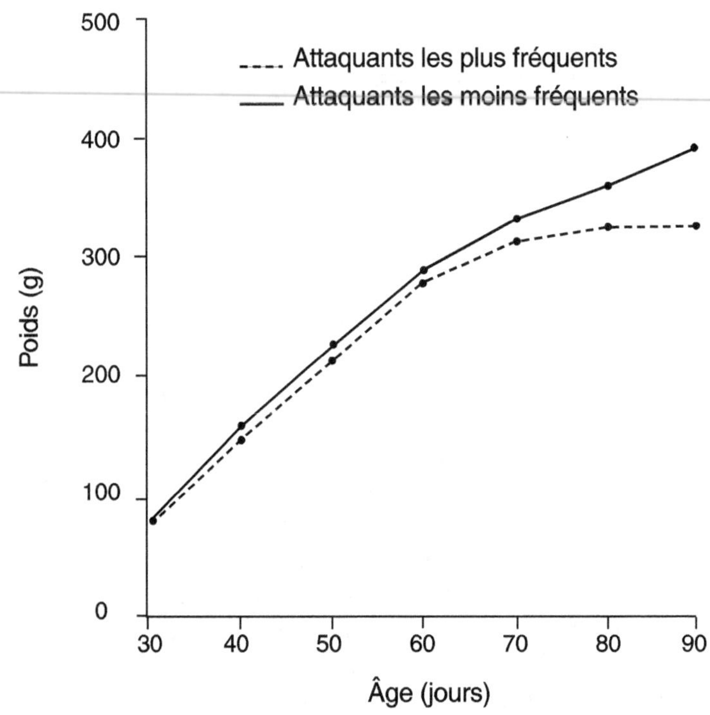

Maturations comportementale et pondérale

Au cours de la maturation, on peut observer une augmentation pondérale qui est plus marquée chez les sujets qui présentent le moins de « playful attack » et seront, en postpubertaire, des sujets socialement dominants. Les rapports de causalité entre ces trois paramètres demeurent à préciser.
Courbes d'accroissement du poids en fonction de l'âge en jours, établies après étude longitudinale de 14 paires de rats mâles. La puberté se situe au voisinage du 56ᵉ jour de la vie postnatale.

(D'après PELLIS, S.M. ; PELLIS, V.C.,
Aggressive Behavior [1991], 17, 179-789.)

d'interactions sociales il s'agit, à cet âge, essentiellement de « play fighting » dont, comme vous le savez, toutes les séquences n'ont pas la même valeur. On peut y distinguer des phases de sollicitation, « play attack », des phases de réponse, « play defence », aboutissant au « pinning » (vous avez compris clavetage) ou, si l'humeur est bilieuse, à une douloureuse agression.

Un décompte soigneux de ces quatre phases : attaque, défense, clavetage et agression confirme l'opinion classique que les rats les plus actifs à cet égard en prépubertaire le demeurent en postpubertaire mais en aucune manière, tout au contraire, il n'est démontré que le champion du *clavetage* en prépubertaire garde son titre en postpubertaire. Expliquons-nous.

En prenant en compte les différents items de ce comportement on constate que les mâles postpubertaires provoquant le plus de sollicitations, de « play attack » sont, en fait, des mâles dominés dont les attaques ludiques s'achèvent généralement par leur propre clavetage. On peut se demander d'où vient cette malédiction qui fait de ce pauvre dominé un éternel vaincu même dans ses jeux. D'autant plus que pour lui, en prépubertaire la situation était tout autre. En ces temps, ce futur dominé affichait un goût prononcé pour les attaques fréquentes de partenaires qui se retrouvaient presque toujours facilement clavetés alors que les mêmes, maintenant, attaquent rarement mais clavettent toujours.

Au grand étonnement des analystes, cette fatalité s'est révélée proche d'une volonté. Il existe, pour un rat, deux façons de répondre à une « playful attack », l'une bloque l'assaut et permet la fuite ou la riposte, réponse habituelle des sujets matures, l'autre, en prolongeant le mouvement de rotation de l'avant-train, permet l'acceptation du clavetage, ce qui est recherché avec avidité par les sujets immatures. Or, aux temps des dominances, les dominants répondent toujours par la première manière, le dominé par la seconde, et il le veut, semble-t-il. Pourquoi ?

Barnett [22, 195] a proposé de classer les rats dominés en deux sous-groupes, les dominés oméga (ω), qui évitent soigneusement les relations de proximité avec les dominants, et les dominés bêta (β) qui, au contraire, se tiennent au plus près d'eux. Les deux maigrissent, et de plus en plus, mais les (ω) en crèvent alors que les (β) survivent. Il semblerait qu'en élevage les dominés demeurant au voisinage des dominants bénéficient d'avantages liés à un certain équilibre social alors que les autres, plus rudement châtiés lors des conflits et tenus éloignés des sources de nourriture, voient se développer leur morbidité et s'avancer leur trépas. C'est au prix de l'adoption d'une structure comportementale ludique de type juvénile, la rotation complète au cours du clavetage, que le dominé mature arrive à se faire tolérer et accepter par le dominant.

La séquence ludique ne crée pas la situation sociale mais sert de passeport à l'établissement de rapports fructueux, toujours tumultueux mais moins dangereux. La fonction du « play fighting » du dominé postmature constituerait une véritable adaptation évolutive comportementale permettant la conservation d'un certain équilibre dans le groupe social en facilitant le maintien du dominé au sein d'un groupe structuré occupant un territoire connu et favorable.

Sans trop systématiser, pour l'instant, cette attribution au jeu d'un pouvoir opérant sur la qualité et le sens de l'interaction sociale, on peut néanmoins élargir la réflexion dans ce sens en citant le cas rapporté par Frans De Waal dans ses observations [381] sur les Chimpanzés de la colonie d'Arnhem :

« Dandy, le plus jeune des mâles adultes, n'obtient pas toujours de la nourriture lorsqu'il est enfermé avec eux [les autres mâles] pour la nuit : ils le font fuir par leurs menaces... Au bout de quelques mois, le gardien a raconté qu'entre le moment où les mâles entraient dans la cage et celui où il apportait de la nourriture (une vingtaine de minutes environ), Dandy se montrait toujours excessivement joueur et entraînait dans le jeu toute la bande des mâles. Quand il arrivait avec la nourriture, le gardien les trouvait tous en train de gambader, de se jeter de la paille les uns sur les autres et de "rire" [cris rauques et gutturaux qui accompagnent le jeu]. Dans cette atmosphère de gaieté, Dandy mangeait sans problème à côté des autres. Apparemment, il faisait semblant d'être d'humeur joueuse afin d'influencer le comportement de ses compagnons à son profit » (F. De Waal, 1997).

Le jeu serait-il à la fois témoin d'un état et outil pour un autre ?

CHAPITRE VIII

De la fatalité à la théorie

Homo, in ovo

Est-ce cela que Pieter Bruegel l'Ancien a voulu nous montrer avec ses *Kinderspiele*, évoqués si librement dans nos toutes premières lignes ?

Laissons notre esprit errer sur cette œuvre. Savez-vous qu'elle est unique ? Comme toute œuvre, direz-vous. Non, comme sujet aussi.

Jamais aucun peintre classique n'a, depuis Bruegel, conçu et réalisé une œuvre picturale ne montrant que des jeux d'enfants avec tant de précisions et en si grand nombre. Pourquoi lui et pas d'autres ? Le sujet serait-il trop banal, trivial, réducteur, ambigu, insultant ou dangereux ? Si alors, pourquoi, lui, l'aurait-il fait ? Surtout quand il l'a fait et comme il l'a fait, crûment, sans appel à la gourmandise affective par la succulence des traits d'irréels putti ou à la piété bienveillante par des battements d'ailes duveteuses de souriants angelots.

La forme peut se comprendre. À peine un siècle après la Bible de Gutenberg, une minorité seulement savait lire et l'image avait peu d'espace pour tout dire. Traditionnellement, des chapiteaux du roman finissant aux tympans du

gothique innovant, en passant par les chatoyantes enlumi-
nures, messages, foi et révoltes étaient donnés à tous, sur
pierres ou parchemins, par foisonnement et juxtapositions
de personnages figurés aux attitudes parlantes mais dont la
petitesse permettait, en les multipliant, de dire toute
l'épopée. De par sa formation de peintre, enlumineur et
graveur, Bruegel possédait ce savoir et ces techniques.

Mais à Bruxelles et Anvers, à l'orée des réformes, le duc
d'Albe arrivant, les discours se devaient d'être mesurés et
l'expression des opinions elliptiques. De ce que l'on peut en
connaître, il est possible de croire que Bruegel avait des
sympathies pour les idées alors modernes, parfois suggérées
par l'artiste dans une profusion de petites scènes juxtaposées
dont l'agencement en mosaïque sollicite des lectures à
plusieurs niveaux, chacun restant libre de s'y retrouver.
Comment lui en vouloir ! Donner à voir au-delà de ce qui est
montré, n'est-ce pas la vocation ultime de la peinture ?

Comme l'Histoire a été avare au sujet du peintre et du
tableau, rien ne nous empêche de croire que ce panneau
propose un discours, ni de l'utiliser comme un mandala
pour, dans une méditation onirique, laisser notre incons-
cient dévoiler, de silhouette en taches, tout ce que nous
sommes prêts à croire de ce qu'il pourrait avoir à nous
confier sur les jeux et les enfants.

Où sont les enfants ? disent certains. Absence de
sourires, disproportions des corps, maladresse des gestes,
ces petits personnages peints semblent à peine dégrossis, ce
sont des ébauches. Seul le réalisme des jeux, par rapport aux
jeux flamands de l'époque, arrive à définir ces acteurs
comme des enfants, et c'est vraisemblablement pour cela
que, sans exceptions, tous jouent. Mais... plus encore !

On voit, en haut à gauche, le versant externe de murs,
murailles ou remparts. La scène se déroule donc en dehors
d'une ville, hors du cercle des Hommes. Au premier plan un
jeune et hardi garçon, cul nu sur son cheval de bois, s'éloigne
de son trône percé, dont l'usage lui a manqué si on en juge par

ce que, devant lui, deux jeunes demoiselles explorent à la badine avec fifre et tambour. Ne souriez pas. Qu'avez-vous fait, dans votre très jeune âge, lorsque, dans la nature, pour la première fois vous avez découvert une belle bouse ?

Si, sur le tableau, et à partir de cette scène réaliste, vous suivez de l'œil une verticale imaginaire, tout en haut, sous le préau, derrière de jeunes garçons fouettant des toupies, vous atteindrez du regard une fillette qui, accroupie jambes écartées, face à vous, gratifie toutes espérances. Le chieur et la pisseuse, tout autour des jeux. Voilà posés les attributs, les symboles de l'enfant biologique ; en filigrane vient la structure de l'œuvre qui met tout en mouvement et va adouber les pages.

Du pied des murs et remparts, en haut à gauche, seul au sortir des eaux, peut-être celles de la naissance, l'enfant présente des activités variées, d'abord solitaires. Puis, en passant par la cour de l'école, de petits groupes se font et se défont, des jeux sensés s'organisent, se développent en tourbillons intersectants qui, dans le flux de la perspective ascendante, peu à peu s'épandent tout au long de la grand'rue, aboutissant, en haut à droite, dans la ville, où, on le devine à son clocher, est la cathédrale, et ce qui n'était que vivant y deviendra Homme.

La référence à des pratiques ludiques de complexité croissante nous donne une assurance, celle d'une mutation en cours de petits hommes en petits de l'Homme. L'immaturité de l'enfant est caractérisée, en première intention, par ses « solo play ». La pratique de la multiplicité des facettes du « social play » assume, en suivant, le passage de l'animalité à l'humanité, du créé au croyant. Tout ce qui est « jeu » semble répondre de ce processus d'humanisation, mais pas sans une certaine référence aux apprentissages de l'école, ici représentée par quelques allusions architecturales, ou aux adultes, qu'une acariâtre morigénante caricature dans la montée. Bien que ces derniers caractères ne soient, peut-être, que concessions à l'humeur du temps.

En définitive ne faut-il pas, de cette leçon, retenir surtout l'aveu secret de l'animalité de l'Homme et l'hommage rendu à la puissance des activités ludiques pour conduire, dans cette espèce, vers la transcendance ?

Quand même ! si le chemin est aussi simple, serait-il raisonnable de laisser encore jouer les rats ?

Sapiens sapiens...

Après quelques siècles, Ingmar Bergman (1957), par les sobres et prenantes images de son œuvre cinématographique, *Le Septième Sceau*, a, dans un tout autre registre, assuré le relais pour nous montrer la permanence et la totipotence utilitaire des pratiques ludiques chez nos adultes.

Sous des formes les plus complexes et les plus inattendues, le « jeu », semble-t-il nous dire, est l'outil d'excellence pour rendre possible et assurer toutes les interactions nécessaires dans une vie d'homme, que ce soit avec soi-même, son conjoint, sa famille, ses proches, amis et ennemis, l'adversité, le bonheur et autres.

La notion de « jeu », clairement annoncée ou explicite, domine ce *Septième Sceau*. Tout y est symbolisé par des jeux et tous les jeux représentés y assurent une fonction par rapport à l'action. Après le passage de l'immature à l'adulte, évoqué, croyons-nous, par Bruegel, l'œuvre de Bergman symbolise maintenant l'autre passage, celui qui, à travers une vie, amène face à sa mort.

Dès les premières images, entre l'angoisse de l'homme, lisible sur le visage du chevalier, et l'infini de la méconnaissance, aussi vaste que la mer à ce moment représentée en contrepoint, nous voyons se dresser, sous le regard sceptique et attentif de la Mort, l'échiquier, jeu royal, emblème symbolique des fonctions spécifiques qui assurent à l'Homme ses pouvoirs potentiels sur forces et matière. Cette manipulation ludique du Fou, du Roi et sa Dame, qui en exerçant l'esprit fait naître à l'humanité, permettrait-elle aussi d'échapper au destin des mortels ? Si elle ne recule, la Mort parait s'interroger.

Comme un feu d'artifice, la suite de l'œuvre fait éclater des bouquets successifs d'images dont chacune pourrait être l'illustration d'une des innombrables manières dont l'Homme réduit toutes ses interactions à des « jeux », fussent avec la mort. Dans cette phase décroissante des pouvoirs acquis par la maturité, il ne servirait à rien d'être reconnu ou de dominer. Plus urgent est de maintenir actives ses structurations internes qui s'échappent en s'effritant jusqu'à peu à peu s'écrouler. Ce que la vie durant on a appris sert alors pour générer l'impulse. Et voilà les cabrioles (solo play ?) de Jof le jongleur, mais aussi toutes sortes d'excitations des sens, par la vision des fresques du peintre, par l'audition de la viole des acteurs, par la saveur amère de quelques beuveries, et douce des fraises des bois au lait frais, par les douleurs voulues des flagellants et celles imposées à la sorcière. Tout cela noyé dans des « social play » complexes où chacun joue de son pouvoir sur l'autre, directement, par des images, tendrement par des mimes, « sexual play » spontanés ou contrefaits, jusqu'à la Mort qui n'arrive à ses fins que médiée par des parties d'un des « object play » le plus humain qui soit. Sans oublier que tout au long, Jof, le saltimbanque visionnaire, et Antonius Block, le chevalier mystique, jouent au ping-pong avec les créations de leur propre esprit, l'un pour assurer sa survie, l'autre pour maîtriser sa mort, sous le regard sarcastique de Jöns l'écuyer jouant, lui, avec l'illusion de croire que, pour retenir la vie, il suffit d'esquiver en fermant sa porte aux lectures des sens. Mais, aux dernières images, ne laisse-t-il pas ouverte une porte ? Par jeu ? Quand donc l'Homme ne joue pas !

... familiaris

Pour convaincre des fonctions utilitaires des *jeux*, difficile d'aller plus loin. Pourtant, dans la ludicité des mimes et l'amour ludique, ils pourraient nous en dire, eux qui savent tant se faire aimer ! Nos fidèles compagnons, miroirs de nos affectueux désirs, reflets de nos espoirs, zélés acteurs des dialogues muets désirés. Tous ces êtres de charme dont la finalité est d'être aimés puisqu'ils ne savent plus (l'ont-ils su ?) survivre hors d'interactions affectives concentriques. Nous leur donnons tout, assurés qu'ils nous le rendront bien. Mais sauraient-ils ne pas le faire ?

L'éthologue ne peut répondre à cette question, il ne connaît pas, ou si peu, le comportement naturel de ces compagnons de compagnie, les Chiens et les Chats.

Ils nous sont tellement familiers, tellement habituels, si présents qu'il ne nous vient pas à l'esprit qu'en fait ils pourraient être étrangers. Ce que nous connaissons, c'est le comportement dont ils nous gratifient, celui qui leur permet de nous accompagner, de rester, de partager en notre communauté, mais pas leur comportement naturel, celui qu'ils auraient si nous n'existions pas, et, pour les chats, celui qu'impudiquement ils affichent quand nous tournons le dos.

On aimerait croire qu'ils nous aiment et qu'ils nous ont choisis, qu'ils ne sont plus sauvages parce qu'ils nous ont trouvés. Notre charisme et leur bonté ont fait le miracle. Pourquoi pas ?

Quelques méchants grincheux disent autre chose. Lorenz déjà, en 1970, dans son petit texte *Tous les chiens, tous les chats* nous donnait l'essentiel [174]. Chats et Chiens sont bien trop parfaits et nos amours réciproques trop bien accordés pour que derrière ne se cache quelque diablerie.

Une familiarité si totale entre espèces si différentes est un problème, celui de l'ontogenèse de si fortes empathies, comme aime l'évoquer B. Cyrulnik. Une espèce naît évolutivement en se différenciant et en s'éloignant des autres, sauf à parler, cela s'entend, de parasitisme, commensalité, prédation et autres actes moralement discutables. Lorsque deux espèces se rapprochent si intimement, on ne peut que s'interroger et en chercher les raisons [89, 90].

Elles ne manquent pas, mais aucune, à elle seule, ne peut répondre du processus, il y faut autre chose. Vraisemblablement une dérive génétique initiale, mais, bien que sa nécessité soit évidente, elle reste à prouver pour expliquer la maîtrise des agressivités interspécifiques habituelles, la création et l'usage de signaux efficaces de reconnaissance et d'attirance, l'invention de besoins et l'exaltation de désirs. De cette analyse il vient à l'esprit que ce maintien des uns avec les autres implique des modifications si profondes que l'union achevée en devient indissociable.

Sans nous étendre jusqu'aux reptiles, oiseaux et quadrupèdes à sabots, où pourraient décrire des étapes plus ou moins abouties de vies communautaires avec les Hommes. Attardons-nous quelques instants sur nos gentils carnivores domestiques pour lesquels le processus semble actuellement le plus avancé.

Il faut faire entre eux de nettes différences. Beaucoup disent que, pour le félin, l'attrait a été l'abondance dans nos greniers, dès que le grain y a assuré la permanence de petites proies. Avec la moisson l'Homme a stocké les souris et autres minuscules commensaux, leur régal. Le Chat cherche à être reçu et gardé pour en jouir. Pour gagner nos greniers il accepte de passer par nos maisons et honorer nos coussins, un œil sur la porte des combles. Le Chien, lui, a plus d'attraits pour les individus que pour les structures et fait porter ses efforts sur les rapports personnels. Répétant en cela ce qui régit son comportement naturel au sein de la meute, pour la traque des proies ou la curée des dépouilles, avec les différences inhérentes à son ascendance, « chacal » pour les uns, « loup » pour les autres.

Que ce soit pour vivre à ses dépens, partager ses reliefs ou mener la chasse, dans tous ces cas l'essentiel est d'être reconnu et approché par l'Homme, accepté et gardé. Tout un programme, presque un drame.

Pour créer un lien aussi robuste que possible, les mécanismes évolutifs ont favorisé diverses modifications comportementales dont nous retiendrons essentiellement ici la parfaite utilisation du comportement ludique, qui représente, dans toutes ces espèces familières, l'outil majeur établissant et maintenant le lien.

Pour la majorité des espèces sauvages le comportement ludique s'atténue avec l'âge, pour les espèces familières, au contraire, il s'exacerbe, se diversifie en se ritualisant. Dans toutes les espèces de Mammifères la présence de l'Homme bloque instantanément les activités ludiques, pour les familiers, à l'inverse, elle les suscite. L'un ne peut rencontrer l'autre sans lui ouvrir son éventail de « play solicitation ». Les jeux des juvéniles sont, dans ces espèces, très fréquents mais pas toujours diversifiés alors que, adulte, leur richesse éclate, et, de plus, avec des possibilités d'apprentissage étonnantes assurant un renouvellement de l'intérêt porté à ces interactions. Dès l'approche de l'Homme, se réalise un accrochage réflexe lié par les sollicitations ludiques répétées de l'un comme de l'autre. Réactions de l'Homme à tout un ensemble de signaux faits autant de gestes et postures que de l'étalage contrasté de particularités physiques attirantes ou déclenchantes choisies dans la gamme juvénile par l'évolution et favorisées par l'élevage.

Pensez à tous les signaux gratifiants de plaisir que dispense un chat savamment caressé, ou, chez le chien, les va-et-vient que rien ne semble pouvoir arrêter après un « play bow » imprudemment récompensé. Tout se passe comme si, dans ces espèces, l'appel au jeu et le jeu lui-même constituaient le rivet dont dépendent la cohérence et la durée de l'interaction. Pour prendre en main l'Autre nous parlons, eux jouent. Le langage ne serait-il qu'un « jeu » ?

Démembrer le concept

Quelles que soient les espèces, nous pouvons toujours, en définitive, décrire deux types d'activités ludiques bien différentes, celle, utilitaire, de l'Adulte, et celle, innocente et contrainte mais non dénuée d'efficience, du pubertaire. Rien ne permet d'affirmer qu'il puisse s'agir de deux comportements indépendants. Au contraire, des arguments phénoménologiques, ontogénétiques et expérimentaux, incitent à y voir les stades évolutifs d'un même comportement de base : le comportement ludique, à l'état authentique et primordial chez l'immature, en cours d'intégration, par ritualisation et concaténation, chez le pubertaire, enfin définitivement inclus, maîtrisé et utilisé, chez l'Adulte socialisé, largement pris en main par la fonction symbolique, chez les plus complexes, ceux qui parlent.

C. Duflo, analysant de manière synthétique, de Pascal à Schiller, les dires de divers philosophes sur l'évolution de la notion de jeu, fait [98] la remarque suivante :

« Quand dit-on que l'animal joue ? Lorsque, n'étant pas assujetti à la satisfaction d'un simple besoin, il déploie une activité sans finalité immédiate apparente, dans un gaspillage heureux de ses forces. Il joue, lorsque le principe de son action n'est pas dans une privation première, mais dans une surabondance des forces qui trouvent à s'exprimer dans le jeu, lorsqu'il y a en lui un trop-plein de vie. Schiller va même jusqu'à admettre que la nature inanimée joue, elle aussi, lorsque les plantes se perdent en multiples rameaux inutiles pour leur simple conservation. Il y a jeu dès lors que la dépense que la vie fait d'elle-même est fin en soi. » (C. Duflo, 1997.)

Ce sentiment de forces juvéniles bouillonnantes est partagé par tous ceux, anciens ou modernes, qui ont pris la peine d'observer et d'analyser ce type de comportement.

Dans ses articles préliminaires de 1955 [75] et 1957 [76], puis son travail fondamental de 1967 [77] sur *Les Jeux et les hommes*, R. Caillois a concrétisé ce sentiment en proposant, au sujet du jeu de l'enfant, de représenter ce jaillissement d'énergie dans les activités ludiques libres et désordonnées du petit enfant par un terme spécifique : la *paidia*, construit à partir de racines grecques désignant tant le petit de l'Homme (*pais*, *paidos*) que son activité badine et amusante (*paizo*), l'ensemble faisant une référence forte à la place prépondérante dans l'habitus de l'enfant de cette forme comportementale.

« Peut-être convient-il d'isoler [...] l'existence d'un principe commun de divertissement, de turbulence, d'improvisation libre et d'épanouissement insouciant, par où se manifeste une certaine fantaisie incontrôlée qu'on peut désigner sous le nom de *paidia*... J'ai choisi le terme de *paidia*, parce qu'il a pour racine le nom de l'enfant... Je le définirai [...] comme le vocable qui embrasse les manifestations spontanées de l'instinct de jeu : le chat empêtré dans une pelote de laine, le chien qui s'ébroue, le nourrisson qui rit à son hochet, représentent les premiers exemples identifiables de cette sorte d'activité. Elle intervient dans toute exubérance heureuse que traduit une agitation immédiate et désordonnée, une récréation primesautière et détendue, volontiers excessive, dont le caractère impromptu et déréglé demeure l'essentiel, sinon l'unique raison d'être. De la galipette au gribouillis, de la chamaille au tintamarre, il ne manque pas d'illustrations parfaitement claires de semblables prurits de mouvements, de couleurs ou de bruits. » (R. Caillois, 1955.)

Chez les non-humains, ne pourrait-on pas, sans oser immédiatement accéder à la plénitude du noble concept de la *paidia* de l'enfant, s'y référer cependant par quelques subdivisions ?

Par exemple, pour qualifier chez nos velus à quatre pattes le jeu de l'immature, parler de *stade éopaidial*, ou *éopaidie*, puis, pour le pubertaire, de *stade mésopaidial*, ou *mésopaidie*, enfin, pour l'adulte, de *stade néopaidial* ou *néopaidie*. Par là, donnant aux mots le pouvoir de coupler les ontogenèses du corps et des actes, sans préjuger du sens de leurs réciproques influences.

Le jeu primordial

Nous avons pu avec une relative facilité évoquer pour de nombreux mammifères, surtout chez nos rats, les caractéristiques essentielles différenciant les deux derniers de ces stades, que nous appelons maintenant *mésopaidial* et *néopaidial*, il demeurerait à préciser les particularités de l'*éopaidie*, le jeu primordial, le moins dépendant des causes apparentes et pourtant le plus contraint, celui dont les raisons sont floues, les conséquences peu claires et la valeur adaptative encore inconnue.

Pourquoi, à partir d'un certain niveau de complexification architecturale des centres supérieurs, un comportement de type ludique devrait-il se développer et s'exprimer avec de plus en plus d'intensité durant toute la phase ontogénétique la plus précoce du jeune Mammifère ?

Une des caractéristiques majeures du comportement ludique des tout premiers stades de la vie postnatale est l'abondance des actes moteurs solitaires, les « solo play ». Qu'il est regrettable que cette expression ludique soit, justement, celle qui ait le moins retenu l'attention des éthologues et des expérimentateurs ! Exprimé dans toute sa pureté en solitaire aux stades ontogénétiques les plus actifs, ce comportement pourrait, en fait, représenter le seul comportement ludique authentique. Le seul pour lequel il conviendrait de rechercher une fonction spécifique essentielle.

Aux stades ultérieurs du développement, ce comportement de base, cette unité comportementale élémentaire va se retrouver, comme cela s'observe fréquemment en éthologie, inclus dans des séquences très complexes ayant leurs finalités propres et peut-être fort différentes de ce que nous croyons être un jeu.

Effectivement, l'activité de jeu subit, comme tous les autres comportements, une authentique maturation, progressive, selon une chronologie variable avec les espèces, d'autant plus courte et précoce, semble-t-il, que l'espèce considérée est plus haut située dans l'échelle évolutive. Mais, au départ de cette évolution diachronique, à quoi correspond l'éopaidie ? Que peut-on envisager comme fonction plausible pour le comportement ludique précoce, dont le « solo play » est le plus pur exemple ?

Au travers des acquis neurobiologiques modernes, le système nerveux a perdu son statut de réseau câblé statique parcouru d'étranges influx électriques propagés le long de circuits complexes et immuables sous la férule paternaliste d'une hypothétique centrale. Maintenant on sait qu'un neurone est un petit trublion, fonctionnellement aussi agile et malicieux, avec ses longues expansions ondoyantes, que les facétieux génies des contes exotiques. Il se repose, il s'éveille, tâte de l'un et va vers l'autre, se laisse peloter par plusieurs, et, à l'aise avec les crus neuromédiatiques comme Noé avec ses amphores, titille les récepteurs pour s'accorder aux uns et inhiber les autres. Un délire ! C'est sa vie. Seules, justement, les contingences de la vie des autres cellules neuronales peuvent lui imposer temporairement quelques règles, l'embrigader dans quelques mouvements d'ensemble, l'enrôler dans quelques dessins, opportunistes ou géné-tiques. L'équilibre précaire alors obtenu ne se maintient qu'au prix d'une constante et très coercitive surveillance refrénant ou activant en continu les sollicitations chimiques impératives adéquates. Cadré dans le calme, le petit neurone travaille pour le bien des autres et avec eux, mais que la contrainte se desserre, l'impératif s'amoindrisse, la tension se relâche, et voilà l'incontinence de la synapse, la dérive des alliances, la débandade, la dissociation, l'effondrement… au choix ! Pour l'organisme les conséquences de ce temporaire laxisme seraient lourdes : perte des habiletés et des équilibres, perte des savoirs, effacement des mémoires. L'effondrement des flux électroniques dans les cartes d'un ordinateur accidentellement débranché ou aux batteries malencontreusement épuisées peut en donner quelques grossières et brutales images. Il faut éviter cela. Or, de nos jours, il semble admis que la mise en place ainsi que le maintien des interrelations neuronales puisse dépendre, de façon drastique, de la pérennité d'une proportion suffisante d'activités synaptiques afférentes. On sait, depuis longtemps, que ces activités au niveau des synapses afférentes sont, à leur tour, proportionnelles aux flux informatifs, qu'ils soient d'origine externe, par les voies sensibles et sensorielles, ou d'origine interne, par l'ensemble des fluctuations métaboliques, par les sollicitations aléatoires réflexes proprioceptives, ou par le ronron fonctionnel des associations neuroniques intercentrales. Mais ces flux informatifs, tant stimulants que nourriciers, sont irréguliers dans leurs survenues et leurs intensités.

Compte tenu de la relative constance du milieu intérieur le flot des informations d'origine métabolique est, hormis le cas de déséquilibres graves accidentels, plutôt uniforme, progressif et lent dans ses variations. Ces flux informatifs métaboliques internes ont vraisemblablement plus d'importance comme facteurs motivants, ou déclenchants, des comportements lents d'entretien et de subsistance que des comportements ludiques.

Pour les flux internes, provenant des interactions dans les centres nerveux supérieurs, on doit se rappeler qu'un sujet à l'aube de sa vie est assez vide. Quel que soit l'amour qu'on lui porte, il paraît tout à fait raisonnable d'admettre que le tout nouveau-né ne possède, à l'évidence, qu'un stock mnésique limité à ses expériences fœtales et éventuellement à quelques esquisses d'hypothétiques programmes innés de survie. En définitive l'apport informatif isolé et spontané d'origine interne n'est qu'un vaillant mais maigre ruisselet assoiffé de printanières crues, pour l'heure réduit à trouver sa source dans la gestion automatique de fantomatiques traces mnésiques. Il apparaît ainsi qu'en ces commencements les flux internes de stimulations permanentes nécessaires au maintien des équilibres neuroniques n'ont qu'un faible et irrégulier débit.

Dans ces stades précoces, la survie des architectures centrales fonctionnelles déjà échafaudées par génétique genèse et embryonnaire épigenèse, ou en cours d'assemblage par maturations et stimulations, pourrait devenir très précaire, chaque fois que l'organisme n'est plus sollicité par quelques besoins internes ou événements externes, chaque fois qu'il est éveillé et repu, à bonne température et loin de ses ennemis, sécurisé et sans douleur. Pour pallier ce risque, il se comprendrait que puisse exister, d'une façon innée, par construction, une activité motrice programmée qui, en l'absence de stimulations internes et externes suffisantes, générerait automatiquement, chez le très jeune sujet, des contractions musculaires ordonnées dont les effets secondaires placeraient, par intermittence, l'organisme sous un flux informatif intense. Afférences proprioceptives des muscles obligatoirement mobilisés, associées aux stimulations polysensorielles nées des interactions aléatoires du sujet, ainsi mis en mouvement, avec les particularités structurales de son environnement. Ce comportement inné particulier serait l'*éopaidie*, dont les incohérences et les similitudes, deux caractères souvent soulignés, trouveraient alors quelque logique dans le cadre de cette hypothèse.

Tel que nous l'envisageons l'acte ludique primaire, celui du stade éopaidial, ne serait, en aucune manière, une réponse réflexe à une stimulation extérieure, d'où sa dissociation par rapport aux situations environnementales, ses aspects imprévus et irrationnels.

Initié par un mécanisme interne, ce comportement éopaidial se déroulerait sans but apparent. Tout en subissant à la fois quelques régulations en rapport avec les événements internes, concomitants ou suscités par lui, agitant la profondeur des masses neuronales, et, en même temps, quelques orientations en fonction des fragments du décor, rencontrés ou inclus. Né des éléments initialement contenus dans la *boîte noire*, l'acte éopaidial prendrait forme au sein des associations intercentrales, dans un véritable monde-image dont la logique échapperait à l'observateur. Sous sa forme la plus achevée, il se déroulerait dans le cadre d'une scénologie construite par le cerveau juvénile à partir de son stock de stratégies innées concernant la défense, la reproduction et l'alimentation, de son potentiel mnésique encore faible, fait à la fois de programmes bruts inadaptés, et des stimulations sensibles du moment, surtout internes, tout en gardant une part de réactivité aux stimulations externes, mais plus comme agents modulant le niveau motivationnel qu'opérateurs déclencheurs de réflexes.

À ce stade le sujet est jeune, très jeune encore, et, nous le savons, avant de pouvoir être clairement exprimés, les comportements finalisés exigent tout un processus d'épigenèse qui s'amorce juste. Les schémas comportementaux innés sont à l'état brut et la compote ludique sera de fruits verts. L'observateur reconnaîtra dans les phases d'éopaidie, une agression, une prédation, une ébauche de copulation, mais, en fait, l'expression sera malhabile, parfois juste allusive, dans tous les cas inefficace. Ainsi s'expliquerait l'allure fruste, grossière, heurtée, incomplète du « solo play » précoce, avec ses démarrages et ses fins brutales sans cause, l'acteur étant hors du réel, se nourrissant des perceptions de ses propres créations internes, des flux proprioceptifs générés par la composante motrice du processus et de l'analyse perceptive des sensorialités variées alors mises en jeu.

Plus la structuration épigénétique centrale sera achevée, plus alors le phénomène sera élaboré, la motricité cohérente et adaptée. Au fur et à mesure des acquis, de l'enrichissement et de l'organisation du patrimoine mnésique, la trame ludique gagnera en liant, en complexité autant qu'en réalisme, pour finir par englober comme accessoires les éléments de l'environnement, d'abord imaginaires puis réels. L'image deviendra scène, au début fantasmée, puis vécue, et le *ludens* adulte, dans la traduction de ses représentations, s'exprimera plus facilement sur le mode du scénario que sur celui du spasme. On connaît tous de ces mini-scénettes tronquées, de chats matures guettant une proie qui n'existe pas, de chiens adultes s'évertuant à poursuivre une balle invisible, parfois à attaquer un partenaire illusoire.

Parmi les espèces, les équipements sensoriels sont très diversifiés. Il ne serait pas impossible que, pour certaines, d'autres sensorialités aient, par rapport au comportement ludique, la même fonction neuro-ontogénétique que celle que nous envisageons pour la proprioception.

C'est ainsi, par exemple, que la différence observée entre la grande chauve-souris frugivore, réputée ludique, et la petite chauve-souris de nos greniers, qui ne paraît pas avoir de jeu, pourrait s'estomper si on arrivait à prouver que, pour cette dernière espèce, la modalité ludique principale est, en fait, au repos, non une modulation proprioceptive mais une variation acoustique d'émissions-réceptions dans la gamme des ultrasons. Il pourrait y avoir là amorce d'une révision de ce que nous croyions savoir de la distribution interspécifique du comportement ludique. Le même type de raisonnement devrait être fait non seulement pour d'autres vertébrés mais aussi pour des invertébrés chez lesquels il semble à ce jour ridicule de pouvoir croire à toute expression comportementale ludique alors que la mise en évidence d'échanges répétés de rétroactions sensorielles sans développement d'actes moteurs visibles demanderait un renouvellement des interrogations à leur égard.

Simple processus d'éveil ?

Dans ces influences neurostimulantes et neurostructurantes que nous sommes prêts à accorder aux fluctuations des propriétés du cadre environnemental, certains lettrés, de bonne mémoire, pourraient penser trouver un remploi, après mise au goût du jour, de l'ancienne *théorie de l'éveil*, ou « arousal theory ». Qu'ils soient détrompés. Un succinct rappel suffira, espérons-le, à les convaincre d'une différence.

Dans le prolongement des remarques de Hebb [132, 133], le sentiment s'était développé que, à l'image des moteurs qui tournent mieux et plus longtemps s'ils fonctionnent à température optimale régulée, les architectures nerveuses centrales devraient trouver leur meilleure efficacité non lorsqu'elles brassent frénétiquement leurs seules productions internes, ni se goinfrent de tout ce qui les atteint indifféremment, mais lorsqu'elles usent avec modération de ce qui vient à la fois du dedans et du dehors. La modération engendrant le modérateur, il a été imaginé que dans la progression évolutive un ou plusieurs comportements régulant les flux stimulants auraient pu s'être peu à peu mis en place, assurant le maintien d'un niveau d'éveil du sujet à un stade fonctionnel où ses processus mentaux étaient aptes aux meilleures performances. Régulations comportementales impliquant tant des stimulations des niveaux attentionnels et sensoriels, pour favoriser les entrées, que des inhibitions des récepteurs et de leurs voies pour, si besoin, endiguer les flux. En modérant ces flux, la paix de l'esprit permettrait d'organiser au mieux les acquis, alors qu'une saine excitation enrichirait la collection.

Le comportement ludique parut à certains (Ellis [105] ; Schultz [304] ; Hutt [147] ; Mason [187,189]) un bon candidat, entre autres, pour pouvoir assurer sur les circuits neuronaux centraux la part revenant aux rôles de picador ou de boutefeu. Restait à désigner la structure garante de la bonne gestion de cette fonction.

On connaît assez bien les ensembles centraux archaïques dont les fluctuations d'activité assurent le Yo-Yo des états de conscience, et, au tout premier chef le véritable gulf-stream microneuronal qui traverse le tronc cérébral sous le nom de *formation réticulée*.

Au passage il peut être intéressant de remarquer que cette formation réticulée débouche, en avant, sur les ensembles hypothalamique latéral et hippocampique qui agissent de concert pour entretenir, selon leurs modes d'activation, soit certaines satisfactions, soit des craintes ou des répulsions.

Coup double ! Reconnaître à cette formation une fonction de chef d'orchestre dans les concerts-ballets ludiques permettait alors de dire : voilà pourquoi jouer est plaisant !

Cette théorie, dite « de l'éveil », est, elle aussi, plaisante parce qu'il se peut qu'elle réponde vraiment à la réalité. Et on est d'autant plus enclins à le croire que plusieurs chercheurs ont fait remarquer combien, chez les Primates, les stimulations faibles (peu d'informations) ou excessives (trop d'informations) étaient mal vécues alors que des stimulations sensorielles ménagées d'intensité moyenne montraient une bien meilleure efficacité [105].

Seulement, voilà. Cette théorie n'a toujours pas été expérimentalement démontrée. De plus, il semble étrange qu'une simple régulation de l'éveil, ce que dans notre espèce un orateur de talent peut ménager à sa guise avec de bien modestes moyens, puisse nécessiter dans toutes les autres espèces le développement évolutif de comportements aussi complexes que ce que nous avons pu voir en évoquant les divers aspects des activités ludiques des mammifères. Il serait étrange, enfin, que le comportement ludique générateur de désordres trouve son utilité dans la gestion de l'éveil alors que la moindre fluctuation des paramètres ambiants est, en déclenchant un éveil spécifique, un inhibiteur électif puissant des appétits badins. À moins que, dans la ligne des plus classiques des régulations physiologiques par rétroactions, nous ayons encore une fois une belle boucle homéostasique, mais il serait honnête de le reconnaître, dans la plus pure tradition des paradoxes d'*Alice au pays des merveilles* : « Je joue pour ne plus jouer. » Il est difficile d'y croire.

Le jeu nourricier

Pour toutes ces raisons il nous paraît raisonnable, au-delà du caractère éveillant du comportement ludique, de préférer prendre en compte sa dimension informative. Le stimulus engendré par l'activité ludique est, au sens donné par Hutt (1979), sûrement un « neural primer », mais aussi et surtout une information dont la nature, l'intensité et la durée deviendront, après perception, de véritables *objets* traités par les divers circuits centraux concernés. Les étapes de ce façonnage par les neurones vont, d'elles-mêmes, alimenter, modeler et parfois transformer les agencements des circuits en cause, surtout aux périodes sensibles de la neuronogenèse et des synaptogenèses. Il y a donc là autant, si ce n'est plus, alimentation qu'activation.

De la salle de jeu nous voilà dans la salle à manger. À une nuance près, mais de taille, le profit pour le corps n'est pas dans ce qui est pris mais dans l'action de prendre. Tout se passe, nous semble-t-il, comme si la douillette du nid devait être périodiquement déchirée pour y introduire l'action, l'imprévu et la nouveauté qui serviront à la fois de stimulant et de comburant aux machineries de la neuronogenèse. Une belle idée, bien théorique, n'est-ce pas ? Trop, peut-être ?

Effectivement, aucun résultat expérimental ne prouve, pour l'instant, la réalité de ce mécanisme. Seules quelques observations paraissant très éloignées, marginales par rapport à l'hypothèse évoquée, pourraient pourtant la rendre crédible. Il faut en parler car, de toute façon, n'est-ce pas le devoir de l'éthologue que de tirer de comparaisons disparates des théories hétérodoxes qui susciteront des avalanches d'inquisitions expérimentales ronchonnantes, assassines pour la théorie présentée mais, le plus souvent, fertilisantes pour les champs voisins ?

Dans ces champs, ce qui nous a alerté appartient aux comportements parentaux des mammifères, surtout de la mère vis-à-vis de sa très jeune progéniture. Il est intéressant de faire remarquer à nouveau toute l'attention active des mères pour leurs petits. Pas uniquement pour les nourrir, c'est même ce qui, au nid, les occupe le moins, mais pour constamment les manipuler, les écarter, les retourner, les changer de place ou de lieu, les lécher, parfois les mordre. Tout cela, en noyant la miniature dans un bain d'ondes sonores de fréquences et d'intensités étranges par rapport aux mêmes vocalises dans les actes courants de la vie adulte, tout au moins dans les espèces aux vertus vocales bien affirmées.

Rappelez-vous comme une jeune maman sait se libérer pour se pencher, pour rien, sur un berceau pour prendre, tourner, retourner, redresser son petit les yeux dans les yeux, en pleine « play face » radieuse, sans cesser d'émettre les bruits les plus variés, surtout aigus. Dans cet orage de stimulations polysensorielles, l'éthologue peut souvent déceler, mêlées au reste, de longues et fréquentes séquences de « play soliciting » assez impérieuses. Tous comptes faits, l'impératif aux jeux est une part majeure de cet ensemble de sollicitations stimulantes que les mères imposent à leurs plus jeunes.

On ne peut être étonné que, sur le terrain, en territoire Chimpanzé, cela n'ait pu échapper à l'éthologue primatolo giste de référence qu'est Jane Goodall [375].

« Le comportement ludique d'une mère à l'égard de son enfant d'un an comprend des culbutes, des morsures *pour rire* et des chatouilles, des bourrades légères, et des poussées pour balancer le petit quand il se suspend à une branche… » (J. Van Lawick-Goodall, 1978).

Comme on pourrait s'y attendre le phénomène est surtout net dans les espèces où l'ontogenèse comportementale est en majeure partie épigénétique et la structuration centrale gourmande de très longues plages temporelles postnatales de neuronogenèse. Sur ce plan, les Primates ont atteint un summum et un extraterrestre très irrespectueux, dépourvu de foi et de culture, pourrait presque dire que, dans le genre *Homo*, la loquacité naturelle des femelles, les tonalités de leur verbe et leur propension incoercible à faire gouzi-gouzi aux bébés, procèdent de la même logique. Arguant d'analyses classiques occupant un nombre notable de rayons de bibliothèques on lui opposerait l'immense et essentiel impact que ces interactions mère-enfant ont sur le développement psychologique de ce dernier. Et, s'il en demandait la preuve, on lui détaillerait les résultats expérimentaux qui, chez d'autres mammifères, semblent venir apporter quelques arguments objectifs à cette assertion.

C'est ainsi, par exemple, que, selon Walker [383] et Liu [168] la manipulation quotidienne des rats nouveau-nés (les éthologues disent le « handling ») modifie durablement le fonctionnement neuroendocrine qui gère les réponses générales de l'organisme adulte aux situations stressantes. Plus le nouveau-né a bénéficié d'interactions maternelles au nid, mieux il réagit aux stress lorsqu'il est adulte [68]. Pour comprendre comment, revenez donc lire un peu ce que nous avons dit sur l'ontogenèse du chant des oiseaux, les principes en sont les mêmes.

Il faut concevoir qu'il existe une *période critique* durant laquelle une structure nerveuse centrale, ici l'hippocampe, est, à ce moment dans cette espèce, en pleine neuronogenèse. On a pu montrer que le développement de cette structure, encore immature à la naissance chez le rat, s'effectue en fonction des sensations perçues par le nouveau-né au cours des premières semaines de la vie. En particulier, sous l'influence des stimuli maternels, certains neurones hippocampiques deviennent capables de synthétiser plus de récepteurs aux hormones surrénaliennes du stress que normalement [52]. Cette richesse leur confère à leur maturité fonctionnelle une plus grande sensibilité pour détecter ces hormones et réagir à leur présence. Or, cette réaction hippocampique, qui réalise ses effets par l'intermédiaire de l'hypothalamus et de l'hypophyse, agit, justement, pour freiner la production des hormones du stress par les glandes surrénales [151]. Plus vite, et pour des taux hormonaux surrénaliens circulants plus faibles, cette boucle d'interaction négative pourra être activée, plus facilement le sujet échappera aux effets négatifs d'un stress. La tentation est grande pour l'éthologue d'interpréter cette modification de la neuronogenèse hippocampique en termes d'empreinte, par orientation des différenciations fonctionnelles de la structure sous l'influence d'un stimulus spécifique précoce qui serait l'ensemble des stimulations épicritiques apportées en période sensible par la mère.

Cette tendance est renforcée par le fait que, dès 1954, on a observé expérimentalement [68] que des rats adultes étaient beaucoup plus résistants aux effets des stress lorsque, après leur naissance, ils avaient été, chaque jour pendant trois semaines, pris dans la main et doucement caressés pendant dix minutes, autrement dit, eux aussi fortement et longuement sollicités sur le plan des sensorialités tactiles générale et épicritique, ce qui, en situation naturelle, nous venons de le voir, revient à la mère.

On a de plus en plus de preuves expérimentales que l'influence épigénétique maternelle précoce, médiée par ses relations tactiles avec le nourrisson, peut dépasser le cadre des activités comportementales générales et venir influencer l'ontogenèse de comportements précis [211].

Dans l'intimité du nid, les très jeunes ratons, soumis à de continuelles stimulations tactiles de la part de leurs frères en la confrérie de la tétine, le sont aussi, périodiquement et plus personnellement, de la part de leur mère. On a pu montrer que celle-ci, par sa seule présence, à ce moment en ce lieu, et par la fréquence de ses contacts, pouvait à la fois orienter les préférences olfactives du jeune et son activité sexuelle adulte.

On retrouve, pour cet effet, le mécanisme que nous avions déjà évoqué pour la mise en place des structures centrales des oiseaux chanteurs. Le bulbe olfactif du raton en postnatal immédiat, est en *période critique*, c'est-à-dire en pleine synaptogenèse. La conjonction de l'odeur véhiculée par la mère avec les stimulations tactiles générales qu'elle dispense provoque un phénomène d'empreinte qui, plus tard, va conférer à l'odeur en cause un pouvoir de signal déclencheur spécifique capable de provoquer, orienter, ou modifier, les comportements de l'adulte au moment de ses choix de partenaires.

Mais il n'y a pas que le bulbe olfactif qui soit, à ce moment, en neuronogenèse et bien d'autres structures peuvent être ainsi modelées par ce type de processus. Il semble, par exemple, que, pour des raisons hormonales, la mère récente parturiente soit, chez les rats, spécifiquement attirée par les liquides salés comme ceux qui constituent l'urine. Au nid, la mère va donc rechercher à lécher la production urinaire de sa progéniture, ce qui l'intensifie et organise la mise en place des comportements automatiques d'exonérations urinaire et fécale du jeune. Mais, en fait, cette activité maternelle de léchage périnéal présente un dimorphisme sexuel, étant beaucoup plus fréquente, prolongée et précise pour les ratons mâles que pour les femelles [61]. Comme on peut annuler cette disparité, en traitant les fœtus femelles par une injection de testostérone le jour de leur naissance, on a recherché les signaux en cause dans le cadre de ce qui peut être modifié par l'androgénisation. On a ainsi été conduit à isoler chez les ratons un composant présent uniquement dans les glandes préputiales des mâles, voisines des débouchés urétraux de l'urine. Cette substance est très attractive pour la mère qui lèche longuement toute surface cutanée qui en a été imprégnée, tout aussi bien le périnée expérimentalement badigeonné d'une jeune ratte. Pour les mâles cette activité de léchage est encore renforcée en réponse à la posture que, sous cette influence, ils adoptent de façon réflexe et qui représente un signal fortement incitateur pour la mère.

Les stimulations cutanées ainsi généreusement dispensées par la mère à la zone ano-génitale du petit rat sont conduites par les nerfs sensibles de la région périnéale jusqu'aux centres de la moelle épinière lombaire où elles concourent à organiser deux phénomènes différents, l'un à longue distance, l'autre local.

L'action à distance est liée au fait que des voies nerveuses ascendantes acheminent ce type d'information jusqu'au niveau de l'hypothalamus, alors, lui aussi, en pleine structuration. Ces paramètres vont pouvoir intervenir dans la mise en place des circuits hypothalamiques dorso-antérieurs responsables de l'organisation et de la réalisation des comportements mâles généraux, comportements qui définiront, plus tard, l'identité sexuelle du jeune mâle et ses choix de partenaires.

Localement, dans la moelle épinière lombaire [212], au sein du noyau spinal du bulbocaverneux, les divisions neuronales et l'organisation de leurs relations synaptiques, ici aussi en cours, vont bénéficier, au passage, de ces informations d'origine ano-génitale et se structurer de façon à favoriser ultérieurement les performances mâles. Le décompte des neurones de ces noyaux montre un déficit numérique d'environ 11 % pour les ratons qui n'ont pu disposer des attentions périnéales de leur mère. Expérimentalement on peut empêcher l'effet délétère de l'absence de ces stimulations spécifiques maternelles en mettant en œuvre, dès la naissance, des stimulations artificielles de la région par brossage.

De ces quelques exemples se trouve conforter le sentiment de l'importance des stimulations physiques à ces âges tendres, et de l'impérieuse nécessité de l'incitation aux activités ludiques, pour assurer, si nécessaire, une vicariance globale de secours à leurs éventuelles insuffisances. Dans cet ordre d'idées, et sans y voir une preuve expérimentale absolue, il pourrait être utile de faire remarquer que, dans les expériences rapportées par Moore, la diminution expérimentale des stimulations ano-génitales distribuées par la mère a été suivie par une augmentation spontanée de l'activité ludique des jeunes rats mâles ainsi restreints. Le lien de vicariance serait-il réel ?

Jouer en société

À la charnière des stades éopaidial et mésopaidial, physiologie et finalité du comportement ludique changent, à la fois sous l'influence des bouleversements hormonaux, qui modifient les activités neuronales, mais aussi, le temps ayant passé, parce que la mémoire s'est meublée et le système en puisant dans son charnier peut cuisiner seul ses propres stimulations.

En se rapprochant du stade mésopaidial, les comportements finalisés fondamentaux des Mammifères ayant subi leurs épigenèses, les phénomènes se précisent et les actes déclenchés par la machinerie ludique tendent à faire de plus en plus vrai, bien que toujours, quand même, associés à des « play markers » avec un zeste de « self handicapping ».

De plus, aux situations internes, qui précédemment provoquaient la mise en jeu, vient s'ajouter avec prééminence un signal déclencheur externe majeur : l'Autre. À ce stade prépubertaire, qui précède de peu la libération efficace périodique des gamètes, il devient primordial d'intégrer l'Autre, pour, dirait le sociobiologiste, assurer la survie du groupe et de l'espèce. Le jeu, attractif et sécurisant, va servir ce noble et fécond projet... et quelques autres au passage.

Comme tout ce que nous connaissons de précis et d'expérimental sur le comportement ludique a été obtenu par des études portant, en majeure partie, sur ce temps mésopaidial, royaume du « social play », il a bien été mis en évidence, chez le Rat, le rôle majeur, à cette période, de la présence de l'Autre comme déclencheur privilégié de séquences ludiques. Mais ces expériences ont aussi rapporté les effets provoqués par la déprivation ludique, dont la réaction de rebond observée dans ces circonstances s'accorde mal, à première vue, avec l'hypothèse d'un comportement ludique garant d'un certain niveau de sollicitation neuronale. On ne comprend pas comment le fait d'empêcher le jeu à ce moment du développement puisse être suivi par une intensification de ce comportement après arrêt de la contrainte. Un tel rebond, illustré par une succession de « solo play », par exemple, aurait été utile, dans un but compensatoire, tant que le sujet était isolé, mais, si le déprivé a résisté à la détérioration dans ces durs instants d'isolement, le fait de reprendre une activité normale sur tous les plans y compris ludique devrait suffire à le mettre désormais à l'abri du risque, sans avoir besoin de plus de jeu. De toute façon, si, à l'inverse, la déprivation ludique a entraîné quelques effondrements d'architectures fonctionnelles neuronales, on ne voit pas par quels mécanismes le fait d'avoir, après coup, une activité ludique intense pourrait remettre les choses en place.

Face à ces contradictions faisons retour aux conditions expérimentales, un élément nous a peut-être échappé. Les déprivations ludiques sont réalisées chez des animaux prépubertaires ou juste pubères, c'est-à-dire, sur l'échelle temporelle du jeu, au stade mésopaidial, aux temps où les « solo play » diminuent en fréquence et les « social play » se développent intensément. On pourrait admettre qu'aux mêmes moments la fonction primitive du jeu s'estompe bien que ses séquences motrices ludiques caractéristiques demeurent, sous une forme ritualisée, au sein de comportements plus complexes, ayant une autre finalité, celle de la reconnaissance et de l'approche de l'Autre, disons : de la socialisation.

Ce ne serait plus bouger qui serait important mais interagir avec un autre, pas à l'aide de n'importe quelle interaction mais par celle qui implique une approche par des contacts physiques répétés et prolongés puisque la mise en jeu du système gérant la recherche de l'Autre ne peut atténuer son astreinte qu'après avoir reçu, en retour, des assurances garantes de la rencontre, telles que des sensations issues du contact lui-même. Le jeu ne servirait qu'à favoriser ces contacts tout en maintenant les interactants raisonnablement hors du champ agonistique. En définitive, dans la déprivation ludique, ce ne serait pas du jeu dont le sujet aurait été privé mais de contacts avec l'autre, et, dès sa libération, il usera du jeu comme prétexte et moyen pour reprendre et, surtout, intensifier ces contacts, de peu d'effets par eux-mêmes, si ce n'est en tant qu'assurance d'une proximité autorisant, si le sexe diffère, une espérance.

On peut prolonger ce thème de réflexion et déborder la problématique ludique. Rappeler, par exemple, le monde de luxuriance et de complexité inouïe qui est celui des sensibilités et des sensorialités des invertébrés, opposé à la pauvreté relative de la sensorialité des Vertébrés, les Hommes étant des gueux à cet égard. Cet appauvrissement inné des sensibilités chez des êtres aussi complexes sur le plan neuronal que sont les Mammifères ne pourrait-il être compensé par quelques programmes comportementaux spécialement appropriés ? Ce flux informatif d'origine sensible, ces sollicitations nécessaires au maintien des architectures fonctionnelles synaptiques centrales, il faut bien que quelque chose l'entretienne lorsque l'environnement se calme ou que les muscles s'assoupissent. Nous proposons que, dans les stades précoces, cette tâche soit assurée par le jeu, l'*éopaidie*.

Par la suite l'activité ludique va évoluer, s'intégrer dans d'autres fonctions, participer à d'autres finalités. Au stade *mésopaidial* la référence ludique servirait d'introduction aux ontogenèses comportementales liées aux fonctions majeures ; au stade *néopaidial* elle serait une des armes de la panoplie comportementale du parfait socialisé.

Autrement dit, dès le stade mésopaidial, le comportement ludique se détournerait de sa fonction première au profit de complexes programmations à valeur adaptative plus forte dépassant l'individu au bénéfice de son groupe et de son espèce.

L'éthologue se trouve ainsi campé devant un tableau dissocié d'interprétation délicate, le sujet pubère pouvant, à tout moment, exécuter des programmes ludiques simples de type éopaidial ou beaucoup plus complexes de type néopaidial sans que ces actes moteurs trouvent leur justification dans une homéostasie neuronique fonctionnelle élémentaire telle que nous l'avons imaginée dans notre hypothèse. Pour comprendre ces actes, il faut, en fonction du contexte et de l'âge de l'animal, se référer aux autres fonctions proposées pour le jeu mésopaidial ou néopaidial. Passé la puberté, admettons-le, un acte ludique de type éopaidial n'est pas toujours une éopaidie et toutes les hypothèses fonctionnelles classiques déjà évoquées peuvent entrer dans le jeu. Qu'advient-il alors de cette fonction éopaidiale primaire que nous jugions obligatoire au point d'être contrainte car vitale pour la survie des équilibres actifs neuroniques ?

Tranquillisons-nous ! Malgré cette évolution l'organisme ne se trouve pas désarmé face aux moments de silence. Chez l'adulte, plusieurs mécanismes semblent concourir, successivement ou simultanément, pour assurer la fonction qui était celle du jeu des débuts.

En tout premier lieu, les incessantes et tourbillonnantes activités dans les centres supérieurs de l'adulte, les *associations intercentrales*. Le sujet est mature, riche d'expériences soigneusement collationnées qui s'agitent tout à leur guise dans ses réseaux neuroniques. Il s'écoute et il entend la mer. Selon la puissance des couches mnésiques et de ses possibilités d'introspection, ce mécanisme peut être, à lui seul, très suffisant pour maintenir la chauffe sur de fort longues périodes.

D'autres systèmes plus automatiques, moins épuisants, peuvent, en relais, avoir également un rôle à cet égard. Prenons la liberté d'évoquer quelques pistes qu'il faudrait explorer sous cet angle. Par exemple, lorsqu'un Mammifère, jeune ou adulte, est désœuvré, non sollicité, ou, au contraire, trop inquiet, entièrement à l'écoute de ses informations internes, isolé, par là même, du flux informatif externe, il développe toute une série d'automanipulations, d'autocontacts qui portent sur les zones les plus sensibles de son corps (face, poils, mains, organes génitaux...). Ces comportements ne pourraient-ils pas, pour quelques secondes, avoir, dans la vie courante, les fonctions que l'éopaidie assure dans les stades précoces ?

Il est étrange aussi que ce grand silence sensoriel appelé sommeil soit entrecoupé de décharges neuroniques particulières, générées par des centres nerveux spéciaux, et qui provoquent artificiellement avec un certain automatisme rythmique une activation des couches corticales du système nerveux central du même type que celle observée à l'état de veille. Ces longues séquences périodiques, les *phases paradoxales*, sont, dans le sommeil, contemporaines d'une chute importante de l'activité musculaire, donc de la proprioception, et d'une large atténuation des afférences sensorielles. Ces phases, par contre, sont en rapport avec une très intense activité neuronale qui bombarde les centres nerveux de sollicitations internes capables, dans certains cas, d'organiser de curieux comportements, presque sans expressions motrices visibles bien qu'interprétés par les centres comme de merveilleuses ou terrifiantes aventures complexes toujours riches d'improbable. Il y a beaucoup d'analogies entre les phases de rêve du comportement hypnique et les caractéristiques éopaidiales du comportement ludique. C'est ainsi qu'à l'image du jeu précoce les phases paradoxales du sommeil sont d'autant plus abondantes que le sujet est immature et l'organisation comportementale du rêve plus fréquemment sismique que logique. Est-ce un hasard si certains Mammifères marins suspectés de manquer de sommeil paradoxal sont, par contre, réputés pour leur caractère enjoué ? Enfin le sommeil paradoxal est effectivement considéré par certains chercheurs comme l'expression d'un mécanisme endogène de stimulations des voies et centres nerveux pour éviter leur déstructuration au cours du sommeil lent, ou assurer leur maintien dans le cadre d'un projet génétique.

Y aurait-il homologie ? Aurions-nous là trois mécanismes : autostimulation, phases paradoxales du sommeil et comportement ludique, concourant au même but, fournir, en sus des rétroactions du système sur lui-même, des afférences sollicitant automatiquement, quelles que soient les circonstances, les circuits fonctionnels centraux dessinés par les processus épigénétiques ? Et cette mise en jeu, en sus, concourait à établir leur pérennité ?

Il n'est pas inimaginable, dans cette optique, de dépasser l'individu et d'interroger le groupe social qui, souvent, reflète dans les particularités de son organisation la satisfaction des besoins fondamentaux de ses membres. On ne peut qu'être profondément étonné par la place qu'occupent les échanges tactiles chez tous les Vertébrés, la forme ritualisée étant, dans nos sociétés, au théâtre comme dans la ville, pour les anciens la manucure et le figaro, pour les sportifs le masseur, dans la nature le « grooming ».

Cette dernière modalité, qui peut intéresser en même temps deux ou plusieurs individus, consiste, très schématiquement, en de plus ou moins longues manipulations de la peau et du pelage, mélangeant les formes réelles et ritualisées de l'épouillage, générant, vraisemblablement, un véritable orage sensoriel épicritique. L'essentiel du « grooming », la manipulation du corps de l'autre, constitue avec le jeu, dont vous connaissez maintenant tous les atouts, deux comportements qui apportent à l'Autre, et à soi-même en rétroaction, une foule de stimulations sensorielles [333].

Pourrait-on dire que le « grooming » prolonge chez l'adulte en société la fonction que le jeu exerce chez le juvénile isolé ? Est-ce particulièrement signifiant que les femelles de Mammifères puissent présenter, par rapport aux mâles, à la fois, une période ludique moins riche et plus brève, et un comportement de « grooming » plus précoce et plus intense ? Faut-il interpréter dans le même sens le fait que le « grooming » soit particulièrement développé dans les espèces les plus corticalisées, en premier chez les Primates ?

Dans une optique sociobiologique on peut remarquer que, lors des interactions de type « grooming », chacun participe, comme durant le jeu, à la préservation de l'équilibre de l'autre et, par là, à celui du groupe et de l'espèce. Pourrait-on envisager le stade mésopaidial comme le passage d'un comportement égoïste, le « solo play », vers un comportement altruiste évoluant en deux phases, en premier lieu mise en jeu des interactions ludiques dyadiques, puis intensification du « grooming », d'ailleurs associé à de brèves phases ludiques initiales ou finales ?

De raison en émotions

Nous voilà entraînés bien loin des galipettes de greniers, mais peut-être plus proches de leur intelligence. Grâce aux rats il a été possible, plus que dans toutes autres espèces, de disséquer le comportement ludique des Mammifères, d'en mettre à nu chacun des termes et de tenter quelques raisonnements à leur sujet.

Du résultat, on peut retenir au moins la méthode pour prendre la résolution de l'appliquer à d'autres espèces, ne serait-ce que dans un but comparatif ou de validation. On ne peut ignorer, non plus, l'abord expérimental qui, lui aussi, devra être repris dans d'autres groupes.

Mais une revue rapide des résultats expérimentaux nous montre, à l'évidence, que nous n'avons pas atteint les structures responsables de l'organisation motrice précise des comportements ludiques et de leur mise en jeu, comme, *a priori*, nous envisagions les causes et les mécanismes.

Ce que nous avons analysé s'intéresse, semble-t-il, surtout, à la réception, la reconnaissance, l'intégration des stimuli déclencheurs spécifiques ludiques, ainsi qu'à la modulation de leurs seuils de sensibilité. Pour orienter la sonde des prochains expérimentateurs on pourrait arguer de nos hypothèses et rappeler que, pour nous, la fonction du jeu, à son stade éopaidial, est de fournir, automatiquement ou selon les besoins, les sollicitations qui maintiennent en survie les équilibres dans les réseaux neuroniques centraux, de réaliser une sorte de trophicité neuronique fonctionnelle en créant et nourrissant des flux informatifs par mise en jeu polysensorielle contrainte.

Pourquoi, alors, ne pas rechercher les structures responsables là où se trouvent les commandes des homéostasies fondamentales, dans le bulbe ou la région bulbo-mésencéphalique ? Revoir dans ce but ce qui est déjà connu pour régler les états de veille-sommeil ? Réinterroger, avec ce souci précis, les noyaux du raphe, le locus coeruleus, l'area postrema, et, pourquoi pas, une structure aussi curieuse que le noyau du faisceau solitaire ?

Les anciennes expériences d'explorations, stimulations et destructions par électrodes implantées ne peuvent que nous encourager dans ce sens. On connaît les résultats que les explorateurs de la motricité ou du sommeil ont pu obtenir en travaillant sur ces structures [211]. Il est passionnant de remarquer que les animaux d'expérience artificiellement stimulés dans diverses parties du tronc cérébral ont présenté des comportements évoquant la marche, la fuite, l'agression, la copulation... autant de schèmes moteurs que nous avons retrouvés dans les « solo play ». Tout se passe comme si ces organisations motrices appartenaient à un choix restreint de réponses réflexes possibles aux stimuli atteignant cette région, réponses dont la nature dépendrait de celle de la stimulation et de ses modalités. Mais comment sont stockés/codés ces schémas moteurs dans les neurones du tronc cérébral ? Sous quelle forme ? Comment et quand cette organisation est-elle mise en place ? N'avons-nous pas fait retour là aux comportements innés, les « fixed action pattern » de K. Lorenz, ou aux instincts si merveilleusement mis en évidence par J. H. Fabre ?

Il faut revoir ces anciennes notions qui avaient le mérite de mettre au jour une foule de faits d'observation indiscutables qu'il a été commode d'oublier un peu car, en ces temps, bien difficile à expliquer. Néanmoins le problème demeure. Dans toutes les espèces, il existe à tout âge des stimulations précises, souvent simples mais qui provoquent des comportements bien définis, longs et complexes, très rigoureusement programmés. Soumis aux tourments de l'expérimentation ces comportements avouent toujours leur innéité. Dans le reflet de l'image d'Athéna, issue armée de la cuisse de Jupiter, les êtres vivants naissent au monde parés pour l'essentiel assurant de façon fruste leur maintenance immédiate et dans le temps. Pour se reposer, se réveiller, manger, boire, fuir, attaquer et copuler, ils n'ont rien à apprendre, ils savent.

Pankseep a proposé [212] de regrouper plusieurs comportements affectifs classiques en structures comportementales identifiées par leur fonction qui serait d'assurer dans l'urgence la survie de l'organisme. Ces structures comportementales seraient innées, très proches des « fixed action pattern » de Lorenz, définies par la spécificité des besoins qui les mettent en jeu, les mécanismes innés de déclenchement, ou « innate releasing mechanism », et la finalité de leurs réalisations. Ces structures comportementales fondamentales majeures ne seraient qu'en petit nombre, la plus importante étant un comportement d'appétence générale, le « seeking system » dont la spécialisation seconde dépendrait de la spécificité du besoin du moment (alimentaire, reproducteur, métabolique...). Le « fear system » répondrait aux menaces en organisant une fuite, kinétique ou akinétique, alors que le « rage system » privilégierait plutôt menaces et agressions pour éloigner ou détruire le stimulus nocif. Dans le désarroi et l'impuissance d'action le « panic system » structurerait la recherche du salut dans les ressources de l'environnement par la gestion des signaux et des attachements.

Dans le cadre de la psychologie ces notions ne sont pas nouvelles, mais l'intérêt actuel vient du fait que tous ces systèmes peuvent être mis spécifiquement en activité par des manœuvres neurophysiologiques portant sur la partie la plus archaïque de l'encéphale, la *région ponto-mésencéphalique* au niveau des amas cellulaires denses de la *substance grise périaqueducale*. Les recherches expérimentales, que ce soit par des techniques de marquage immunohistochimiques ou d'interrogations directes par électrodes, ont montré que bien des neurones et voies qui traversent cette région, participent en commun à la réception des stimuli efficaces et à la commande des actes moteur liés au fonctionnement de plusieurs des systèmes comportementaux que nous venons d'évoquer. À la limite on pourrait supposer qu'en réponse à une stimulation adéquate ils soient tous mis en œuvre en même temps mais avec des intensités différentes dont le niveau dépendrait des particularités propres et contextuelles du stimulus. Du fait du partage des équipements neuronaux ponto-mésencéphaliques non seulement la mise en œuvre spécifique d'un circuit pourrait entraîner une réponse qui comprendrait quelques éléments appartenant aux modalités de réponse des autres systèmes mais, en plus, la mise en œuvre simultanée d'un autre s'en trouverait modifiée. Pour faire image, disons, par exemple, que la prise d'un aliment (« seeking system ») va pouvoir comporter des touches d'hésitation (« fear system »), de brutalité dans le mouvement (« rage system »), d'interrogations par rapport aux autres (« panic system »), et ce sont les stimulations concomitantes qui accentueront ou non chacune de ces composantes pouvant aller jusqu'à favoriser une des expressions comportementales spécifiques complètes à la place de sa simple participation comme nuance psychologique.

Il semble évident que l'organisation en résille des systèmes neuroniques ponto-mésencéphaliques doit supporter quelques autres systèmes que ceux que nous venons d'évoquer, ne serait-ce qu'un « sleeping system » pour gérer la présence du sujet au monde.

Pourquoi le comportement ludique, qui joue un rôle important dans la régulation des flux informatifs à un moment utile, n'aurait-il pas toutes les correspondances nécessaires pour y revendiquer son propre circuit affectif, le « play system » palliant les déficiences informatives en partageant avec les autres la même topographie et les mêmes neurones sous l'influence des mêmes interactions ? On comprendrait mieux les caractéristiques de ses expressions précoces selon des schémas comportementaux appartenant aux autres systèmes, la fuite, l'agression, la sollicitation affective, la copulation, ainsi que, plus tard, sa facile intégration aux comportements finalisés matures de l'adulte.

Resterait à débrouiller, et ce n'est pas rien, la base génétique de la mise en place de ce système, labeur à faire aussi pour les quelques autres systèmes. Par contre, pour la suite, on pourrait suivre des raisonnements tels que ceux que H. Montagner a proposés [209] pour décrire l'organisation de certains comportements moteurs du nourrisson à partir d'une structure de base, une « compétence socle » génétiquement organisée et secondairement, par épigenèse, spécialisée, enrichie et incluse dans les comportements les plus complexes de l'enfant. Voilà, pour le jeu, une voie à explorer à partir des « solo play ».

Pour l'instant il faut nous contenter de savoir que le comportement ludique des Mammifères n'est pas indispensable s'il est remplacé par autre chose. Néanmoins il semble avoir, lorsqu'il existe, un rôle de structuration centrale dans les stades précoces, en tant que générateur de stimulations informatives pour les systèmes neuroniques en maturation. Au cours de l'ontogenèse les caractéristiques de ce comportement prennent des fonctions de signal et viennent s'inclurent dans des comportements complexes ritualisés réglant les rapports avec l'Autre pour des finalités apparentes diverses. À un âge donné, les diverses modalités et fonctions du jeu peuvent coexister, mais une d'elles est prépondérante et caractéristique de cet âge. Chez l'adulte, ce comportement est, dans ses aspects ritualisés, plus un outil qu'une fonction essentielle, d'autant plus que d'autres mécanismes originaux semblent, dans l'éveil comme dans le sommeil, pouvoir assurer, dans les instants de silence, le flux d'afférences centrales indispensables au maintien des fluctuants équilibres.

Pour mieux comprendre le comportement ludique, il serait, dès maintenant, au moins nécessaire d'en établir, dans toutes les espèces accessibles et avec autant de soins que pour les Rats, les descriptions les plus précises, jusqu'aux aspects ontogénétiques. C'est au prix de cet effort qu'il sera possible d'agir expérimentalement avec efficacité pour démasquer plus profond les racines neurobiologiques de ce comportement, préalable indispensable à la bonne compréhension de ses fonctions et de ses usages, chez les Rats et chez les autres, y compris dans mon espèce préférée. Laquelle ? Devinez !

Éléments bibliographiques

Ces réflexions concernant les activités ludiques des mammifères ont été alimentées par les travaux expérimentaux effectués sur les rats de laboratoire et sont donc essentiellement basées sur la compilation d'informations glanées dans un grand nombre de publications spécialisées.

Pour éviter de dérouler ici plusieurs pages de références nous proposons, en A, une très courte liste de classiques fondamentaux sur le sujet, puis, en B, le relevé des travaux que nous avons pu consulter en supplément de ceux déjà cités dans l'importante bibliographie présentée dans l'excellent ouvrage de R. Fagen (1981).

Néanmoins, lorsqu'il a été utile de citer plus précisément dans ce texte des travaux déjà mentionnés dans Fagen, nous en avons repris la référence dans cette bibliographie.

A – Ouvrages de base

[1] ALDIS, O., *Play Fighting*, Academic Press, New York (1975).

[2] BARNETT, S.A., *The Rat : a Study in Behaviour*, Chicago University Press, Chicago (1975).

[3] CAILLOIS, R., *in* Encyclopédie de la Pléiade : *Jeux et Sports*, R. Caillois, éd., Gallimard, Paris (1967), 1826 p.

[4] DARWIN, C., *The Descent of Man, and Selection in Relation to Sex*, J. Murray, Londres (1871) ; *La Descendance de l'homme et la*

sélection sexuelle, trad. Barbier, Éditions Complexe, Bruxelles (1981), 2 vol.

[5] DARWIN, C.., *The Expression of the Emotions in Man and Animals*, J. Murray, Londres (1872).

6] FAGEN, R., *Animal Play Behavior*, Oxford University Press (1981), 684 p.

[7] GROOS, K., *The Play of Animals*, translated by E.L. Baldwin, D. Appleton and Co., New York (1898).

[8] PANKSEPP, J., *Affective Neuroscience : the Foundations of Human and Animal Emotions*, Oxford University Press, New York (1998), 466 p.

[9] PANKSEPP, J. ; SIVIY, S ; NORMANSELL, L., « The psychobiology of play : theoretical and methodological perspectives », *Neuroscience and Biobehavioral Reviews* (1984), 8, 465-492.

[10] SMITH, P.K., *Play in Animals and Humans*, Basil Blackwell, New York (1984), 334 p.

*B – Publications en majorité postérieures à la parution
de la synthèse de R. Fagen*

[11] AGGLETON, J.P., *The Amygdala : Neurobiological Aspects of Emotion, Memory, and Mental Dysfunction*, Wiley-Liss, New York (1992).

[12] ALLEN, J.A. ; BOYCE, R., « Effects of rearing on homosexual behavior in the male laboratory rat », *Bulletin of the Psychonomic Society* (1976), 23, 321-322.

[13] ALTMAN, J., « Observational study of behavior : sampling methods », *Behaviour* (1974), 49, 227-267.

[14] ANGULO, J.A. ; PRINTZ, D. ; LEDOUX, M ; McEWEN, B., « Isolation stress increases tyrosine hydroxylase mRNA in the locus coeruleus and mfidbrain and decreases proenkephalin mRNA in the striatum and nucleus accumbens », *Molecular Brain Research* (1991), 11, 301-308.

[15] ANTONIOU, K ; KAFETZOPOULOS, E., « A comparative study of the behavioral effects of d-amphetamine and apomorphine in the rat », *Pharmacol. Biochem. Behaviour* (1991), 39, 61-70.

[16] ARMSTRONG, E., « Relative brain size and metabolism in mammals », *Science* (1983), 220, 1302-1304.

[17] BAENNINGER, L.P., « Comparison of behavioural development in socially isolated and grouped rats », *Animal Behaviour* (1967), 15, 312-323.

[18] BALDWIN, J.D., « Behavior in infancy : Exploration and play », *in* G. Mitchell, J. Erwin, eds, *Comparative Primate Biology Behavior, Conservation and Ecology* (1986), vol. 2, part A, 295-326.

[19] BALDWIN, J.D. ; BALDWIN, J.I., *Effects of Ecology on Social Play : a Laboratory Stimulation*, Zeitschrift für Tierpsychology (1976), 40, 1-14.

[20] BALDWIN, J.D. ; BALDWIN, J.I., « The role of learning phenomena in the ontogeny of exploration and play », *in* S. Chevalier-Skolnikoff; F.E. Poirier, eds, *Primate Bio-Social Development : Biological, Social and Ecological Determinants*, Garland, New York (1977), 343-406.

[21] BARETT, L ; DUNBAR, R.I.M. ; DUNBAR, P., « Environmental influences on play behaviour in immature Gelada Baboons », *Animal Behaviour* (1992), 44, 1, 11-116.

[22] BARNETT, S.A., « Analysis of social behaviour in wild rats », *Proc. Zool. Soc. Lond.* (1958), 130, 107-152.

[23] BARNET, S.A., *The Rat*, Chicago University Press, Chicago (1975).

[24] BATESON, G., « A theory of play and fantasy », *Steps to an Ecology of Mind*, Ballantine Books, New York, 1955-1972, 177-193.

[25] BATESON, P., « Discontinuities in development and changes in the organization of play in cats », *in* K. Immelmann *and al.*, eds, *Behavioral Development. The Bielefeld Interdisciplinary Project*, Cambridge University Press (1981), 281-295.

[26] BATESON, P. ; MARTIN, P. ; YOUNG, M., « Effects of interrupting cat mothers' lactation with bromocriptine on the subsequent play of their kittens », *Physiol. Behav.* (1981), 27, 841-845.

[27] BATESON, P. ; MENDL, FEAVER, J., « Play in the domestic cat is enhanced by rationing of the mother during lactation », *Animal Behaviour* (1990), 40, 3, 514-525.

28] BATESON, P. ; YOUNG, M., « Separation from the mother and the development of play in cats », *Animal Behaviour* (1981), 29, 173-180.

[29] BEACH, A.F., « Current concepts of play in animals », *Amer. Nat.* (1945), 79, 523-541.

[30] BEATTY, W.W., « Scopolamine depresses playfighting : a replication », *Bulletin of Psychonomic Society* (1983), 21, 315-316.

[31] BEATTY, W.W. ; BERRY, S.L. ; COSTELLO, K.B., « Suppression of play fighting by amphetamine does not depend upon peripheral catecholaminergic influences », *Bull. Psychon. Soc.* (1983), 21, 407-410.

[32] BEATTY, W.W. ; COSTELLO, K.B., « Naloxone and play fighting in juvenile rats », *Pharmacology Biochemistry and Behavior* (1982), 17, 905-907.

[33] BEATTY, W.W. ; COSTELLO, K.B., « Olfactory bulbectomy and play fighting in juvenile rats », *Physiology and Behavior* (1983), 30, 525-528.

[34] BEATTY, W.W. ; COSTELLO, K.B., « Medial hypothalamic lesions and play fighting in juvenile rats », *Physiology and Behavior* (1983), 31, 141-145.

[35] BEATTY, W.W. ; COSTELLO, K.B. ; BERRY, S.H.L., « Suppression of play fighting by amphetamine : Effects of catecholamine antagonists, agonists and synthesis inhibitors », *Pharmacology Biochemistry and Behavior* (1984), 20, 747-755.

[36] BEATTY, W.W. ; DODGE, A.M. ; DODGE, L.J. ; WHITE, K. ; PANKSEPP, J., « Psychomotor stimulants, social deprivation and play in juvenile rats », *Pharmacology Biochemistry and Behavior* (1982), 16, 417-422.

[37] BEATTY, W.W. ; DODGE, A.M. ; TRAYLOR, K.L. ; DONEGAN, J.C. ; GODDING, P.R., « Septal lesions increase play fighting in juvenile rats », *Physiology and Behavior* (1982), 28, 649-652.

[38] BEATTY, W.W. ; DODGE, A.M. ; TRAYLOR, K.L. ; MEANEY, M.T., « Temporal boundary of the sensitive period for hormonal organization of social play in juveniles rats », *Physiology and Behavior* (1981), 26, 241-243.

[39] BEBAK, J. ; BECK, A.M., « The effect of cage size on play and aggression between dogs in purpose-bred beagles », *Laboratory Animal Science* (1993), 43, 5, 457-514.

[40] BEKOFF, M., « The development of social interaction, play, and metacommunication in mammals : An ethological perspective », *Quarterly Review of Biology* (1972), 47, 412-434.

[41] BEKOFF, M., « Social play and play fighting by canids », *American Zoologist* (1974), 14, 323-340.

[42] BEKOFF, M., « Play signals as punctuation : The structure of social play in canids », *Behaviour* (1995), 132, 5-6, 419-429.

43] BEKOFF, M ; BYERS, J.A., « A critical reanalysis of the ontogeny and phylogeny of mammalian social and locomotor play : an ethological hornet's nest », *in* K. Immelmann ; G. Barlow ; L. Petrinovich ; M. Main, eds, *Behavioral Development, the Bielefeld Interdisciplinary Project*, Cambridge University Press, Cambridge (1981), 97-126.

[44] BEKOFF, M. ; BYERS, J.A., « The development of behavior from evolutionary and ecological perspectives in mammals and birds », *Evol. Biol.* (1985), 19, 215-286.

[45] BEKOFF, M. ; BYERS, J.A., *Time, Energy and Play* (1992), 44, 5, 981-982.

[46] BEKOFF, M. ; BYERS, J.A., *Animal Play : Evolutionary, Comparative, and Ecological Perspectives*, Cambridge University Press, Cambridge (1998), 274 p.

[47] BEL'KOVICH, V.M., *Herd Structure, Hunting and Play : Bottlenose Dolphins in the Black Sea*, Pryor, K. ; Norris, K.S. eds, Dolphin Societies, University California Press, Berkeley (1991), 17-79.

[48] BELL, R.W., « Ultrasounds in small rodents : Arousal-produced and arousal-producing », *Developmental Psychobiology* (1974), 7, 39-42.

[49] BERRIDGE, K.C. ; WHISHAW, I.Q., « Cortex, Striatum and Cerebellum : control of serial order in a grooming sequence », *Exp. Brain Res.* (1992), 90, 275-290.

[50] BERRY, M. ; SIGNORET, J.P., « Sex play and behavioural sexualisation in the pig », *Reproduction, Nutrition, Developpement.* INRA (1984), 24,5, 507-514.

[51] BERTIN, L., *La Vie des animaux*, Larousse, Paris (1950), t. II, 74-76.

[52] BEVERLY, F.A. ; JEFFREY, J.N. ; GREENOUGH, W.T., « Environmental complexity modulate growth of granule cell dendrites in developing but not adult hippocampus of rats », *Experimental Neurology* (1978), 59, 372-383.

[53] BIBEN, M., « Object play and social treatment of prey in Bush

dogs and crab-eating foxes », *Behaviour* (1982), 79, 2-4, 201-211.

[54] BIBEN, M., « Individual-related and sex-related strategies of wrestling play in captive squirrel monkeys », *Ethology* (1986), 71, 3, 229-241.

[55] BIBEN, M., « Effects of social environment on play in Squirrel monkeys : Resolving Harlequin's dilemna », *Ethology* (1989), 81, 1, 72.

[56] BIBEN, M. ; SYMMES, D., « Play vocalizations of Squirrel monkeys (Saimiri sciureus) », *Folia Primatologica* (1986), 46, 3, 173.

[57] BIBEN, M. ; SYMMES, D ; BERNHARDS, D., « Vigilance during play in Squirrel monkeys », *American Journal of Primatology* (1989), 17, 1, 41-50.

[58] BIERLEY, R.A. ; HUGHES, S.L. ; BEATTY, W.W., « Blindness and play fighting in juvenile rats », *Physiology and Behavior* (1986), 36, 199-200.

[59] BIRKE, L.I.A. ; SADLER, A. ; SADLER, D., « Progestin-induced changes in play behaviour of the prepubertal rat », *Physiology and Behavior* (1983), 30, 3, 341-348.

[60] BIRKE, L.I.A. ; SADLER, D., « Modification of juvenile play and other social behaviour in the rat by neonatal progestins : further studies », *Physiology and Behavior* (1984), 33, 217-219.

[61] BIRKE, L.I.A. ; SADLER, D., « Maternal behavior of rats and its effects on the sociosexual development of offspring », *Developmental Psychobiology* (1987), 20, 627-640.

[62] BIRKE, L.I.A. ; SADLER, D., « Effects of modulating neonatal progestins and androgens on the development of play and other social behavior in the rat », *Hormones and Behavior* (1988), 22, 2, 160-171.

[63] BLANCHARD, R.J. ; BLANCHARD, D.C., « The colony model : Experience counts », *Behavioral Neural Biology* (1980), 30, 109.

[64] BLANCHARD, D.C. ; BLANCHARD, R.J., « Behavioral correlates of chronic dominance-subordinance relationship of male rats in a seminatural situation », *Neuroscience and Behavioral Reviews* (1990), 14, 455-462.

[65] BLANCHARD, R.J. ; BLANCHARD, D.C. ; TAKAHASHI, T. ; KELLEY,

M.J., « Attack and defense behaviour in the albino rat »,
Animal Behaviour (1977), 25, 622-634.

66] BOLLES, R.C. ; WOODS, P.J., « The ontogeny of behavior in the
albino rat », *Animal Behaviour* (1964), 12, 427-441.

[67] BOURLIÈRE, F. ; HUNKELER, C. ; BERTRAND, M., « Ecology and
behaviour of Love's guenon (Cercopithecus campbelli lowei)
in the Ivory coast », *in* J.R. Napier and P.H. Napier, eds, *Old
World Monkey*, Academic Press, New York (1970).

[68] BOVARD, E.W., « A theory for the effects of early handling on
validity of the albino rat », *Science* (1954), 120, 187.

[69] BRIGEOT, « Le jeu chez le chien et ses applications », *in* Sémi-
naire sur le comportement », *Soc. française de cynotechnie*
(1986), 1, 167-177.

[70] RUDZYNSKI, S.M. ; CHIU, E.M.C., « Behavioural responses of
laboratory rats to playback of 22 kHz ultrasonic calls »,
Physiology and Behavior (1995), 57, 6, 1039-1044.

[71] BRUNER, J.S. ; JOLLY, A. ; SYLVA, K., *Play – its Role in Development and Evolution*, Penguin Books, Harmondsworth (1976).

[72] BURGHARDT, G.M., « On the origins of play », *in* P.K. Smith,
ed., *Play in Animals and Humans*, (1984), 5-41.

[73] BURGHARDT, G.M., « Precocity, play, and the ectotherm-endo-
therm transition. Profound reorganization or superficial
adaptation ? » *in* E.M. Blass, ed., *Handbook of Behavioral
Neurobiology : Developmental Psychobiology and Behavioral
Ecology*, Plenum Press, New York (1988), V9, 107-148.

[74] BURGHARDT, G.M., « Human-bear bonding in research on
black bear behavior », *in* H. Davis and D. Balfour, eds, *The
Inevitable Bond : Examining Scientist-Animal Interactions*,
Cambridge University Press, Cambridge (1992), 365-382.

[75] CAILLOIS, R., « Structure et classification des jeux », *Diogène*
(1955), 72-88.

[76] CAILLOIS, R., « Unité du jeu, diversité des jeux », *Diogène*
(1957), 117-144.

[77] CAILLOIS, R., *Les Jeux et les hommes*, Gallimard, Paris, 1967.

[78] CARO, T.M., « Indirect cost of play – Cheetah cubs reduce
maternal hunting success », *Animal Behaviour* (1987), 35, 1,
295-296.

[79] CARO, T.M., « Le jeu chez les animaux », *La Recherche* (1990),
21, 222, 740-748.

[80] CARO, T.M., « Short-term costs and correlates of play in cheetahs », *Animal Behaviour* (1995), 49, 2, 333-346.

[81] CATCHPOLE, C.K. ; SLATER, P.J.B., *Bird Song – Biological Themes and Variations*, Cambridge University Press, Cambridge (1995), 248 p.

[82] CHALMERS, N.R. ; LOCKE-HAYDON, J., « Correlations among measures of playfulness and skillfulness in captive common marmosets » (Callithrix jacchus jacchus), *Developmental Psychobiology* (1984), 17, 2, 191.

[83] CHANGEUX, J.P., *L'Homme neuronal*, Fayard, Paris, coll. « Le temps des sciences » (1983), 419 p.

[84] CHATEAU, J., *Le Jeu de l'enfant*, J. Vrin, Paris (1979), 483 p.

[85] CHENEY, D.L., « The play partners of immature babons », *Anim. Behav.* (1978), 26, 1038-1050.

[86] CHEPKO, B.D., « A preliminary study of the effects of play deprivation on young goats », *Zeitschrift für Tierpsychologie* (1971), 28, 517-526.

[87] CHURCH, M.W. ; OVERBECK, G.W., « Prenatal cocaine exposure in the Long-Evans rat : II. Dose-dependent effects on offspring behavior », *Neurotoxicol. Teratol.* (1989), 12, 335-343.

[88] COOLS, A.R., « Role of the neostriatal dopaminergic activity in sequencing and selecting behavioural strategies : facilitation of processes involved in selecting the best strategy in a stressful situation », *Behav. Brain Research* (1980), 1, 361-378.

[89] CYRULNIK, B., *Sous le signe du lien – Une histoire naturelle de l'attachement*, Hachette, Paris (1989), 319 p.

[90] CRULNIK, B., *Les Nourritures affectives*, Odile Jacob, Paris (1993), 244 F p.

[91] COUSTEAU, J.Y. ; PACCALET, Y., *La Planète des baleines*, R. Laffont, Paris, 1986, 279 p.

[92] DAVIES, V.A. ; KEMBLE, E.D., « Social play behaviours and insect predation in northern grasshopper mice (Onychomys leucogaster) », *Behavioural Processes* (1983), 8, 2, 197.

[93] DAVIS, P.G. ; CHAPTAL, C.V. ; McEWEN, B.S., « Independence of the differentiation of masculine and feminine sexual behavior in rats », *Hormones and Behavior* (1979), 12, 12-19.

[94] DE KLOET, E ; SUTANTO, W., *Neurobiology of Steroids*, Academic Press, San Diego (1994).

95] DELFOUR, F. ; AULAGNIER, S., « Bubbleblow in belugo whales

(Delphinapterus leucas) : A play activity ? » *Behavioural Processes* (1997), 40, 2, 183-186.

[96] DIENER, A., « Behaviour analysis of polecat ferrets during social play », *Zeitsch. fur tierpsychologie* (1985), 67, 1-4, 179-197.

[97] DREA, C.M. ; HAWK, J.E. ; GLICKMAN, S.E., « Aggression decreases as play emergs in infant spotted hyaenas : Preparation for joining the clan », *Animal Behaviour* (1996), 51, 6, 1323-1336.

98] DUFLO, C., *Le Jeu. De Pascal à Schiller*, PUF, Paris, coll. « Philosophes » (1997), 126 p.

[99] EIBL-EIBESFELDT, I., « Concepts of ethology and their significance in the study of human behaviour », *in* H.W. Stevenson ; E.H. Hess ; H.L. Rheingold, eds, *Early Behavior : Comparative and Developmental Approaches*, John Wiley, New York (1967), 127-146.

[100] EINON, D. ; MORGAN, M.J., « A critical period for social isolation in the rat », *Developmental Psychobiology* (1977), 10, 123-132.

[101] EINON, D. ; MORGAN, M.J., « Habituation under different levels of stimulation in socially reared and isolated rats : a test of the arousal hypothesis », *Behavioral Biology* (1978), 22, 553-558.

[102] EINON, D. ; MORGAN, M.J. ; KIBBLER, C.C., « Briefs periods of socialization and later behavior in the rat », *Developmental Psychobiology* (1978), 11, 213-225.

[103] EINON, D. ; MORGAN, M.J. ; SAHAKIAN, B., « The development of intersession habituation and emergence in socially reared and isolated rats », *Developmental Psychobiology* (1975), 8, 553-559.

[104] EINON, D. ; POTEGAL, M., « Enhanced defense in adult rats deprived of play fighting experience as juveniles », *Aggressive Behavior* (1991), 17, 27-40.

[105] ELLIS, M.J., *Why People play*, Prentice-Hall, Englewood Cliffs, N. J. (1973).

[106] FAGEN, R., « Play and behavioural flexibility », *in* P.K. Smith, ed., *Play in Animals and Humans*, Basil Blackwell, Oxford (1981), 159-173.

[107] FAGEN, R., « Animal play and phylogenetic diversity of

creative minds », *J. of Social and Biological Structures* (1988), 11, 1, 79-81.

[108] FEDIGAN, L. ; ASQUITH, P.J., « The monkeys of Arashiyama », *Thirty-Five Years of Research in Japan and the West*, State University of New York Press, New York (1991), 353 p.

[109] FERCHMIN, P.A. ; ETEROVIC, V.A., « Play stimulated by environmental complexity alters the brain and improves learning abilities in rodents, primates, and possibly humans », *Behav. Brain Sci.* (1982), 5, 164.

[110] FIELD, E.F. ; PELLIS, S.M., « Differential effects of amphetamine on the attack and defense components of play fighting in rats », *Physiology and Behavior* (1994), 56, 2, 325-330.

[111] FONTAINE, R.P., « Play as physical flexibility training in five ceboid primates », *J. of Comparative Psychology* (1994), 108, 3, 203-212.

[112] FOX, M.W., « Socio-infantile and socio-sexual signals in canids : A comparative and ontogenetic study », *Zeitschrift für Tierpsychologie* (1971), 28, 185-210.

[113] GALDIKAS, B.M.F., « Souvenirs d'Éden », *Ma vie avec les orangs-outangs de Bornéo*, Belfond, Paris, 1997, 444 p.

[114] GERALL, A.A., « An exploratory study of the effects of social isolation on the sexual behaviour of guinea pigs », *Animal Behaviour* (1963), 11, 274-282.

[115] GOEDEKING, P. ; IMMELMANN, K., « Vocal cues in Cotton top Tamarin play vocalizations », *Ethology* (1986), 73, 3, 219-224.

[116] GOMENDIO, M., « The development of different types of play in Gazelles. Implication for the nature and function of play », *Animal Behaviour* (1988), 36, 3, 825-836.

[117] GOTTLIEB, « The roles of experience in the development of behavior and the nervous system », in *Neural and Behavioral Specificity :* vol. 3 – *Studies on the Development of Behavior and the Nervous System*, Academic Press, New York (1976), 25-54.

[118] GRANT, E.C. ; MACKINTOSH, J.H., « A comparison of the social postures of common laboratory rodents », *Behaviour* (1963), 21, 260-281.

[119] GROOS, K., *The Play of Man*, translated by J. Baldwin, D. Appleton and Co., New York, 1901.

[120] GUERRA, R.F. ; VIEIRA, M.L. ; GASPARETTO, S. ; TAKASE, E.,

« Effects of blindness on play fighting in golden hamster Infants », *Physiology and Behavior* (1989), 46, 5, 775-778.

[121] GUERRA, R.F. ; VIEIRA, M.L. ; TAKASE, E ; GASPARETTO, S., « Sex differences in the play fighting activity of golden hamster infants », *Physiology and Behavior* (1992), 52, 1, 1-6.

[122] GUYOT, G.W. ; BENETT, T.L. ; CROSS, H.D., « The effects of social isolation on the behavior of juvenile domestic cats », *Dev. Psychobiol.* (1980), 13, 317-329.

[123] HAGEMEYER, J.A. ; PANKSEPP, J., « An attempt to evaluate the role of hearing in the social play of juvenile rats », *Bulletin of the Psychonomic Society* (1988), 26, 5, 455-458.

[124] HARCOURT, R., « The development of play in the South American fur seal », *Ethology* (1991), 88, 3, 191-202.

[125] HARCOURT, R., « Survivorship costs of play in the South American fur seal », *Animal Behaviour* (1991), 42, 3, 509-511.

[126] HARD, E. ; LARSSON, K., « Climbing behavior patterns in prepubertal rats », *Brain, Behavior and Evolution* (1971), 4, 151-161.

[127] HARLOW, H.F., « Age-mute or pur affectional system », *Adv. Study Behav.* (1969), 2, 333-383.

[128] HASS, C.C. ; JENNI, D.A., « Social play among juvenile bighorn sheep. Structure, development, and relationship to adult behavior », *Ethology* (1993), 93, 2, 105-116.

[129] HAUSFATER, G., « Predatory behavior of yellow baboons », *Behaviour* (1976), 56, 44-68.

[130] HAVERMAN, U ; MAGNUS, B. ; MOLLER, H.G. ; KUSCHINSKY, K., « Individual and morphological differencies in the beha-vioural response to apomorphine in rats », *Psychopharmacology* (1986), 90, 40-48.

[131] HAVKIN, Z. ; FENTRESS, J.C., « The form of combative strategy in interactions among wolf pups (Canis lupus) », *Zeitschrift für Tierpsychologie* (1985), 68, 177-200.

[132] HEBB, D.O., « Drives and the CNS (conceptual nervous system) », *Psychological Review* (1955), 62, 243-254.

[133] HEBB, D.O., *Text Book of Psychology*, W.B. Saunders, Phila-delphie, 1972.

[134] HERRITCH, A.J. ; HENDERSON, K. ; WESTFALL, T.C., « Effects of social isolation on brain catecholamine and forced swimming

rats : Prevention by antidepressant treatment », *J. Psychiatr. Res.* (1990), 24, 251-258.

[135] HOL, T. ; NIESINK, M. ; Van REE, J.M. ; SPRUIJT, B.M., « Prenatal exposure to morphine effects juvenile play behavior and adult social behavior in rats », *Pharmacology Biochemistry and Behavior* (1996), 55, 4, 615-618.

[136] HOL, T. ; VANDENBERG, C. ; VAN REE, J.M. ; SPRUIJT, B.M., « Isolation during the play period in infancy decreases adult social interactions in rats », *Behavioural Brain Research* (1999), 100, 1-2, 91-98.

[137] HOLE, G., « Temporal features of social play in the laboratory rat », *Ethology* (1988), 78, 1, 1-20.

[138] HOLE, G., « Proximity measures of social play in the laboratory rat », *Developmental psychobiology* (1991), 24, 2, 117-133.

[139] HOLE, G., « The effects of social deprivation on levels of social play in the laboratory rat Rattus norvegicus », *Behavioural Processes* (1991), 25, 1, 41-53.

[140] HOLE, G. ; EINON, D.F., « Play in Rodents », *in* P.K. Smith, ed., *Play in Animals and Humans*, Basil Blackwell, Oxford (1984), 95-117.

[141] HOLLOWAY, Jr.W.R. ; THOR, D.H., « Acute and chronic Caffeine exposure effects on play fighting in the juvenile rat », *Neurobehavioral Toxicology and Teratology* (1984), 6, 85, 91.

[142] HOLLOWAY, Jr.W.R. ; THOR, D.H., « Interactive effects of Caffeine, 2-chloroadenosine and Haloperidol on activity, social investigation and play fighting of juvenile rats », *Pharmacology Biochemistry and Behavior* (1985), 22, 421-426.

[143] HOLLOWAY, Jr.W.R. ; THOR, D.H., « Low level lead exposure during lactation increases rough and tumble play fighting of juvenile rats », *Neurotoxicology and Teratology* (1987), 9, 1, 51-58.

[144] HRDY, S.B., « Care and exploitation of nonhuman primate infants by conspecifics other than the mother », *Advances in the Study of Behavior* (1976), 6, 101-158.

[[145] HUIZINGA, J., « Homo ludens », *Essai sur la fonction sociale du jeu*, Amsterdam (1939), trad. C. Seresia, Gallimard, Paris (1951), coll. « Les Essais » (1995) ; coll. « Tel », n° 130.

[146] HUMPHREYS, A.P. ; EINON, D.F., « Play as a reinforcer for

maze-learning in juvenile rats », *Animal Behaviour* (1981), 29, 259-270.

[147] HUTT, C., « Exploration and play », *in* B. Sutton-Smith, *Play and learning*, eds, Gardner Press, New York (1979), 175-194.

[148] HUTT, C., « Play in the under-fives : Form, development and function », *in* J.G. Howells, eds, *Modern Perspectives in the Psychiatry of Infancy*, Brunner/Mazel, New York (1979).

[149] IKEMOTO, S. ; PANKSEPP, J., « The effects of early social isolation on the motivation for social play in juvenile rats », *Developmental Psychobiology* (1992), 25, 4, 261-274.

[150] ITANI, J. ; NISHIMURA, A., « The study of infrahuman culture in japan », *in* E. Menzel, ed., *Symposia of the Fourth Congress of the International Primatological Society*, vol. I – *Precultural primate behavior*, S/Karger, Basel (1973).

[151] JACOBSON, L. ; SAPOLSKY, R.M., « The role of the hippocampus in feedback regulation of the hypothalamic-pituitary-adreno-cortical axis », *Endocrinol. Rev.* (1991), 12, 118-134.

[152] JALOWIEC, J.E. ; CALCAGNETTI, D.J. ; FANSELOW, M.S., « Suppression of juvenile social behavior requires antagonism of central opioid systems », *Pharmacol. Biochem. Behav.* (1989), 33, 697-700.

[153] JAMIESON, S.H. ; ARMITAGE, K.B., « Sex differences in the play behavior of yearling yellow-bellied marmots », *Ethology* (1987), 74, 3, 237-253.

[154] JANUS, K., « Early separation of young rats from the mother and the development of play-fighting », *Physiology and Behavior* (1987), 39, 4, 471-476.

[155] JURASKA, J.M. ; FITCH, J.M. ; WASHBURNE, D.L., « The dendritic morphology of pyramidal neurons in the rat hippocampal CA3 area ». II – « Effects of gender and the environment », *Brain Research* (1989), 479, 115-119.

[156] KAHANA, A. ; ROZIN, A. ; WELLER, A., « Social play with an unfamiliar group in weanling rats (Rattus norvegicus) », *Developmental Psychobiology* (1997), 30, 2, 165-176.

[157] KAWAI, M., « Newly acquired precultural behavior of the natural troops of japanese monkeys on Koshima Island », *Primates* (1965), 6, 1-30.

[158] KLEMM, W.R., « Hippocampal EEG and information

processing : A special role for théta rhythm », *Prog. Neurobiol.* (1976), 7, 197-214.

[159] KLINGER, H.J. ; KEMBLE, E.D., « Effects of housing space and litter size on play behavior in rats », *Bulletin of the Psychonomic Society* (1985), 23, 1, 75-77.

[160] KNUTSON, B. ; BURGDORF, J. ; PANKSEPP, J., « Anticipation of play elicits high-frequency ultrasonic vocalizations in young rats », *J. of Comparative Psychology* (1998), 112, 1, 65-73.

[161] KNUTSON, B. ; PANKSEPP, J. ; PRUITT, D., « Effects of fluoxetine on play dominance in juvenile rats », *Aggressive Behavior* (1966), 22, 4, 297-308.

[162] KOLB, B. ; STEWART, J., « Sex-related differences in dendritic branching of cells in the prefrontal cortex of rats », *Journal of Neuroendocrinology* (1991), 3, 95-99.

[163] KRAMER, M. ; BURGHART, G.M., « Precocious courtship and play in emydid turtles », *Ethology* (1998), 104, 1, 38-56.

[164] LANCASTER, J., « Play-mothering : the relations between juvenile females and young infants among free-ranging vervet monkeys (Cercopithecus aethiops) », *Folia Primatol* (1971), 15, 161-182.

[165] LEE, P., « Play as a means for developing relationships », *in* HINDE, R.A., *Primate Social Relationships*, Sunderland, MA (1983), 82-89.

[166] LEMAY, M.J. ; GESCHWIND, N. ; TODT, D., « Short-Cycle periodicities in playful monkey behaviour – a study on object encounters in Cercopithecus aethiops », *in* SETH, P.K., ed., *Perspectives in Primate Biology. Today and Tomorrows Printers and publishers*, New-Delhi (1983), 127-142.

[167] LE MOAL, M. ; SIMON, H., « Mesocorticolimbic dopaminergic network : Functional and regulatory roles », *Physiol. Rev.* (1991), 71, 155-234.

[168] LIU, D. ; DIORIO, J. ; TANNENBAUM, B. ; CALDJI, C. ; FRACIS, D. ; FREEDMAN, A ; SHARMA, S ; PEARSON, D. ; PLOTSKY, P.M. ; MEANEY, N.J., « Maternal care, hippocampal glucocorticoid receptors and hypothalamic-pituitary-adrenal response to stress », *Science* (1997), 227, 1659-1661.

[169] LOIZOS, C., « Le comportement ludique chez les Primates supérieurs – recension », *in* D. Morris, ed., *L'Éthologie des primates*, Éditions Complexe, Bruxelles (1978), 192-241.

[170] LORANCA, A. ; TORRERO, C. ; SALAS, M., « Development of play behavior in neonatally undernourished rats », *Physiology and Behavior* (1999), 66, 1, 3-10.

[171] LORE, R.K. ; FLANNELLY, K. ; FARINA, P., « Ultrasounds produced by rats accompany decreases in intraspecific fighting », *Agressive Behavior* (1976), 2, 175-181.

[172] LORE, R.K. ; STIPO-FLAHERTY, A., « Postweaning social experience and adult aggression in rats », *Physiology and Behavior* (1984), 33, 571-574.

[173] LORENZ, K., « Plays and vacuum activities », *in* M. Autuori, ed., *L'Instinct dans le comportement des animaux et de l'homme*, Masson, Paris (1956), 633-645.

[174] LORENZ, K., *Tous les chiens, tous les chats*, Flammarion, Paris (1970), 264 p.

[175] LUCIANO, D. ; LORE, R., « Aggression and social experience in domesticated rats », *J. of Comparative and Physiological Psychology* (1975), 88, 917-923.

[176] MANSOUR, A. ; KHACHATURIAN, H. ; LEWIS, M.E. ; AKIL, H. ; WATSON, S.J., « Autoradiographic differentiation of mu, delta, and kappa opioid receptors in the rat forebrain and midbrain », *J. Neurosci.* (1987), 7, 2445.

[177] MANSOUR, A. ; KHACHATURIAN, H. ; LEWIS, M.E. ; AKIL, H. ; WATSON, S.J., « Anatomy of CNS opioid receptors », *Trends Neurosci.* (1988), 11, 308.

[178] MARSHALL, H.M. ; PELLIS, S.M. ; PELLIS, V.C. ; TEITELBAUM, P., « Dopaminergic drugs differentially affect attack versus defense in play fighting by juvenile rats », *Soc. for Neuroscience Abstracts* (1989), 15, 460-10.

[179] MARTIN, P., « The energy cost of play – Definition and estimation », *Animal Behaviour* (1982), 30, 1-294-295.

[180] MARTIN, P., « The time and energy cost of play behaviour in the Cat Zeitsch. fur Tierpsychologie » (1984), 64, 3-4, 298-312.

181] MARTIN, P., « The (four) Whys and Wherefores of play in Cats : a review of functional, evolutionary, developmental and causal issues », *in* P.K. Smith, ed., *Play in Animals and Humans* (1984), 71-94.

[182] MARTIN, P. ; BATESON, P., « The ontogeny of locomotor play behaviour in the domestic cat », *Animal Behaviour* (1985), 33, 2, 502-510.

[183] MARTIN, P. ; BATESON, P., « The influence of experimentally manipulating a component of weaning on the development of play in the domestic cats », *Animal Behaviour* (1985), 33, 2, 511-518.

[184] MARTIN, P. ; CARO, T.M., « On the functions of play and its role in behavioral development », *Advances in the Study of Behavior* (1985), 15, 59-103.

[185] MARTIN, P.H., UWIN, D.M., « An automatic contact-counter for recording object play », *Physiology and Behavior* (1985), 35, 2, 317.

[186] MASATAKA, N. ; KOHDA, M., « Primate play vocalizations and their functional significance », *Folia Primatologica* (1988), 50, 1-2, 152.

[187] MASON, W.A., « The social development of monkeys and apes », *in* I. De Vore, ed., *Primates Behavior*, Hold, Rinehart, Winston, New York (1965), 514-543.

[188] MASON, W.A., « Motivational aspects of social responsiveness in young chimpanzees », *in* H.W. Stevenson, ed., *Early Behaviour Comparative and Developmental Approaches*, John Wiley, New York (1967), 103-126.

[189] MASON, W.A., « Motivational factors in psychosocial development », *in* W.J. Arnold ; M.M. Page, eds, *Nebraska Symposium in Motivation*, University of Nebraska Press, Lincoln (1970), 18,35-67.

[190] MATUSZCZYK, J.V. ; SILVERIN, B. ; LARSSON, K., « Influence of environmental events immediately after birth on post natal testosterone secretion and adult sexual behavior in the male rat », *Hormones and Behavior* (1990), 24, 450-458.

[191] MC EWEN, B. ; DE KLOET, E. ; ROSTENE, W., « Adrenal steroid receptors and actions in the nervous system », *Physiol. Rev.* (1986), 66, 1121-1163.

[192] MEANEY, M.J., « The sexual differentiation of social play », *Tends in Neurosciences* (1988), 11, 2, 54-58.

[193] MEANEY, M.J., « The sexual differentiation of social play », *Psychiatric Developments* (1989), 7, 3, 247-262.

[194] MEANEY, M.J. ; MCEWEN, B.S., « Testosterone implants into the Amygdala during the neonatal period masculinize the social play of juvenile female rats », *Brain Research* (1986), 398, 2, 324-328.

[195] MEANEY, M.J. ; STEWART, J., « A descriptive study of social development in the rat (Rattus norvegicus) », *Animal Behaviour* (1981), 29, 34-45.

[196] MEANEY, M.J. ; STEWART, J., « Neonatal androgen influences the social play of prepubescent male and female rats », *Horm. Behav.* (1981), 15, 197-213.

[197] MEANEY, M.J. ; STEWART, J. ; BEATTY, W.W., « The influence of glucocorticoids during the neonatal period on the development of play-fighting in Norway rat pups », *Hormones and Behavior* (1982), 16, 4, 462-474.

[198] MEANEY, M.J. ; STEWART, J. ; BEATTY, W.W., « Sex differences in social play : The socialization of sex roles », *in* J. Rosenblatt ; C. Beyer ; M.C. Busnel ; P.J.B. Slater, eds, *Advances in the Study of Behavior*, Academic press, New York (1985), 15, 1-58.

[199] MEANEY, M.J. ; STEWART, J. ; POULIN, P. ; McEWEN, B.S., « Sexual differentiation of social play in rats pups is mediated by the neonatal androgen-receptor system », *Neuroendocrinology* (1983), 37, 85-90.

[200] MENDL, M., « The effects of litter-size variation on the development of play behaviour in the domestic cat. Litter of one and 2 », *Animal Behavior* (1988), 36, 1, 20-34.

[201] MENDOZA, D.L. ; RAMIREZ, J.M., « Play in kittens (Felis domesticus) and its association with cohesion and aggression », *Bulletin of Psychonomic Society* (1987), 25, 1, 27-30.

[202] MEYER, L.S. ; RILEY, E.P., « Social play in juvenile rats prenatally exposed to alcohol », *Teratology* (1986), 34, 1-7.

[203] MIKLOSOVIC, K.L. ; PANKSEPP, J., « Short – and long – term effects of asphyxia on juvenile play », *Bulletin of Psychonomic Society* (1987), 25, 4, 289-291.

[204] MILLER, M.N. ; BYERS, J.A., « Energetic cost of locomotor play in pronghorn fawns », *Animal Behaviour* (1991), 41, 1007-1013.

[205] MITCHELL, R.W., « Bateson's concept of "Metacommunication" in play », *New Ideas in Psychology* (1991), 9, 1, 73-87.

[206] MITCHELL, R.W. ; THOMPSON, N.S., « The effects of familiarity on dog-human play », *Anthrozoos* (1990), 4, 1, 24-43.

[207] MITCHELL, R.W. ; THOMPSON, N.S., « Projects, routines, and enticements in dog-human play », *in* P.P.G. Bateson ;

Ph. Klopfer, eds, *Perspectives in Ethology*, Plenum Press, New York (1991), 9, 189-216.

[208] MITCHELL, R.W. ; THOMPSON, N.S., « Familiarity and the rarity of deception – Two theories and their relevance to play between dogs *(Canis familiaris)* and humans *(Homo sapiens)* », *J. of Comparative Psychology* (1993), 107, 3, 291-300.

[209] MONTAGNER, H., « Les compétences socles : une nouvelle grille de lecture des constructions enfantines et de leurs anomalies », *in* P. Conrath, ed., *Développements : construction du sujet et identité sociale*, Actes du XVe Forum professionnel des psychologues, Hommes et Perspectives, Paris (1998), 11-60.

[210] MOORE, C.L., « Development of mammalian sexual behavior », *in* E.S. Gollin, ed., *The Comparative Development of Adaptive Skills : Evolutionary Implications*, Lawrence Erlbaum Assoc. Inc., Hillsdale, N.J. (1985), 19-56.

[211] MOORE, CL., « The role of maternal stimulation in the development of sexual behavior and its neural basis », Annals of the New York Academy of Sciences », *Developmental Psychobiology* (1992), 662, 160-177.

[212] MOORE, C.L. ; DOU, H. ; JURASKA, J.M., « Maternal stimulation affects the number of motor neurons in a sexually dimorphic nucleus of the lumbar spinal cord », *Brain Research* (1992), 572, 52-56.

[213] MOORE, C.L. ; POWER, K.L., « Variation in maternal care and individual differences in play, exploration, and grooming of juvenile Norway rat offspring », *Developmental Psychobiology* (1992), 25, 3, 165-182.

[214] MOSS, C., *Elephant memories : Thirteen years in the life of an elephant family*, Fawcett Columbine, New York (1988) ; *La Longue Marche des éléphants*, Laffont, Paris (1989).

[215] MÜLLER-SCHWARZE, D., *Evolution of Play Behavior*, Dowden, Hutchinson and Ross, Stroudsberg, Pa. (1978).

[216] MURPHY, M.R. ; MAC LEAN, P.D. ; HAMILTON, S.C., « Species typical behavior of hamsters deprived from birth of the neocortex », *Science* (1981), 213, 459-461.

[217] NEGRO, J.J. ; BUSTAMANTE, J. ; MILWARD, J. ; BIRD, D.M., « Captive fledgling american kestrels prefer to play with

objects resembling natural prey », *Animal Behaviour* (1996), 52, 4, 707-714.

[218] NEWBERRY, R.C. ; WOOD-GUSH, D.G.M. ; HALL, J.W., « Playful behaviour of piglets », *Behavioural processes* (1988), 17, 3, 205-216.

[219] NICHOLLS, B. ; SPRINGHAM, A. ; MELLANBY, J., « The playground maze. A new method for measuring directed exploration in the rat », *J. of Neuroscience Methods* (1992), 43, 2-3, 171-180.

[220] NIESINK, R.J.M. ; VANDERSCHUREN, L.J.M.J. ; VAN REE, J.M., « Social play in juvenile rats after in utero exposure to morphine », *Neurotoxicology* (1996), 17, 3-4, 905-912.

[221] NIESINK, R.J.M. ; VAN REE, J.M., « Involvement of opioid and dopaminergic systems in isolation-induced pinning and social grooming of young rats », *Neuropharmacology* (1989), 28, 411-418.

[222] NISHIKAWA, T. ; KAJIWARA, Y ; KONO, Y ; SONO, T. ; NAGASAKI, N. ; TANAKA, M., « Different effects of social isolation on the levels of brain monoamines in post-weaning and young-adult rats », *Folia Psych. Neurol. Japon* (1976), 30, 57-63.

[223] NOE, R., « A veto game played by Baboons. A challenge to the use of the prisoners dilemna as a paradigm for reciprocity and cooperation », *Animal Behaviour* (1990), 39, 1, 78-90.

[224] NORMANSELL, L.A. ; PANKSEPP, J., « Play in decorticate rats », *Soc. Neurosci. Abst.* (1984), 10, 612.

[225] NORMANSELL, L. ; PANKSEPP, J., « Effects of Quipazine and Methysergide on play in juvenile rats », *Pharmacology Biochemistry and Behavior* (1985), 22, 885-887.

[226] NORMANSELL, L ; PANKSEPP, J., « Effects of Clonidine and yohimbine on the social play of juvenile rats », *Pharmacology Biochemistry and Behavior* (1985), 22, 881-883.

[227] NORMANSELL, L. ; PANKSEPP, J., « Effects of morphine and naloxone on play-rewarded spatial discrimination in juvenile rats », *Developmental Psychobiology* (1990), 23, 1, 75-84.

[228] NOTTEBOHM, F ; NOTTEBOHM, M.E. ; CRANE, L., « Developmental and seasonal changes in canary song and their relation to changes in the anatomy of song control nuclei », *Behav. Neurol. Biol.* (1986), 46, 445-471.

[229] OAKLEY, F.B. ; REYNOLDS, P.C., « Differing responses to social

play deprivation in two species of macaque », *in* D.F. Lancy ; Ba. Tindall, eds, *The Anthropological Study of play : Problems and Prospects*, Leisure Press, Cornwall, N.Y. (1976), 179-188.

[230] OLIOFF, M. ; STEWART, J., « Sex differences in the play behavior of prepubescent rats », *Physiology and Behavior* (1978), 20, 113-115.

[231] ONYEKWERE, D.I. ; MARTIN RAMIREZ, J., « Influence of timing of post-weaning isolation on play fighting and serious aggression in the male golden hamster (Mesocricetus auratus) », *Aggressive Behavior* (1994), 20, 2, 115-122.

[232] ORGEUR, P., « Sexual play behavior in lambs androgenized in utero », *Physiology and Behavior* (1995), 57, 1, 185-188.

[233] ORGEUR, P. ; SIGNORET, J.P., « Sexual play and its functional significance in the domestic sheep (Ovies aries L.) », *Physiology and Behavior* (1984), 33, 1, 111-118.

[234] OWENS, N.W., « Social play in free-living baboons, Papio anubis », *Animal Behaviour* (1975), 23, 20-34.

[235] PANKSEPP, J., « The ontogeny of play in rats », *Developmental Psychobiology* (1981), 14, 327-332.

[236] PANKSEPP, J., « Rough-and-Tumble play. The brain sources of joy », *in Affective Neuroscience. The foundations of human and animal emotions*, Oxford University Press, New York (1998), 280-299.

[237] PANKSEPP, J. ; BEATTY, W.W., « Social deprivation and play in rats », *Behavioral and Neural Biology* (1980), 30, 197-206.

[238] PANKSEPP, J. ; BISHOP, P., « An autoradiographic map of [3H]diprenorphine binding in rat brain : effects of social interaction », *Brain Res. Bull.* (1981), 7, 405-410.

[239] PANKSEPP, J. ; DEESKINAZI, F.G., « Opiates and homing », *J. of Comparative and Physiological Psychology* (1980), 94, 650-663.

[240] PANKSEPP, J. ; JALOWIEC, J. ; DEESKINAZI, F.G. ; BISHOP, P., « Opiates and play dominance in juvenile rats », *Behavioral Neuroscience* (1985), 99, 3, 441-453.

[241] PANKSEPP, J ; NORMANSELL, L. ; COX, J.F. ; CREPEAU, L.J. ; SACKS, D.S., « Psychopharmacology of social play », *in* B. Olivier ; J. Mos ; P.F. Brain, eds, *Ethopharmacology of Agonistic Behaviour in Animals and Humans*, Martinus Nijhoff Publishers, Dordrecht (1987), 132-144.

[242] PANKSEPP, J. ; NORMANSELL, L. ; COX, J.F. ; SIVIY, S.M.,

« Effects of neonatal decortication on the social play of juvenile rats », *Physiology and Behavior* (1994), 56, 3, 429-443.

[243] PANKSEPP, J. ; NORMANSELL, L. ; HERMAN, B. ; BISHOP, P. ; CREPEAU, L., « Neural and neurochemical control of the separation distress call », *in* J.D. Newman, ed., *The Physiological Control of Mammalian Vocalizations*, Plenum Press, New York (1988), 263-300.

[244] PANKSEPP, J. ; SIVIY, S. ; NORMANSELL, L., « The psychobiology of play : theoretical and methodological perspectives », *Neuroscience and Biobehavioral Reviews* (1984), 8, 465-492.

[245] PAQUETTE, D., « Fighting and playfighting in captive adolescent chimpanzees », *Aggressive Behavior* (1994), 20, 1 {L,S}, 49-65.

[246] PEDERSEN, J.M. ; GLICKMAN, S.E. ; FRANK, L.G. ; BEACH, F.A., « Sex differences in the play behavior of immature spotted Hyenas, Crocuta crocuta », *Hormones and Behavior* (1990), 24, 3, 403-420.

[247] PELLEGRINI, A.D., « What is a Category ? The case of rough-and-tumble play », *Ethology and Sociobiology* (1989), 10, 5, 331-342.

[248] PELLEGRINI, A.D. ; HORVAT, M. ; HUBERTY, P., « The relative cost of children's physical play », *Animal Behaviour* (1998), 55, 4, 1053-1062.

[249] PELLIS, S.M., « A description of social play by the australian magpie Gymnorhina tibicen based on Eshkol-Wachman notation », *Bird Behaviour* (1981), 3, 61-79.

[250] PELLIS, S.M., « Two aspects of play-fighting in a captive group of oriental small-clawed otters Amblonyx cinerea », *Zeitschrift für Tierpsychologie* (1984), 65, 1, 77.

[251] PELLIS, S.M., « Agonistic versus amicable targets of attack and defense : Consequences for the origin, function, and descriptive classification of Play-fighting », *Aggressive Behavior* (1988), 14, 85-104.

[252] PELLIS, S.M., « Fighting : The problem of selecting appropriate behavior patterns », *in* R.J. Blanchard ; P.F. Brain ; D.C. Blanchard ; S. Parmigiani, eds ; *Ethoexperimental approaches to the study of behavior*, Kluver Academic Plubishers, Dordrecht (Netherlands) (1989), 361-374.

[253] PELLIS, S.M., « How motivationally distinct is play. A

preliminary case study », *Animal Behaviour* (1991), 83, 42, 5, 851-853.

[254] PELLIS, S.M., « Sex and the evolution of play fighting : A review and model based on the behavior of muroid rodents », *Play Theory and Research* (1993), 1, 55-75.

[255] PELLIS, S.M. ; CASTANEDA, E. ; McKENNA, M.M. ; TRAN-NGUYEN, L.T.L. ; WHISHAW, I.Q., « The role of the striatum in organizing sequences of play fighting in neonatally dopamine-depleted rats », *Neuroscience Letters* (1993), 158, 13-15.

[256] PELLIS, S.M. ; FIELD, E.F. ; SMITH, L.K. ; PELLIS, V.C., « Multiple differences in the play fighting of male and female rats. Implications for the causes and functions of play », *Neuroscience and Biobehavioral Reviews* (1997), 21, 1, 105-120.

[257] PELLIS, S.M. ; McKENNA, M.M., « Intrinsic and extrinsic influences on play fighting in rats. Effects of dominance, partner's playfulness, temperament and neonatal exposure to testosterone propionate », *Behavioural Brain Research* (1992), 50, 1-2, 135-145.

[258] PELLIS, S.M. ; McKENNA, M.M., « What do rats find rewarding in play fighting ? An analysis using drug-induced non playful partners », *Behavioural Brain Research* (1995), 68, 1, 65-74.

[259] PELLIS, S.M. ; McKENNA, M.M. ; FIELD, E.F. ; PELLIS, V.C. ; PRUSKY, G.T. ; WHISHAW, I.Q., « Use of vision by rats in play fighting and other close-quarter social interactions », *Physiology and Behavior* (1996), 59, 4-5, 905-910.

[260] PELLIS, S.M. ; O'BRIEN, D.P. ; PELLIS, V.C. ; TEITELBAUM, P.H. ; WOLGIN, D.L. ; KENNEDY, S., « Escalation of feline predation along a gradient from avoidance through "Play" to killing », *Behavioural Neuroscience* (1988), 102, 5, 760-777.

[261] PELLIS, S.M. ; PASZTOR, T.J., « The developmental onset of a rudimentary form of play-fighting in C57 mice », *Developmental Psychobiology* (1999), 34, 3, 175-182.

[262] PELLIS, S.M. ; PELLIS, V.C., « Locomotor-rotational movements in the ontogeny and play of the laboratory rat *(Rattus norvegicus)* », *Aggressive Behavior* (1987), 13, 227-242.

[263] PELLIS, S.M. ; PELLIS, V.C., « Play-fighting differs from serious fighting in both target of attack and tactics of fighting

in the laboratory rat *(Rattus norvegicus)* », *Aggressive Behavior* (1987), 13, 227-242.

[264] PELLIS, S.M. ; PELLIS, V.C., « Play fighting in the Syrian golden hamster Mesocricetus auratus Waterhouse, and its relationship to serious fighting during postweaning development », *Developmental Psychobiology* (1988), 21, 4, 323-337.

[265] PELLIS, S.M. ; PELLIS, V.C., « Identification of the possible origin of the body target that differentiates play fighting from serious fighting in Syrian golden hamsters *(Mesocricetus auratus)* », *Aggressive Behavior* (1988), 14, 6, 437-449.

[266] PELLIS, S.M. ; PELLIS, V.C., « Targets of attack and defence in play-fighting of the Djungarian hamster, Phodopus campbelli : links to fighting and sex », *Aggressive Behavior* (1989), 15, 3, 217-234.

[267] PELLIS, S.M. ; PELLIS, V.C., « Differential rate of attack, defense, and counterattack during the developmental decrease in play fighting by male and female rats », *Developmental Psychobiology* (1990), 23, 3, 215-231.

[268] PELLIS, S.M. ; PELLIS, V.C., « Attack and defense during play-fighting appear to be motivationally independent behaviors in muroid rodents », *The Psychological Record* (1991), 41, 175-184.

[269] PELLIS, S.M. ; PELLIS, V.C., « Role reversal changes during the ontogeny of play fighting in males rats : attack vs. defense », *Aggressive Behavior* (1991), 17, 179-189.

[270] PELLIS, S.M. ; PELLIS, V.C., « Juvenilized play fighting in subordinate male rats », *Aggressive Behavior* (1992), 16, 6, 449-457.

[271] PELLIS, S.M. ; PELLIS, V.C., « Influence of dominance on the development of play fighting in pairs of male Syrian golden hamsters *(Mesocricetus auratus)* », *Aggressive Behavior* (1993), 19, 293-302.

[272] PELLIS, S.M. ; PELLIS, V.C., « On knowing it's only play : the role of play signals in play fighting », *Aggression and Violent Behavior* (1996), 1, 3, 249-268.

[273] PELLIS, S.M. ; PELLIS, V.C., « Targets, tactics, and the open mouth face during play fighting in the three species of primates », *Aggressive Behavior* (1997), 23, 1, 41-57.

[274] PELLIS, S.M. ; PELLIS, V.C., « The prejuvenile onset of play

fighting in laboratory rats *(Rattus norvegicus)* », *Developmental Biology* (1997), 31, 3, 193-205.

[275] PELLIS, S.M. ; PELLIS, V.C., « Play fighting of rats in comparative perspective : a schema for neurobehavioral analyses », *Neuroscience and Biobehavioral Reviews* (1998), 23, 1, 87-101.

[276] PELLIS, S.M. ; PELLIS, V.C., « The structure-function interface in the analysis of play fighting », *in* Bekoff, M. ; Byers, M., eds, *Animal Play – Evolutionary, Comparative, and Ecological Perspectives*, Cambridge University Press, Cambridge (1988), 115-140.

[277] PELLIS, S.M. ; PELLIS, V.C. ; DEWSBURY, D.A., « Different levels of complexity in the play-fighting of muroid rodents appear to result from different levels of intensity of attack and defense », *Aggressive Behavior* (1989), 15, 297-310.

[278] PELLIS, S.M. ; PELLIS, V.C. ; KOLB, B., « Neonatal testosterone augmentation increases juvenile play fighting but does not influence the adult dominance relationships of male rats », *Aggressive Behavior* (1992), 16, 6, 437-447.

[279] PELLIS, S.M. ; PELLIS, V.C. ; LENNON, R.L., « Nicotine enhances playful attack in the play fighting by juvenile rats », *Soc. Neurosci. Abst.* (1988), 14, 455-457.

[280] PELLIS, S.M. ; PELLIS, V.C. ; McKENNA, M.M., « Some subordinate are more equal than others : Play fighting amongst adult subordinate male rats », *Aggressive Behavior* (1993), 19, 385-393.

[281] PELLIS, S.M. ; PELLIS, V.C. ; McKENNA, M.M., « Evidence for a feminine dimension in the play fighting of rats *(Rattus norvegicus)* and its defeminization neonatally by androgens », *Journal of Comparative Psychology* (1994), 108, 1, 68-73.

[282] PELLIS, S.M. ; PELLIS, V.C. ; MANNING, C.J. ; DEWSBURY, D.A., « The paucity of social play in juvenile Mus domesticus – What is missing from the behavioural repertoire », *Animal Behaviour* (1991), 42, 4, 686-687.

[283] PELLIS, S.M. ; PELLIS, V.C. ; WHISHAW, I.Q., « The role of the cortex in play fighting by rats – Developmental and evolutionary implications », *Brain, Behavior and Evolution* (1992), 39, 5, 270-284.

[284] PFEIFER, S., « Sex differences in social play of

Scimitar-horned Oryx calves *(Oryx dammah)* », *Zeitschrift für Tierpsychologie* (1985), 69, 4, 281-292.

[285] PIERCE, J.D. ; PELLIS, V.C. ; DEWSBURY, D.A. ; PELLIS, S.M., « Targets and tactics of agonistic and precopulatory behavior in Montane and prairie voles. Their relationship to juvenile play fighting », *Aggressive Behavior* (1991), 17, 6, 337-349.

[286] POOLE, T.B., « Aggressive play in polecats », *Symp. of the Zoological Society,* Londres (1966), 18, 23-44.

[287] POOLE, T.B. ; FISH, J., « An investigation of playful behaviour in Rattus norvegicus and Mus musculus *(Mammalia)* », *Journal of Zoology,* Londres (1975), 175, 61-71.

[288] POOLE, T.B. ; FISH, J., « An investigation of individual, age, and sexual differences in the play of *Rattus norvegicus (Mammalia : Rodentia)* », *J. Zool.,* Londres (1976), 179, 249-260.

[289] POTEGAL, M. ; EINON, D., « Aggressive behaviors in adult rats deprived of play fighting experience as juveniles », *Developmental Psychobiology* (1989), 22, 2, 159-172.

[290] PRICE, E.O., « Genotype versus experience effects on aggression in wild and domestic Norway rats », *Behaviour* (1978), 64, 340-353.

[291] RASA, O.A.E., « A motivational analysis of object play in juvenile dwarf mongooses *(Helogale rufula)* », *Animal Behavior* (1984), 32, 2, 579-589.

[292] REDGRAVE, P. ; DEAN, P. ; LEWIS, G., « A quantitative analysis of stereotyped gnawing induced by apomorphine », *Pharmacol. Biochem. Behav.* (1982), 17, 873-876.

[293] RIECHERT, S.E., « Games Spiders play. Cues underlying context-associated changes in agonistic behaviour », *Animal Behaviour* (1984), 32, 2, 579-589.

[294] ROBERTS-JONES, P.H. ; ROBERTS-JONES, F., *Pierre Bruegel l'Ancien,* Flammarion, Paris (1997), 352 p.

[295] RODGERS, R.J. ; COOPER, S.J., *Endorphins, Opiates and Behavioural Processes,* Wiley, Chichester (1988).

[296] ROSENZWEIG, M.R. ; BENNETT, E.L. ; HEBERT, M. ; MORIMOTO, H., « Social grouping cannot account for cerebral of enriched environments », *Brain Research* (1978), 153, 563-576.

[297] ROYALTY, J., « Effects of prenatal ethanol exposure on

juvenile play-fighting and post pubertal aggression in rats »,
Psychological Reports (1990), 66, 2, 551-560.

[298] SAAL, F.S. von, « Variation in phenotype due to random
intrauterine positioning of male and female fetuses in
rodents », *Journal of Reproduction and Fertility* (1981), 62,
633-650.

[299] SAAL, F.S. von, « The intrauterine position phenomenon :
effects on physiology, aggressive behavior and population
dynamics in house mice », *in* Flannelly, K. ; Blanchard, R. ;
Blanchard, D., eds, *Progress in Clinical and Biological
Research*, Alan R. Liss, New York (1984), 169, 135-178.

[300] SAAL, F.S. von, « Prenatal gonadal influences on mouse
sociosexual behaviours », *in* Haug, M. ; Brain, P.F. ; Aron, C.,
eds, *Heterotypical Behaviour in Man and Animals*, Chapman
and Hall, Londres (1990), 42-70.

[301] SAHAKIAN, B. ; ROBBINS, T. ; MORGAN, M.J. ; IVERSEN, S., « The
effects of psychomotor stimulants on stereotypy and locomotor activity in socially deprived and control rats », *Brain
Research* (1975), 84, 195-205.

[302] SCALZO, F.M. ; ALI, S.F. ; FRAMBES, N.A. ; SPEAR, L.P., « Weanling rats exposed prenatally to cocaine exhibit an increase in
striatal D2 dopamine binding associated with an increase in
ligand affinity », *Pharmacol. Biochem. Behav.* (1990), 37,
371-373.

[303] SCHIFFMAN, H.R. ; LORE, R. ; PASSAFINE, J. ; MEEB, R., « Role
of vibrissae for depth perception in the rat *(Rattus norvegicus)* », *Anim. Behav.* (1970), 18, 290-292.

[304] SCHULTZ, T.R., « Play as arousal modulation », *in* B. Sutton-
Smith, ed., *Play and Learning*, Gardner Press, New York
(1979), 7-22.

[305] SELDEN, N.R.W. ; ROBBINS, T.W. ; EVERITT, B.J., « Enhanced
behavioral conditioning to context and impaired behavioral
and neuroendocrine responses to conditioned stimuli following ceruleocortical noradrenergic lesions : support for an
attentional hypothesis of central noradrenergic function »,
J. Neurosci. (1990), 10, 531-539.

[306] SELSETH, K.J. ; KEMBLE, E.D., « Fluprazine hydrochloride
decreases play behavior but not social grooming in juvenile

male rats », *Bulletin of the Psychonomic Society* (1988), 26, 6, 563-564.

[307] SIEGEL, M.A. ; JENSEN, R.A., « The effects of naloxone and cage size on social play and activity in isolated young rats », *Behavioral and Neural Biology* (1986), 45, 155-168.

[308] SIEGEL, M.A. ; JENSEN, R.A. ; PANKSEPP, J., « The prolonged effects of naloxone on play behavior and feeding in the rat », *Behavioral and Neural Biology* (1985), 44, 509-514.

[309] SILVERMAN, A.P., « Behaviour of rats given a "smoking dose" of Nicotine », *Anim. Behav.* (1971), 19, 67-74.

[310] SIMPSON, M.J.A., « The study of animal play », *in* Bateson, P.P.G. ; Hinde, R.A., eds, *Growing Points in Ethology*, Cambridge University Press, New York (1976), 385-400.

[311] SIVIY, S.M. ; ATRENS, D.M., « The energetic costs of rough-and-tumble play in the juvenile rat », *Developmental Psychobiology* (1992), 25, 2, 137-148.

[312] SIVIY, S.M. ; ATRENS, D.M. ; MENENDEZ, J.A., « Idazoxan increases rough-and-tumble play, activity and exploration in juvenile rats », *Psychopharmacology* (1990), 100, 1, 119-123.

[313] SIVIY, S.M. ; BALIKO, C.N. ; BOWERS, K.S., « Rough-and-tumble play behavior in Fischer-344 and buffalo rats : effects of social isolation », *Physiology and Behavior* (1997), 61, 4, 597-602.

[314] SIVIY, S.M. ; FLEISCHHAUER, A.E. ; KERRIGAN, L.A. ; KUHLMAN, S.J., « D-2 dopamine receptor involvement in the rough-and-tumble play behavior of juvenile rats », *Behavioral Neuroscience* (1996), 110, 5, 1168-1176.

[315] SIVIY, S.M. ; FLEISCHHAUER, A.E. ; KUHLMAN, S.J. ; ATRENS, D.M., « Effects of alpha-2-adrenoreceptor antagonists on rough-and-tumble play in juvenile rats : Evidence site of action independent of non-adrenoreceptor imidazoline binding sites », *Psychopharmacology* (1994), 113, 3-4, 493-499.

[316] SIVIY, S.M. ; LINE, B.S. ; DARCY, E.A., « Effects of MK-801 on rough-and-tumble play in juvenile rats », *Physiology and Behavior* (1995), 57, 5, 843-848.

[317] SIVIY, S.M. ; MENENDEZ, J. ; ATRENS, D.M., « Alpha-adrenergic facilitation of rough-and-tumble play in the rat », *Soc. for Neuroscience Abstracts* (1988), 14, 214-219.

[318] SIVIY, S.M. ; PANKSEPP, J., « Energy balance and play in juvenile rats », *Physiology and Behavior* (1985), 35, 435-441.

[319] SIVIY, S.M. ; PANKSEPP, J., « Dorsomedial diencephalic involvement in the juvenile play of rats », *Behavioral Neuroscience* (1985), 99, 6, 1103-1113.

[320] SIVIY, S.M. ; PANKSEPP, J., « Sensory modulation of juvenile play in rats », *Developmental Psychobiology* (1987), 20, 1, 39-55.

[321] SIVIY, S.M. ; PANKSEPP, J., « Juvenile play in the rat : Thalamic and brain stem involvement », *Physiology and Behavior* (1987), 41, 2, 103-114.

[322] SMITH, E.F.S., « The influence of nutrition and postpartum-mating on weaning and subsequent play behaviour of hooded rats », *Animal Behaviour* (1991), 41, 513-524.

[323] SMITH, L.K. ; FIELD, E.F. ; FORGIE, M.L. ; PELLIS, S.M., « Dominance and age-related changes in the play fighting of intact and post-weaning castrated male rats *(Rattus norvegicus)* », *Aggressive Behavior* (1996), 22, 3, 215-226.

[324] SMITH, L.K. ; FORGIE, M.L. ; PELLIS, S.M., « The postpubertal change in the playful defense of male rats depends upon neonatal exposure to gonadal hormones », *Physiology and Behavior* (1998), 63, 1, 151-155.

[325] SMITH, L.K. ; FORGIE, M.L. ; PELLIS, S.M., « Mechanisms underlying the absence of the pubertal shift in the playful defense of female rats », *Developmental Psychobiology* (1998), 33, 2, 147-156.

[326] SMITH, P.K., « Evolutionary origins of play », *in* Smith, P.K., ed., *Play in Animals and Humans* (1984), 1-3.

[327] SMITH, P.K., « Does play matter ? Functional and evolutionary aspects of animal and human play », *The Behavioral and Brain Sciences* (1982), 5, 139-184.

[328] SOFFIE, M. ; BRONCHART, M., « Age related scopolamine effects on social and individual behaviour in rats », *Psychopharmacology* (1988), 95, 344-350.

[329] SOMMER, V. ; MENDOZA-GRANADOS, D., « Play as indicator of habitat quality : a field study of Langur monkeys *(Presbytis entellus)* », *Ethology* (1995), 99, 177-192.

[330] SPANAGEL, R. ; HERZ, A. ; SHIPPENBERG, T.S., « Opposing tonically active endogenous opioid systems modulate the

mesolimbic dopaminergic pathway », *Proc. Natl. Acad. Sci. USA* (1992), 89, 2046-2050.

[331] SPEAR, L.P. ; KIRSTEIN, C.L. ; FRAMBES, N.A., « Cocaine effects on the developing central nervous system : Behavioral, psychopharmacological, and neurochemical studies », *Ann. NY Acad. Sci.* (1989), 562, 290-307.

[332] SPIJKERMAN, R.P. ; DIENSKE, H. ; VAN HOOF, J.A. ; JENS, W., « Differences in variability, interactivity and skills in social play of young chimpanzees living in peer groups and in a large family zoo group », *Behaviour* (1996), 133, 9-10, 716-740.

[333] SPRUIJT, B.M. ; VAN HOOF, J.A. ; GISPEN, W.H., « Ethology and neurobiology of grooming behavior », *Physiological Reviews* (1992), 72, 825-852.

[334] STEVENSON, M.F. ; POOLE, T.B., « Playful interactions in family groups of the common Marmoset *(Callithrix jacchus jacchus)* », *Animal Behavior* (1982), 30, 3, 886-900.

[335] STEWART, J. ; KOLB, B., « The effect of neonatal gonadectomy and prenatal stress on cortical thickness and asymetry in rats », *Behavioral and Neural Biology* (1988), 49, 344-360.

[336] STOCKMAN, E.R. ; CALLAGHAN, R.S. ; GALLAGHER, C.A. ; BAUM, M.J., « Sexual differentiation of play behavior in the ferret », *Behavioral Neuroscience* (1986), 100, 4, 563-568.

[337] SUMMER, V. ; MENDOZA GRANADOS, D., « Play as indicator of habitat quality : A field study of langur monkeys *(Presbytis entellus)* », *Ethology* (1995), 99, 3, 177-192.

[338] SUTTON, M.E. ; RASKIN, L.A., « A behavioral analysis of the effects of amphetamines on play and locomotor activity in the post-weaning rat », *Pharmacology Biochemistry and Behavior* (1986), 24, 3, 455-461.

[339] SYMONS, D., *Play and Aggression. A Study of Rhesus Monkeys*, Columbia University Press, New York (1978).

[340] SZECHTMAN, H. ; ORNSTEIN, K. ; TEITELBAUM, P. ; GOLANI, I., « Snout contact fixation, climbing and gnawing during apomorphine stereotypy in rats from two substrains », *Eur. J. Pharmacol.* (1982), 80, 385-392.

[341] SZECHTMAN, H. ; ORNSTEIN, K. ; TEITELBAUM, P. ; GOLANI, I., « The morphogenesis of stereotyped behavior induced by the dopamine receptor agonist apomorphine in the laboratory rat », *Neuroscience* (1985), 14, 783-798.

[342] TAKAHASHI, L.K., « Post weaning environment and social factors influencing the onset and expression of agonistic behavior in Norway rats », *Behavioral Processes* (1986), 12, 237-260.

[343] TAKAHASHI, L.K. ; LORE, R.K., « Play fighting and the development of agonistic behavior in male and female rats », *Aggressive Behavior* (1983), 9, 217-227.

[344] TARTABINI, A., « Social play behaviour in young Rhesus monkeys Macaca mulatta at three different ages – From the 3rd to the 6th month of life », *Behavioural Processes* (1991), 24, 3, 185-192.

[345] TAYLOR, G.T., « Fighting in juvenile rats and the ontogeny of agonistic behavior », *J. Comp. Physiol. Psychol.* (1980), 94, 953-961.

[346] TEMPEL, A. ; ZUKIN, R.S., « Neuroanatomical patterns of the μ, δ, and κ opioid receptors of rat brain as determined by quantitative in vitro autoradiography », *Proc. Natl. Acad. Sci. USA* (1987), 84, 4308.

[347] THIELS, E. ; ALBERTS, J.R. ; CRAMER, C.P., « Weaning in rats : II. Pup behavior patterns », *Developmental Psychobiology* (1990), 23, 495-510.

[348] THOMPSON, K.V., « Play-partner preferences and the function of social play in infant sable antelope, Hippotragus niger », *Animal Behaviour* (1996), 52, 6, 1143-1156.

[349] THOR, D.H. ; HOLLOWAY, Jr. W.R., « Anosmia and play fighting behavior in prepubescent male and female rats », *Physiology and Behavior* (1982), 29, 281-285.

[350] THOR, D.H. ; HOLLOWAY, Jr. W.R., « Scopolamine blocks play fighting behavior in juvenile rats », *Physiology and Behavior* (1983), 30, 4, 545-549.

[351] THOR, D.H. ; HOLLOWAY, Jr. W.R., « Play solicitation behavior in juvenile male and female rats », *Animal Learning and Behavior* (1983), 11, 2, 173-178.

[352] THOR, D.H. ; HOLLOWAY, Jr. W.R., « Play soliciting in juvenile male rats : Effects of Caffeine, Amphetamine and Methylphenidate », *Pharmacology Biochemistry and Behavior* (1983), 19, 725-727.

[353] THOR, D.H. ; HOLLOWAY, Jr. W.R., « Developmental analyses

of social play behavior in juvenile rats », *Bulletin of Psychonomic Society* (1984), 22, 6, 587-590.

[354] Thor, D.H. ; Holloway, Jr. W.R., « Sex and social play in juvenile rats (Rattus norvegicus) », *J. of Comparative Psychology* (1984), 98, 3, 276-284.

[355] Thor, D.H. ; Holloway, Jr. W.R., « Social play in juvenile rats during scopolamine withdrawal », *Physiology and Behavior* (1984), 32, 2, 217-220.

[356] Thor, D.H. ; Holloway, Jr. W.R., « Social play in juvenile rats : A decade of methodological and experimental research », *Neuroscience and Behavioral Reviews* (1984), 8, 455-464.

[357] Thor, D.H. ; Holloway, Jr. W.R., « Social play in juvenile rats during scopolamine withdrawal », *Physiology and Behavior* (1984), 32, 2, 217-220.

[358] Thor, D.H. ; Holloway, Jr. W.R., « Play soliciting behavior in prepubertal and post pubertal male rats », *Animal Learning and Behavior* (1985), 13, 3, 327-330.

[359] Thor, D.H. ; Holloway, Jr. W.R., « Social play soliciting by male and female juvenile rats/Effects of neonatal androgenization and sex of cagemates », *Behavioral Neuroscience* (1986), 100, 2, 275-279.

[360] Tonjes, R. ; Docke, F. ; Dorner, G., « Effects of neonatal intracerebral implantation of sex steroids on sexual behaviour, social play behaviour and gonadotrophin secretion », *Experimental and Clinical Endocrinology* (1987), 90, 3, 257-263.

[361] Toru, M., « Increased tyrosine hydroxylase activity in frontal cortex of rats after long-term isolation stress », *L'Encéphale* (1982), 8, 315-317.

[362] Valleur, M. ; Bucher, C.H., « Le jeu pathologique », coll. « Que sais-je ? », n° 3310, PUF, Paris, 127 p.

[363] Vandenberg, C.L. ; Hol, T. ; Van Ree, J.M. ; Spruijt, B.M. ; Everts, H ; Koolhaas, J.M., « Play is indispensable for an adequate development of coping with social challenges in the rat », *Developmental Psychobiology* (1999), 34, 2, 129-138.

[364] Vanderschuren, L.J.M.J. ; Niesink, R.J.M. ; Spruijt, B.M. ; Van Ree, J.M., « Effects of morphine on different aspects of

social play in juvenile rats », *Psychopharmacology* (1995), 117, 2, 225-231.

[365] VANDERSCHUREN, L.J.M.J. ; NIESINK, R.J.M. ; SPRUIJT, B.M. ; VAN REE, J.M., « Mu – and kappa – opioid receptor-mediated opioid effects on social play in juvenile rats », *European Journal of Pharmacology* (1995), 276, 3, 257-266.

[366] VANDERSCHUREN, L.J.M.J. ; NIESINK, R.J.M. ; SPRUIJT, B.M. ; VAN REE, J.M., « Influence of environmental factors on social play behavior of juvenile rats », *Physiology and Behavior* (1995), 58, 1, 119-123.

[367] VANDERSCHUREN, L.J.M.J. ; NIESINK, R.J.M. ; VAN REE, J.M., « The neurobiology of social play behavior in rats », *Neuroscience and Biobehavioral Reviews* (1997), 21, 3, 309-326.

[368] VANDERSCHUREN, L.J.M.J. ; SPRUIJT, B.M. ; HOL, T. ; NIESINK, R.J.M. ; VAN REE, J.M., « Sequential analysis of social play behavior in juveniles rats : Effects of morphine », *Behavioural Brain Research* (1995), 72, 1-2, 89-95.

[369] VANDERSCHUREN, L.J.M.J. ; STEIN, E.A. ; WIEGANT, V.M. ; VAN REE, J.M., « Social play alters regional brain opioid receptor binding in juvenile rats », *Brain Research* (1995), 680, 1-2, 148-156.

[370] VANDERSCHUREN, L.J.M.J. ; STEIN, E.A. ; WIEGANT, V.M. ; VAN REE, J.M., « Social isolation and social interaction alter regional brain opioid receptor binding in rats », *European Neuropsychopharmacology* (1995), 5, 119-127.

[371] VANDERSCHUREN, L.J.M.J. ; VAN REE, J.M., « Multiple effects of morphine on social play », *Regulatory Peptides* (1994), supl. 1, S 229-230.

[372] VAN HOOF, J., « Facial expressions in higher primates », *Symp. Zool. Sc.*, Londres (1962), 8, 97-125.

[373] VAN HOOF, J., « The facial displays of the Catarrhine monkeys and apes », *in* D. Morris, ed., *Primates Ethology*, Aldine, Chicago (1967), 7-68, *in* D. Morris, ed., *L'Éthologie des primates*, trad. P. Humblet et M. Stroobants, Éditions Complexe, Bruxelles (1978), 14-76.

[374] VAN LAWICK, H. ; VAN LAWICK-GOODALL, J., *Innocent killers*, Houghton Mifflin, Boston (1971).

[375] VAN LAWICK-GOODALL, J., « Les relations mère-enfant chez les chimpanzés qui vivent en liberté », *in* D. Morris, ed.,

L'Éthologie des primates, trad. P. Humblet et M. Stroobants, Éditions Complexe, Bruxelles (1978), 318-379.

[376] VERBEEK, N.A.M., « Behavioural interactions between avian predators and their avian prey – Play behaviour or mobbing », *Zeitschrift für Tierpsychologie* (1985), 67, 1-4, 204-214.

[377] VIEIRA, M.L. ; OTTA, E., « Play fighting in juvenile golden hamsters *(Mesocricetus auratus)* : Effects of litter size and analysis of social interaction among males », *Behavioural Processes* (1998), 43, 3, 265-274.

[378] VINCENT, J.-D., *Biologie des passions*, Odile Jacob, Paris (1986), 352 p.

[379] VINCENT, J.-D., « La biologie du plaisir », *La Presse médicale* (1994), 23, 40, 1871-1876.

[380] WAAL, F. de, *De la réconciliation chez les primates*, Flammarion, Paris (1992), 382 p.

[381] WAAL, F. de, « Le bon singe », *Les Bases naturelles de la morale*, Bayard, Paris (1997), 357 p.

[382] WAHLSTRAND, K. ; KNUTSON, J.F. ; VIKEN, R.J., « Effects of isolation during development on reactivity and home-cage agonistic behavior in rats », *Aggressive Behavior* (1983), 9, 29-40.

[383] WALKER, C. ; BODNAR, M. ; FORGET, M. ; TOUFEXIS, D. ; TROTTIER, C., « Stress et plasticité neuroendocrinienne », *Med. Sci.* (1997), 13, 509-518.

[384] WARD, I.L. ; STEHM, K.E., « Prenatal stress feminizes juvenile play patterns in male rats », *Physiology and Behavior* (1991), 50, 601-605.

[385] WARD, I.L. ; WARD, O.B., « Sexual behavior differentiation : Effects of prenatal manipulations in rats », *in* Adler, N.T. ; Pfaff, D. ; Goy, R., eds, *Handbook of Behavioral Neurobiology*, Plenum Press, New York (1985), vol. 7, 77-98.

[386] WATERMAN, J.M., « Social play in free-ranging columbian ground squirrels, Spermophilus columbianus », *Ethology* (1988), 77, 3, 225-236.

[387] WATSON, D.M., « The play associations of red-necked wallabies *(Macropus rufogriseus banksianus)* and relation to other social contexts », *Ethology* (1993), 94, 1, 1-20.

[388] WATSON, D.M. ; CROFT, D.B., « Play fighting in captive

red-necked Wallabies, Macropus rufogriseus banksianus »,
Behaviour (1993), 126, 3-4, 219-246.

[389] WATSON, D.M. ; CROFT, D.B., « Age-related differences in play
fighting strategies of captive male red-necked Wallabies
(Macropus rufogriseus banksianus) », *Ethology* (1996), 102, 4,
336-346.

[390] WEINSTOCK, M. ; SPEIZER, Z. ; ASHKENAZI, R., « Changes in
brain catecholamine turnover and receptor sensitivity
induced by social deprivation in rats », *Psychopharmacology*
(1978), 56, 205-209.

[391] WEST, W., « Social play in the domestic cat », *Am. Zool.*
(1974), 14, 427-436.

[392] WHISHAW, I.Q., « The decorticate rat », *in* Kolb, B. ; Tees,
R.C., eds, *The Cerebral Cortex of the Rat*, MIT Press,
Cambridge, MA (1990), 239-267.

[393] WHITEHEAD, H., « Les sauts des baleines », *Pour la Science*
(1985), n° 91.

[394] WILLFORD, J.A. ; SEGAR, T.M. ; HANSEN TRENCH, L.S. ; BARRON,
S., « The effects of neonatal cocaïne exposure on a play-
rewarded spatial discrimination task in juvenile rats », *Pharmacology Biochemistry and Behavior* (1999), 62, 1, 137-144.

[395] WILLKOMM, S., « Quantitative analysis of the ontogeny of
play behaviour in Canid hybrids », *Ethology* (1990), 86, 4,
287-302.

[396] WILSON, L.I. ; BIERLEY, R.A. ; BEATTY, W.W., « Cholinergic
agonists suppress play fighting in juvenile rats », *Pharmacology Biochemistry and Behavior* (1986), 24, 5, 1-3, 1157-1160.

[397] WILSON, S. ; KLEIMAN, D., « Eliciting play : a comparative
study », *Am. Zool.* (1974), 14, 341-370.

[398] WOOD, R.D. ; BANNOURA, M.D. ; JOHANSON, I.B., « Prenatal
cocaine exposure : Effects on play behavior in the juvenile
rat », *Neurotoxicology and Teratology* (1994), 16, 2, 139-144.

[399] WOOD, R.D. ; MOLINA, V.A. ; WAGNER, J.M. ; SPEAR, L.P.,
« Play behavior and stress responsivity in periadolescent offspring exposed prenatally to cocaïne », *Pharmacology Biochemistry and Behavior* (1995), 52, 2, 367-374.

[400] WOOD-GUSH, D.G.M. ; VESTERGAARD, K., « The seeking of
novelty and its relation to play », *Animal Behavior* (1991), 42,
4, 599-606.

[401] WOZNIAK, D.F. ; OLNEY, J.W. ; KETTINGER, L.I.I.I. ; PRICE, M. ;
      MILLER, J.P., « Behavioral effects of MK-801 in the rat »,
      Psychopharmacology (1990), 101, 47-56.
[402] WURSIG, B., « Les baleines : des mammifères très sociaux »,
      Pour la Science (1988), n° 128, 90-97.
[403] ZUCKER, E.L. ; CLARKE, M.R., « Developmental and compara-
      tive aspects of social play of mantled howling monkeys in
      Costa-Rica », *Behaviour* (1992), 123, 1-2, 144-171.
[404] ZUCKER, E.L. ; DENNON, M.B. ; PULEO, S.G. ; MAPLE, T.L.,
      « Play profiles of captive adult orangutans : A developmental
      perspective », *Developmental Psychobiology* (1986), 19, 4,
      315-326.

Glossaire

aggressive grooming : grooming comportant des séquences de tractions rapides et vigoureuses des poils dans les régions du cou et des épaules. Effectué avec vigueur, ce comportement entraîne des protestations de la part du partenaire, parfois des petites blessures, souvent la fuite.

allogrooming : brefs toilettages entre divers partenaires effectués dans le cadre du « solliciting play » des rats, et souvent associés à des contacts avec le museau, les « nosing ».

allomothering : réalisation de comportements de type « maternel » à des jeunes sujets étrangers à sa propre descendance.

amphétamines : substances exogènes artificielles qui, au niveau neuronal, facilitent la libération des transmetteurs catécholaminergiques. L'effet global est en général stimulant des activités physiques et psychiques.

amygdalum : amygdala, amygdale ou corps amygdalien, est un amas de substance grise situé en sous-cortical, dans la profondeur de la partie antérieure et ventrale de chaque lobe temporal. Volumineux complexe de noyaux, cette structure participe à la constitution du système limbique et bénéficie d'abondantes connexions bidirectionnelles avec l'hypothalamus, mais également la formation hippocampique, le thalamus et le néocortex.

androgènes surrénaliens : hormones stéroïdes sécrétées par la couche réticulée des cellules de la corticosurrénale. Moins puissantes que la testostérone testiculaire, elles provoquent principalement le développement des caractères sexuels mâles, et la stimulation de l'anabolisme protéique et du métabolisme lipidique.

androgénisation : action sur le développement du système nerveux d'une augmentation brutale, brève et précoce, des taux circulants de testostérone.

attacks : phase d'une interaction entre rongeurs durant laquelle un des partenaires essaie de toucher du museau la nuque de l'autre, celui-ci adoptant diverses tactiques pour, d'une part, éviter ce contact et, d'autre part, se placer en situation de contre-attaque.

aunting : comportement parental porté, par un membre de la famille, à des jeunes dont il n'est pas le géniteur direct.

autogrooming : toilettage ritualisé que le sujet pratique sur lui-même.

boxing : interaction durant laquelle les sujets se tiennent debout sur leurs pattes arrière et échangent des coups avec leurs pattes avant.

boxing-wrestling : ensemble comportemental regroupant « boxing », « wrestling » et « pouncing ».

breaching : activité propre aux grands cétacés caractérisée par la réalisation de sauts puissants hors de l'eau suivis d'une retombée dorsale ou latérale avec plongée profonde. La répétition rapide en cascades de plus ou moins grande fréquence semble en marquer le caractère ludique.

breakdown-play : séquence comportementale qui, au cours d'une interaction ludique, est un signal fort d'interruption.

catécholamines : amines naturelles constituées par un noyau pyrocatéchol avec une courte chaîne latérale portant une fonction amine. Sécrétées par les cellules de la médullo-surrénale et du système chromaffine, elles jouent le rôle de neuromédiateurs dans divers systèmes neuronaux. L'adrénaline, la noradrénaline et la dopamine sont les principales catécholamines.

chasing : au cours de séquences de « play-solliciting », le sujet sollicité s'élance à la poursuite de celui qui s'enfuit dans un ensemble de signaux sonores et d'attitudes spécifiques.

colliculus : voir tubercules quadrijumeaux.

comportement ludique : groupe de comportements complexes et variés apparemment dépourvus d'utilité ou de fonctions immédiates, pouvant rappeler des comportements utilitaires propres à l'espèce mais maladroits, incomplets, et inefficaccs, toujours répétés et, le plus souvent, réalisés par des sujets immatures.

contact behavior : tous contacts, y compris passer dessus ou dessous le partenaire, ainsi que le « grooming ».

crawl over : au cours du « play fighting » les partenaires passent par-dessus *(over)* ou par-dessous *(under)*, les uns des autres en se frôlant légèrement. Ce comportement renforce la sollicitation.

cross over : est le passage d'un sujet par-dessus ou par-dessous la tête ou le tronc de l'autre, avec nette prédominance des passages par-dessus.

La vitesse du mouvement est très variable, allant d'une reptation lente à une course rapide.

Ce comportement est plus fréquent en début de séquence ludique dans le cadre des « play sollicitation ».

C'est un comportement intermédiaire entre les investigations habituelles du sujet inconnu et le « play fighting ». Il se pourrait qu'il assure, à la fois, des fonctions d'investigation et de sollicitation.

On fait rentrer dans cette catégorie de comportement tout ce qui constitue un « dorsal contact » qui se définit comme étant le contact que réalise un animal par n'importe quelle portion de sa surface ventrale, bouche et antérieurs compris, sur n'importe quelle portion de la surface dorsale de son partenaire, queue exclue.

darting : déplacements rapides en direction du partenaire ou à sa poursuite alors qu'il s'enfuit.

defense : réponse comportementale qui, effectuée dans le cadre d'un « play fighting », permet à la fois d'esquiver et de se placer en situation pour démarrer une « play attack ».

dopamine : une des trois plus importantes catécholamines cérébrales. Elle joue un rôle fondamental dans les neurotransmissions mésencéphaliques et hypothalamiques ventrales.

empreinte : mécanisme épigénétique majeur, initialement décrit par K. Lorenz et qui permet à un organisme d'acquérir, durant son ontogenèse, des ajustements actualisés des comportements fondamentaux.

Les stimulations externes et internes mettant en jeu ce mécanisme n'ont d'efficacité que dans certaines conditions de niveau de maturation, d'association de stimulus et d'intensité. La modification comportementale ainsi acquise est indélébile, contrairement aux modifications induites par les apprentissages.

endorphines : important groupe de molécules endogènes appartenant au groupe des opioïdes cérébraux et caractérisées par des communautés de structure avec la morphine.

éopaidial : appartenant aux comportements souvent observés dans la phase ontogénétique comportementale d'éopaidie.

éopaidie : phase ontogénétique comportementale caractérisée par l'utilisation du comportement ludique pour assurer et modifier les interactions sociales.

épigenèse : ensemble des mécanismes assurant la maturation et les ajustements des structures comportementales au cours de la vie du sujet.

évasion : comportement d'esquive au cours d'un « play fighting ». Le sujet essaie de mettre hors de portée l'aire visée par l'attaquant. Il peut obtenir ce résultat soit en s'esquivant, on parle d'« évasion », soit en faisant face à l'attaquant, « facing defense », interposant son museau entre la cible visée et le museau de l'attaquant. En fait, la forme de la « facing defense » dépend de la cible attaquée. Le sujet peut se redresser, « upright posture », se coucher sur le dos, « supine defense », pivoter en roulant sur le ventre et faire face à l'attaquant en maintenant ou en reprenant une posture érigée en fin d'esquive.

facing defense : voir Évasion.

fear system : mise en jeu simultanée de structures centrales s'étendant dans les parties ventro-médianes diencéphalo-mésencéphaliques pour, dans l'hypothèse de J. Panksepp, mettre le sujet en conditions de fuite ou de combat.

fixed action pattern : programmes moteurs qui dans la même espèce sont fixes dans leur expression sous l'influence d'un même stimulus caractérisé. On leur reconnaît théoriquement une valeur taxonomique.

En fait ces notions établies par K. Lorenz demandent encore beaucoup de précisions, ce qui n'enlève rien à leur valeur heuristique.

focal observation : observations de courtes durées effectuées sur tout un groupe pour repérer la fréquence d'occurrence d'un certain nombre d'items comportementaux bien définis. Les observations sont répétées dans le temps, soit à des intervalles aléatoires, soit en fonction d'une grille adaptée aux objectifs, aux possibilités d'exploitation statistique et aux conditions environnementales.

following : « chasing » durant lequel un rat poursuit l'autre en flairant sa région ano-génitale.

following-chasing : déplacements rapides en direction du partenaire ou à sa poursuite alors qu'il s'enfuit.

formation réticulée : ensemble de cellules nerveuses disposées en réseau dense le long du tronc cérébral, de la région bulbaire basse à l'hypothalamus latéral et postérieur.

grooming : toilettage ritualisé avec lustrage effectué par le sujet sur lui-même (autogrooming) ou ses proches et affiliés (allogrooming).

handling : manipulation de la portée avec ou sans transport.

hippocampe : structure archaïque située à la limite interne du lobe temporal et qui joue un rôle majeur dans les phénomènes mnésiques.

hormones : molécules d'origine endogène produites par des cellules spécialisées, dites « endocrines », qui les libèrent dans la circulation générale. Reconnues par des récepteurs spécifiques membranaires et intra-cellulaires, elles inhibent ou excitent le développement et l'activité de nombreux tissus, y compris nerveux central.

hypothalamus latéral : partie latéro-ventrale de l'hypothalamus représentant à la fois une région de passage entre les régions télencéphaliques et mésencéphaliques, mais aussi abritant de nombreux groupes cellulaires exerçant des actions majeures sur les différents comportements assurant la survie.

hypothalamus : région du diencéphale formant la partie antérieure et ventrale du troisième ventricule.

On lui reconnaît la fonction de « cerveau végétatif et endocrinien ».

imprinting : voir Empreinte.

indolamines : molécules endogènes dérivées du tryptophane représentées parmi les neurotransmetteurs par la sérotonine.

innate releasing mechanism : stimulus caractérisés déclenchant systématiquement les mêmes « fixed action pattern ».

jocus : terme latin évoquant le « jeu » en tant qu'acte plaisant et distrayant avec des nuances d'irréalité.

king-of-the-castle : forme de « social play » pouvant concerner plusieurs participants en une compétition, non réellement agressive mais très active, pour pouvoir disposer seul quelques instants d'une situation exceptionnelle.

lobtailing : forme de « locomotor play » propre aux cétacés, consistant au maintien d'une posture verticale dans l'eau, tête en bas les lobes caudaux en l'air.

locomotor play : expression essentiellement motrice du « solo play ».

locomotor-rotational-play : « locomotor play » caractérisé par sa richesse en mouvements de rotation sur soi-même et de courses en cercles de diamètre variable.

ludus : expression latine caractérisant des actes et des actions de « jeu ». À distinguer de « lusus » qui se rapporte plus aux objets, règles et structures utilisés pour jouer.

mésopaidial : appartenant aux comportements souvent observés dans la phase ontogénétique comportementale de mésopaidie.

mésopaidie : phase ontogénétique comportementale caractérisée par les modifications pubertaires, l'utilisation du comportement ludique à la fois dans ses formes et finalités éopaidiales et pour assurer les rapports aux autres.

naloxone : substance antagoniste des récepteurs neuroniques (μ) aux opiacés.

Les sujets sous naloxone présentent une décroissance de la fréquence des « pins » par rapport aux témoins. Mais la drogue ne modifie ni les signaux de détresse, ni les autres comportements de sollicitation sociale, ni la motricité générale telle qu'on peut la mesurer avec un actographe.

néopaidial : appartenant aux comportements souvent observés dans la phase ontogénétique comportementale de néopaidie.

néopaidie : phase ontogénétique comportementale caractérisée par l'utilisation de comportements ludiques éo- et mésopodiaux dans le cadre d'interactions sociales complexes, parfois avec ritualisations et, aussi, intégration dans des chaînes concaténées.

noradrénaline : une des trois plus importantes catécholamines cérébrales. Elle joue un rôle fondamental dans les neurotransmissions mésencéphaliques et télencéphaliques.

noyau parafasciculaire : noyau thalamique postéro-ventral voisin du noyau paracentral et situé en dessous et en avant de la substance grise périaqueductale.

object-play : manipulations ludiques d'objets, y compris vivants mais utilisés comme s'ils étaient inanimés.

ontogenèse : organisation progressive avec le temps.

paired encounter procedure : technique utilisée par Panksepp et parfois qualifiée de « pairing social isolates in a neutral arena ».

Dans une enceinte insonorisée, éclairée par une ampoule rouge de 10 W, on place en observation pendant 5 minutes une paire de rats, âgés de 29 jours. Les observations peuvent être répétées à 5-10 minutes d'intervalle.

Cette technique permet, entre autres, de relever les attitudes caractéristiques, les marqueurs ludiques et de suivre l'histoire sociale des rats après leur sevrage.

panic system : mise en jeu simultanée de structures centrales s'étendant de l'aire préoptique et du noyau de la strie terminale vers la partie dorsale du thalamus jusqu'au voisinage de la substance grise périaqueductale pour, dans l'Hypothèse de J. Panksepp, mettre le sujet en situation de rupture et provoquer l'émission de signaux de détresse.

pinning : activités ludiques complexes remarquables par l'abondance des « pins ».

pins : phase de l'interaction durant laquelle un des sujets se trouve, sur le dos, au plancher de la cage avec son partenaire se tenant sur lui.

play-bow : comportement de sollicitation ludique fréquent chez les carnivores et très habituel chez les canidés où il est particulièrement bien caractérisé par l'orientation vers le co-actant avec fléchissement exagéré des antérieurs, oscillations latérales du chef associées à des vocalisations de tonalités caractéristiques.

play break-down : nuances dans l'action en cours ayant valeur de signaux d'arrêt.

play break-off : action ludique ayant un effet de signal provoquant une cessation immédiate du « jeu » en cours.

play chase : poursuite ludique du partenaire sur des distances variables, souvent avec « reversal role ».

play chasing : poursuites effrénées d'un partenaire en utilisant dans l'action toute la palette possible des « play signal » y compris des « reversal role ».

play face : ensemble de postures au niveau de la partie antérieure du corps qui imprime un signal labellisant fondamental de « jeu » à l'action en cours. Sont ainsi simultanément concernés surtout des mouvements du cou, le port et l'orientation de la tête avec celle du regard, la posture des muscles faciaux, celle des oreilles, la dilatation pupillaire, les contractions des muscles orbiculaires et buccaux, les vocalisations. Les arrangements et les nuances de ces items sont caractéristiques de chaque espèce.

play fighting : échauffourée ludique dans une explosion de « play marker ». Plus on s'approche de l'état adulte, plus, avec la durée de l'action, le passage du ludique à l'agonistique devient probable.

play markers : postures et attitudes dont la présence dans une interaction lui confère une connotation ludique.

play mothering : pratique ludique de soins maternels vis-à-vis de jeunes autres que ceux de sa propre nichée.

play signalling : utilisation, organisation et accentuation de « play marker » dans une activité en cours.

play solicitation : tous contacts, y compris passer dessus ou dessous le partenaire, ainsi que le « grooming ». On retrouve dans ce type d'interactions une utilisation de « play marker » variés.

play soliciting : action caractérisée par l'utilisation répétée des « play solicitation ».

playful attack : réalisation de comportements de type « attacks » dans le cadre d'une interaction ludique. Chez le Rat, 80 % des

« playful attack » portent sur la nuque et la base du cou, en avant des épaules.

playful defense : utilisation d'un comportement de « défense » dans le cadre d'une interaction ludique.

pouncing : appelé aussi « pounce », il consiste dans sa forme la plus simple en n'importe quel mouvement qui pousse du corps le dos de l'autre. Parfois, c'est un des deux partenaires qui se jette en avant et se laisse tomber sur l'autre les membres antérieurs étendus devant lui. Dans tous les cas, le sujet qui présente ce comportement poursuit son interaction ludique tant que son partenaire répond.

Dans une séquence ludique, ce comportement précède toujours les autres.

rage system : mise en jeu simultanée de structures centrales s'étendant des aires médianes amygdaliennes vers des noyaux spécifiques de la substance grise mésencéphalique périaqueductale, après avoir traversé la strie terminale et l'hypothalamus médian pour, dans l'hypothèse de J. Panksepp, mettre le sujet en conditions d'agressivité maximale pour défendre et attaquer avec colère.

rearing : se tenir debout sur ses pattes arrière.

relaxed-open-mouth-face : une des « play face » caractéristique de certaines espèces de primates. Regardez-vous dans une glace quand vous accueillez des amis !

reversal roles : inversions alternatives des rôles et des dominances au cours de la même interaction ludique.

rough-and-tumble play : interaction intermédiaire entre le « solo play » et le « play fighting »... Dans le « rough-and-tumble play » les sujets effectuent de façon rapide et brève des activités de « chasing » circulaires et « pouncing », tantôt unilatérales tantôt bilatérales, avec de fréquents « reversal roles ». Le « pinning » n'y est qu'ébauché et particulièrement instable.

seeking system : regroupe, selon J. Pankseep, les « reward system » et « reinforcement system » qui soutiennent une motivation appétitive pour une stimulation spécifique en rapport avec le besoin du moment. Besoin perçu après intégration de signaux tant externes qu'internes organisés, modifiés et parfois créés par l'activité neuronale.

Très archaïque, ce système est largement étendu et trouve sa source dans les parties centrales mésencéphaliques. Il met particulièrement en œuvre les aires hypothalamiques latérales les plus externes et l'aire tegmentale ventrale du noyau accumbens.

self handicapping : ensemble de comportements constituant des signaux limitant les activités en cours.

Dans le « self handicap », le sujet limite ses propres activités pour susciter ou favoriser celles de l'autre.

Dans les « manipulatives activities », le sujet présente un comportement inadapté à celui de son partenaire, ce qui incite celui-ci à changer de comportement.

Le « refusal », est la forme extrême du « self handicapping », le sujet a un comportement très discordant par rapport à l'autre et semble se retirer de l'interaction ludique.

septum : ensemble de noyaux situé dans la partie antéroventrale de l'hypothalamus, en avant du troisième ventricule et en dessous des cornes antérieures des ventricules latéraux.

social behaviors related to play : comportements caractérisés par leur richesse en « pinning », « boxing-wrestling », et « following-chasing ».

social behaviors unrelated to play : comportements caractérisés par leur richesse en « social exploration », et « contact behavior ».

social exploration : voir Social investigation.

social investigation : flairage de n'importe quelle partie du corps du partenaire, y compris la région ano-génitale. On y inclut les « grooming » portant principalement sur les régions ano-génitales.

social play : tous comportements ludiques mettant en action ensemble un ou plusieurs partenaires conspécifiques ou non, parfois même des objets.

soliciting play : voir Play soliciting.

solo play : ensemble d'activités motrices du sujet prépubère exécutées en solitaire sans raisons ou finalités apparentes.

Une des caractéristiques de ce comportement est l'utilisation répétitive des mêmes schèmes moteurs.

Le « locomotor play » semble être le comportement ludique le plus physiologique, le plus répandu et le plus précoce tant ontogénétiquement que phylogénétiquement, en particulier sous sa forme de « locomotor rotational play ».

Dans de nombreuses espèces, les « solo play » miment les comportements de fuite, surtout chez les ongulés.

spy-hopping : forme de « locomotor play » propre aux cétacés, consistant au maintien d'une posture verticale dans l'eau, tête hors de l'eau dans une attitude exploratoire de l'environnement. Cette position est énergétiquement très coûteuse car elle ne peut être maintenue que par une importante activité des muscles de la partie postérieure du tronc.

tail-pulling : actions portant sur la queue du partenaire lors d'interactions ludiques. Ce comportement tient à la fois du « dorsal contact » et de l'« object play ».

testostérone : hormone stéroïdienne responsable du développement et du maintien des caractéristiques et fonctions de type « mâle ».

thalamus : ou couche optique, est un volumineux ensemble de substance grise mésencéphalique constituant les parois latérales du troisième ventricule. Il comporte de nombreux noyaux aux fonctions distinctes et tous les signaux provenant des régions mésencéphaliques et sous-jacentes sont relayés par des synapses thalamiques avant de gagner le cortex.

tubercules quadrijumaux : groupes de neurones formant quatre saillies, le tectum, deux antérieures et deux postérieures, dans le toit du mésencéphale. Ce sont des relais dans le traitement des signaux visuels et auditifs.

wrestling : ou « wrestling play », est une interaction entre deux partenaires commençant par un « pounce » suivi de tentatives de « play fighting » riches en « reversal roles ». Comme on voit les interactants se rouler et se culbuter alternativement avec une grande célérité, on parle aussi de bousculade ludique.

Table

Compogravure : FACOMPO, Lisieux